Redis
核心原理与实践

梁国斌 / 著

電子工業出版社
Publishing House of Electronics Industry
北京•BEIJING

内 容 简 介

本书深入地分析了 Redis 核心功能的设计与实现，大部分内容源自对 Redis 源码的分析，并从中总结出 Redis 的设计思想与实现原理。通过阅读本书，读者可以快速、轻松地了解 Redis 的内部运行机制。

本书首先介绍了 Redis 常用的数据类型的编码格式，包括字符串、列表、散列、集合，这是 Redis 存储数据的基础。接着分析了 Redis 的事件机制，剖析了 Redis 事件驱动的实现原理，通过这部分内容，读者可以了解一个远程服务程序的整体架构。本书还分析了 Redis 持久化、主从复制、Sentinel 机制、Cluster 机制的实现原理，这部分内容是 Redis 的核心功能。在这部分内容中，本书也会延伸分析 Redis 中使用的 UNIX 机制，如 UNIX 网络编程、进程通信、线程同步等，并通过 Redis 源码展示这些 UNIX 机制的使用方式。

本书最后介绍了 Redis 的高级特性，包括事务、非阻塞删除、Lua 脚本、Module 模块、Stream 消息流，以及 Redis 6 提供的 ACL 访问控制列表、Tracking 机制等，这部分内容不仅分析内部实现，还提供了详细的使用案例，帮助读者循序渐进地了解这些特性。

图书在版编目（CIP）数据

Redis 核心原理与实践 / 梁国斌著. —北京：电子工业出版社，2021.8
（深入理解精品）
ISBN 978-7-121-41548-7

Ⅰ. ①R… Ⅱ. ①梁… Ⅲ. ①关系数据库系统 Ⅳ. ①TP311.132.3

中国版本图书馆 CIP 数据核字（2021）第 140494 号

责任编辑：陈晓猛
印　　刷：涿州市般润文化传播有限公司
装　　订：涿州市般润文化传播有限公司
出版发行：电子工业出版社
北京市海淀区万寿路 173 信箱　　邮编：100036
开　　本：787×980　1/16　　印张：29.25　　字数：655.2 千字
版　　次：2021 年 8 月第 1 版
印　　次：2022 年 12 月第 3 次印刷
定　　价：138.00 元

凡所购买电子工业出版社图书有缺损问题，请向购买书店调换。若书店售缺，请与本社发行部联系，联系及邮购电话：（010）88254888，88258888。

质量投诉请发邮件至 zlts@phei.com.cn，盗版侵权举报请发邮件至 dbqq@phei.com.cn。

本书咨询联系方式：010-51260888-819，faq@phei.com.cn。

前　　言

Redis是开源的key-value存储系统,可作为数据库、缓存、消息组件。Redis的作者是Salvatore Sanfilippo（网名为antirez），他在2009年开发完成并开源了Redis。Redis由于性能极高、功能强大，迅速在业界流行，现已成为高并发系统中最常用的组件之一。

Redis提供了多种类型的数据结构，如字符串（String）、散列（Hash）、列表（List）、集合（Set）、有序集合（Sorted Set）等。Redis还是分布式系统，主从集群可以实现数据热备份，哨兵（Sentinel）机制可以保证主从集群高可用，Cluster集群则提供了水平扩展的能力。Redis还提供了持久化、Lua脚本、Module模块、Stream消息流、Tracking机制等一系统强大功能，适用于各种业务场景。

写作目的

虽然笔者主要使用Java语言开发程序，却一直希望从源码层面深入分析一个C语言实现的分布式系统。C语言可以说是最接近低级语言的开发语言，分析C语言程序，可以让我们更深入地理解操作系统的底层知识。于是，笔者学习了Redis源码，并编写了本书。

为什么选择Redis呢？因为Redis是一个典型的“小而美”的程序。Redis实现简单，源码非常优雅简洁，阅读起来并不吃力，而且Redis功能齐全，涵盖了数据存储、分布式、消息流等众多特性，非常值得深入学习。

通过编写本书，笔者对Redis、UNIX编程、分布式系统、存储系统都有了更深入的理解，再学习其他相关的系统（如MySQL、Nginx等），就可以举一反三、触类旁通。希望本书也可以帮助读者百尺竿头，更进一步。

本书特点

本书深入分析了 Redis 的实现原理，所以并不是 Redis 的入门书。为了尽量降低阅读难度，本书总结了Redis各个核心功能的实现原理，提取了Redis核心代码(本书会尽量避免堆积代码)，并以适量图文，对 Redis 源码及其实现原理进行详细分析，向读者展示 Redis 核心功能的设计思想和实现流程。

虽然本书的大部分内容基于对 Redis 源码的分析，但是并不复杂，即使读者只是简单了解 C 语言的基础语法，也可以轻松读懂。

另外，本书结合 Redis 目前的最新版本 6.0.9，分析了 Redis 最新特性，如 Redis 6 的 ACL、Tracking 等机制。为了照顾对 Redis 最新特性不熟悉的读者，这部分内容提供了详细的应用示例，帮助读者循序渐进、由浅到深地学习和理解 Redis 最新特性。

本书也不局限于 Redis，而是由 Redis 延展出了两方面内容：

（1）Redis 中使用的 UNIX 机制，包括 UNIX 网络编程、线程同步等内容，本书会通过源码展示 Redis 如何使用这些 UNIX 机制。

（2）如何通过 Redis 实现一个分布式系统，主要是 Sentinel、Cluster 机制的实现原理。

本书使用的源码版本是 Redis 6.0.9，本书提供的 Redis 操作案例，如无特殊说明，也是在 Redis 6.0.9 版本上执行的操作实例。

本书结构

第 1 部分分析了 Redis 的字符串、列表、散列、集合这几种数据类型的编码格式。编码格式，即数据的存储格式，对于数据库，数据的存储格式至关重要，如关系型数据库的行式存储和列式存储。而 Redis 作为内存数据库，对于数据编码的总体设计思想是：最大限度地“以时间换空间”，从而最大限度地节省内存。这部分内容详细分析了 Redis 对内存的使用如何达到“锱铢必较”的程度。

第 2 部分分析了 Redis 的核心流程，包括 Redis 事件机制与命令执行过程。Redis 利用 I/O 复用模型，实现了自己的事件循环机制，而 Redis 底层由该事件机制驱动运行（很多远程服务程序都使用类似的架构，如 Nginx、MySQL 等）。Redis 事件机制设计优雅、实现简单，并且性能卓越，可以说是“化繁为简”。

第 3 部分分析了 Redis 持久化与复制机制。虽然 Redis 是内存数据库，但仍然最大限度地保证了数据的可靠性。不管是文件持久化，还是从节点复制，核心思想都是一样的：通过将数据复制到不同备份中，从而保持数据安全。这部分内容分析了 RDB、AOF 持久化机制，以及主从节点复制流程等内容，向读者展示了 Redis 数据是如何“不胫而走”的。

第 4 部分分析了 Redis 分布式架构。这部分内容从流行的分布式算法 Raft 出发，分析了 Sentienl 如何监控节点，Cluster 集群如何实现数据分片，如何支持动态新增、删除集群节点，以及它们的“拿手好戏”——故障转移。分布式系统常常让笔者想到一个有趣的词——铁索连舟（将集群节点想象为“舟”，将节点之间的网络连接想象为“索”）。

第 5 部分分析了 Redis 中的高级特性，包括 Redis 事务、非阻塞删除、ACL 访问控制列表、Tracking 机制、Lua 脚本、Module 模块、Stream 消息流等内容。Redis 为各种高性能、高可用场景提供了非常全面的支持，可以说是“包罗万象”。

本书不是Redis工具书，并没有将Redis的全部功能都分析一遍，很多功能也非常有趣实用，但本书不会深入讨论，如 Bitmaps、Hyperloglog、Geo、Pub/Sub 等，读者可以自行深入学习。

表达约定

（1）本书会按顺序在源码函数（或代码块）中添加标志，并在源码展示结束后，按标志对源码进行说明，例如：

```
robj *tryObjectEncoding(robj *o) {
    ...

    // [1]
     if (o->refcount > 1) return o;
    ...
}
```

【1】该 redisObject 被多处引用，不再进行编码操作，以免影响他处的使用，直接退出函数。

这样可以保证源码展示的整洁，也方便读者阅读源码后，再结合书中说明，深入理解。

另外，也方便读者在阅读本书时，结合阅读完整的 Redis 源码。

在源码中使用“...”代表此处省略了代码（有些地方省略了日志等辅助的代码，可能不添加“...”标志）。

（2）如果源码中函数太长，为了版面整洁，本书将其划分为多个代码段，并使用“// more”标志该函数后续还有其他代码段，请读者留意该标志。

勘误和支持

在阅读本书的过程中有任何问题或者建议，可以关注公众号（binecy）与笔者交流。笔者十分感谢并重视您的反馈，会对您提出的问题、建议进行梳理与反馈，并在本书后续版本中及时做出勘误与更新。

致谢

感谢写作过程中身边朋友的支持，他们给予笔者很多的力量。

感谢 Redis 的作者 antirez，优秀的 Redis 离不开 antirez 的辛勤付出，向他致敬。

感谢电子工业出版社博文视点的陈晓猛编辑，陈编辑专业的写作指导和出版组织工作，使得本书得以顺利出版。

感谢计算机行业的内容创作者，他们的各种分享、博客文章及图书都在积极推动行业的发展，也为本书的编写提供了灵感和参考。

梁国斌

目　　录

第1部分　数据结构与编码

第 4 部分 分布式架构

第 5 部分　高级特性

第 1 部分
数据结构与编码

第 1 章 字符串

Redis 是一个键值对数据库（key-value DB），下面是一个简单的 Redis 的命令：

```
> SET msg "hello wolrd"
```

该命令将键“msg”、值“hello wolrd”这两个字符串保存到 Redis 数据库中。

本章分析 Redis 如何在内存中保存这些字符串。

1.1 redisObject

Redis 中的数据对象 server.h/redisObject 是 Redis 对内部存储的数据定义的抽象类型，在深入分析 Redis 数据结构前，我们先了解 redisObject，它的定义如下：

```
typedef struct redisObject {
    unsigned type:4;
    unsigned encoding:4;
    unsigned lru:LRU_BITS;
    int refcount;
    void *ptr;
} robj;
```

- type：数据类型。
- encoding：编码格式，即存储数据使用的数据结构。同一个类型的数据，Redis 会根据数据量、占用内存等情况使用不同的编码，最大限度地节省内存。

- refcount，引用计数，为了节省内存，Redis 会在多处引用同一个 redisObject。
- ptr：指向实际的数据结构，如 sds，真正的数据存储在该数据结构中。
- lru：24 位，LRU 时间戳或 LFU 计数。

redisObject 负责装载 Redis 中的所有键和值。redisObject.ptr 指向真正存储数据的数据结构，redisObject .refcount、redisObject.lru 等属性则用于管理数据（数据共享、数据过期等）。

提示：type、encoding、lru 使用了 C 语言中的位段定义，这 3 个属性使用同一个 unsigned int 的不同 bit 位。这样可以最大限度地节省内存。

Redis 定义了以下数据类型和编码，如表 1-1 所示。

表 1-1

数据类型	说明	编码	使用的数据结构
OBJ_STRING	字符串	OBJ_ENCODING_INT	long long、long
		OBJ_ENCODING_EMBSTR	string
		OBJ_ENCODING_RAW	string
OBJ_LIST	列表	OBJ_ENCODING_QUICKLIST	quicklist
OBJ_SET	集合	OBJ_ENCODING_HT	dict
		OBJ_ENCODING_INTSET	intset
OBJ_ZSET	有序集合	OBJ_ENCODING_ZIPLIST	ziplist
		OBJ_ENCODING_SKIPLIST	skiplist
OBJ_HASH	散列	OBJ_ENCODING_HT	dict
		OBJ_ENCODING_ZIPLIST	ziplist
OBJ_STREAM	消息流	OBJ_ENCODING_STREAM	rax
OBJ_MODULE	Module 自定义类型	OBJ_ENCODING_RAW	Module 自定义

本书第 1 部分会对表 1-1 中前五种数据类型进行分析，最后两种数据类型会在第 5 部分进行分析。如果读者现在对表 1-1 中内容感到疑惑，则可以先带着疑问继续阅读本书。

1.2 sds

我们知道，C 语言中将空字符结尾的字符数组作为字符串，而 Redis 对此做了扩展，定义了字符串类型 sds（Simple Dynamic String）。

Redis 键都是字符串类型，Redis 中最简单的值类型也是字符串类型，

字符串类型的 Redis 值可用于很多场景，如缓存 HTML 片段、记录用户登录信息等。

1.2.1 定义

提示： 本节代码如无特殊说明，均在 sds.h/sds.c 中。

对于不同长度的字符串，Redis 定义了不同的 sds 结构体：

```
typedef char *sds;

struct __attribute__ ((__packed__)) sdshdr5 {
    unsigned char flags;
    char buf[];
};
struct __attribute__ ((__packed__)) sdshdr8 {
    uint8_t len;
    uint8_t alloc;
    unsigned char flags;
    char buf[];
};
...
```

Redis 还定义了 sdshdr16、sdshdr32、sdshdr64 结构体。为了版面整洁，这里不展示 sdshdr16、sdshdr32、sdshdr64 结构体的代码，它们与 sdshdr8 结构体基本相同，只是 len、alloc 属性使用了 uint16_t、uint32、uint64_t 类型。Redis 定义不同 sdshdr 结构体是为了针对不同长度的字符串，使用合适的 len、alloc 属性类型，最大限度地节省内存。

- len：已使用字节长度，即字符串长度。sdshdr5 可存放的字符串长度小于 32（2^5），sdshdr8 可存放的字符串长度小于 256（2^8），以此类推。由于该属性记录了字符串长度，所以 sds 可以在常数时间内获取字符串长度。Redis 限制了字符串的最大长度不能超过 512MB。
- alloc：已申请字节长度，即 sds 总长度。alloc-len 为 sds 中的可用（空闲）空间。
- flags：低 3 位代表 sdshdr 的类型，高 5 位只在 sdshdr5 中使用，表示字符串的长度，所以 sdshdr5 中没有 len 属性。另外，由于 Redis 对 sdshdr5 的定义是常量字符串，不支持

扩容，所以不存在 alloc 属性。

- buf：字符串内容，sds 遵循 C 语言字符串的规范，保存一个空字符作为 buf 的结尾，并且不计入 len、alloc 属性。这样可以直接使用 C 语言 strcmp、strcpy 等函数直接操作 sds。

提示： sdshdr 结构体中的 buf 数组并没有指定数组长度，它是 C99 规范定义的柔性数组——结构体中最后一个属性可以被定义为一个大小可变的数组（该属性前必须有其他属性）。使用 sizeof 函数计算包含柔性数组的结构体大小，返回结果不包括柔性数组占用的内存。__attribute__((__packed__))关键字可以取消结构体内的字节对齐以节省内存。

1.2.2 操作分析

接下来看一下 sds 构建函数：

```
sds sdsnewlen(const void *init, size_t initlen) {
    void *sh;
    sds s;
    // [1]
    char type = sdsReqType(initlen);
    // [2]
    if (type == SDS_TYPE_5 && initlen == 0) type = SDS_TYPE_8;
    // [3]
    int hdrlen = sdsHdrSize(type);
    unsigned char *fp; /* flags pointer. */

    sh = s_malloc(hdrlen+initlen+1);
    ...
    // [4]
    s = (char*)sh+hdrlen;
    fp = ((unsigned char*)s)-1;
    switch(type) {
        case SDS_TYPE_5: {
            *fp = type | (initlen << SDS_TYPE_BITS);
            break;
        }
        case SDS_TYPE_8: {
            SDS_HDR_VAR(8,s);
```

```
            sh->len = initlen;
            sh->alloc = initlen;
            *fp = type;
            break;
        }
        ...
    }
    if (initlen && init)
        memcpy(s, init, initlen);
    s[initlen] = '\0';
    // [5]
    return s;
}
```

参数说明：

- init、initlen：字符串内容、长度。

【1】根据字符串长度，判断对应的 sdshdr 类型。

【2】长度为 0 的字符串后续通常需要扩容，不应该使用 sdshdr5，所以这里转换为 sdshdr8。

【3】sdsHdrSize 函数负责查询 sdshdr 结构体的长度，s_malloc 函数负责申请内存空间，申请的内存空间长度为 hdrlen+initlen+1，其中 hdrlen 为 sdshdr 结构体长度（不包含 buf 属性），initlen 为字符串内容长度，最后一个字节用于存放空字符“\0”。s_malloc 与 C 语言的 malloc 函数的作用相同，负责分配指定大小的内存空间。

【4】给 sdshdr 属性赋值。

SDS_HDR_VAR 是一个宏，负责将 sh 指针转化为对应的 sdshdr 结构体指针。

【5】注意，sds 实际上就是 char*的别名，这里返回的 s 指针指向 sdshdr.buf 属性，即字符串内容。Redis 通过该指针可以直接读/写字符串数据。

构建一个内容为“hello wolrd”的 sds，其结构如图 1-1 所示。

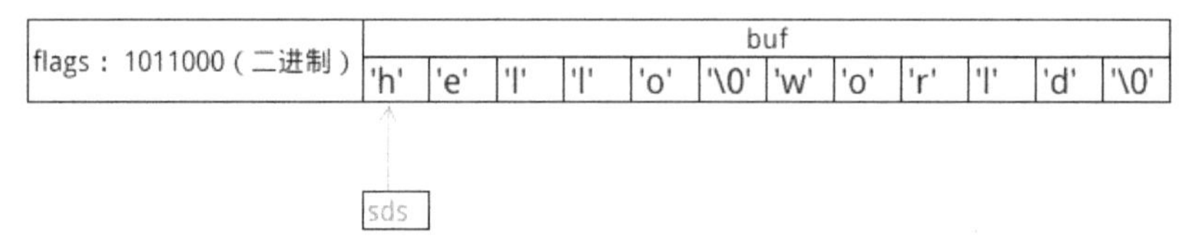

图 1-1

sds 的扩容机制是一个很重要的功能。

```
sds sdsMakeRoomFor(sds s, size_t addlen) {
    void *sh, *newsh;
    // [1]
    size_t avail = sdsavail(s);
    size_t len, newlen;
    char type, oldtype = s[-1] & SDS_TYPE_MASK;
    int hdrlen;

    if (avail >= addlen) return s;
    // [2]
    len = sdslen(s);

    sh = (char*)s-sdsHdrSize(oldtype);
    newlen = (len+addlen);
    // [3]
    if (newlen < SDS_MAX_PREALLOC)
        newlen *= 2;
    else
        newlen += SDS_MAX_PREALLOC;

    // [4]
    type = sdsReqType(newlen);
    if (type == SDS_TYPE_5) type = SDS_TYPE_8;
    // [5]
    hdrlen = sdsHdrSize(type);
    if (oldtype==type) {
        newsh = s_realloc(sh, hdrlen+newlen+1);
        if (newsh == NULL) return NULL;
        s = (char*)newsh+hdrlen;
    } else {
        newsh = s_malloc(hdrlen+newlen+1);
        if (newsh == NULL) return NULL;
        memcpy((char*)newsh+hdrlen, s, len+1);
        s_free(sh);
        s = (char*)newsh+hdrlen;
        s[-1] = type;
```

```
        sdssetlen(s, len);
    }
    // [6]
    sdssetalloc(s, newlen);
    return s;
}
```

参数说明：

addlen：要求扩容后可用长度（alloc-len）大于该参数。

【1】获取当前可用空间长度。如果当前可用空间长度满足要求，则直接返回。

【2】sdslen 负责获取字符串长度，由于 sds.len 中记录了字符串长度，该操作复杂度为 $O(1)$。这里 len 变量为原 sds 字符串长度，newlen 变量为新 sds 长度。sh 指向原 sds 的 sdshdr 结构体。

【3】预分配比参数要求多的内存空间，避免每次扩容都要进行内存拷贝操作。新 sds 长度如果小于 SDS_MAX_PREALLOC（默认为 1024×1024，单位为字节），则新 sds 长度自动扩容为 2 倍。否则，新 sds 长度自动增加 SDS_MAX_PREALLOC。

【4】sdsReqType(newlen)负责计算新的 sdshdr 类型。注意，扩容后的类型不使用 sdshdr5，该类型不支持扩容操作。

【5】如果扩容后 sds 还是同一类型，则使用 s_realloc 函数申请内存。否则，由于 sds 结构已经变动，必须移动整个 sds，直接分配新的内存空间，并将原来的字符串内容复制到新的内存空间。s_realloc 与 C 语言 realloc 函数的作用相同，负责为给定指针重新分配给定大小的内存空间。它会尝试在给定指针原地址空间上重新分配，如原地址空间无法满足要求，则分配新内存空间并复制内容。

【6】更新 sdshdr.alloc 属性。

对上面“hello wolrd”的 sds 调用 sdsMakeRoomFor(sds,64)，则生成的 sds 如图 1-2 所示。

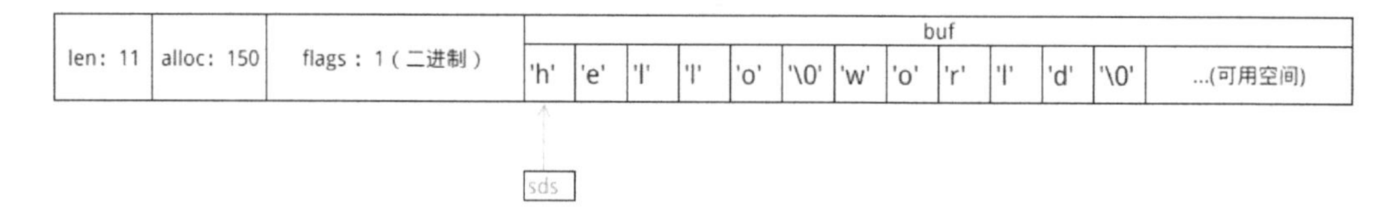

图 1-2

从图 1-2 中可以看到，使用 len 记录字符串长度后，字符串中可以存放空字符。Redis 字符串支持二进制安全，可以将用户的输入存储为没有任何特定格式意义的原始数据流，因此 Redis 字符串可以存储任何数据，比如图片数据流或序列化对象。C 语言字符串将空字符作为字符串结尾的特定标记字符，它不是二进制安全的。

sds 常用函数如表 1-2 所示。

表 1-2

函数	作用
sdsnew，sdsempty	创建 sds
sdsfree，sdsclear，sdsRemoveFreeSpace	释放 sds，清空 sds 中的字符串内容，移除 sds 剩余的可用空间
sdslen	获取 sds 字符串长度
sdsdup	将给定字符串复制到 sds 中，覆盖原字符串
sdscat	将给定字符串拼接到 sds 字符串内容后
sdscmp	对比两个 sds 字符串是否相同
sdsrange	获取子字符串，不在指定范围内的字符串将被清除

1.2.3 编码

字符串类型一共有 3 种编码：

- OBJ_ENCODING_EMBSTR：长度小于或等于 OBJ_ENCODING_EMBSTR_SIZE_LIMIT（44 字节）的字符串。

  在该编码中，redisObject、sds 结构存放在一块连续内存块中，如图 1-3 所示。

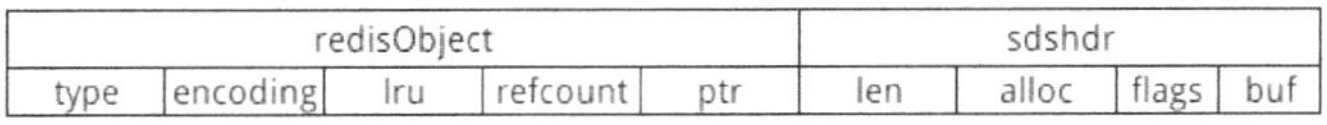

redisObject					sdshdr			
type	encoding	lru	refcount	ptr	len	alloc	flags	buf

图 1-3

  OBJ_ENCODING_EMBSTR 编码是 Redis 针对短字符串的优化，有如下优点：

  - 内存申请和释放都只需要调用一次内存操作函数。
  - redisObject、sdshdr 结构保存在一块连续的内存中，减少了内存碎片。

- OBJ_ENCODING_RAW：长度大于 OBJ_ENCODING_EMBSTR_SIZE_LIMIT 的字符串，在该编码中，redisObject、sds 结构存放在两个不连续的内存块中。
- OBJ_ENCODING_INT：数值格式，将数值型字符串转换为整型，可以大幅降低数据占用的内存空间，如字符串“123456789012”需要占用 12 字节，在 Redis 中，会将它转化为 long long 类型，只占用 8 字节。

我们向 Redis 发送一个请求后，Redis 会解析请求报文，并将命令、参数转化为 redisObjec。

object.c/createStringObject 函数负责完成该操作：

```
robj *createStringObject(const char *ptr, size_t len) {
    if (len <= OBJ_ENCODING_EMBSTR_SIZE_LIMIT)
        return createEmbeddedStringObject(ptr,len);
    else
        return createRawStringObject(ptr,len);
}
```

可以看到，createStringObject 函数根据字符串长度，将 encoding 转化为 OBJ_ENCODING_RAW 或 OBJ_ENCODING_EMBSTR 的 redisObject。

将参数转换为 redisObject 后，Redis 再将 redisObject 存入数据库，例如：

```
> SET Introduction "Redis is an open source (BSD licensed), in-memory data structure store, used as a database, cache and message broker. "
```

Redis 会将键“Introduction”、值“Redis...”转换为两个 redisObject，再将 redisObject 存入数据库，结果如图 1-4 所示。

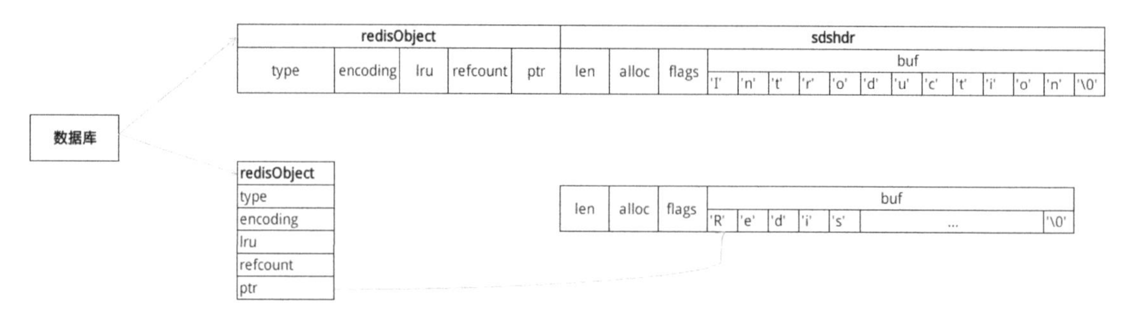

图 1-4

Redis 中的键都是字符串类型，并使用 OBJ_ENCODING_RAW、OBJ_ENCODING_ EMBSTR 编码，而 Redis 还会尝试将字符串类型的值转换为 OBJ_ENCODING_INT 编码。object.c/tryObjectEncoding 函数完成该操作：

```
robj *tryObjectEncoding(robj *o) {
    long value;
    sds s = o->ptr;
    size_t len;
```

```
...
// [1]
 if (o->refcount > 1) return o;

len = sdslen(s);
// [2]
if (len <= 20 && string2l(s,len,&value)) {
    // [3]
    if ((server.maxmemory == 0 ||
        !(server.maxmemory_policy & MAXMEMORY_FLAG_NO_SHARED_INTEGERS)) &&
        value >= 0 &&
        value < OBJ_SHARED_INTEGERS)
    {
        decrRefCount(o);
        incrRefCount(shared.integers[value]);
        return shared.integers[value];
    } else {
        // [4]
        if (o->encoding == OBJ_ENCODING_RAW) {
            sdsfree(o->ptr);
            o->encoding = OBJ_ENCODING_INT;
            o->ptr = (void*) value;
            return o;
        } else if (o->encoding == OBJ_ENCODING_EMBSTR) {
            // [5]
            decrRefCount(o);
            return createStringObjectFromLongLongForValue(value);
        }
    }
}

// [6]
if (len <= OBJ_ENCODING_EMBSTR_SIZE_LIMIT) {
    robj *emb;

    if (o->encoding == OBJ_ENCODING_EMBSTR) return o;
    emb = createEmbeddedStringObject(s,sdslen(s));
    decrRefCount(o);
```

```
        return emb;
    }

    // [7]
    trimStringObjectIfNeeded(o);

    return o;
}
```

【1】该数据对象被多处引用，不能再进行编码操作，否则会影响其他地方的正常运行。

【2】如果字符串长度小于或等于 20，则调用 string2l 函数尝试将其转换为 long long 类型，如果成功则返回 1。

在 C 语言中，long long 占用 8 字节，取值范围是-9223372036854775808～9223372036854775807，因此最多能保存长度为 19 的字符串转换后的数值，加上负数的符号位，一共 20 位。

下面是字符串可以转换为 OBJ_ENCODING_INT 编码的处理步骤。

【3】首先尝试使用 shared.integers 中的共享数据，避免重复创建相同数据对象而浪费内存。shared 是 Redis 启动时创建的共享数据集，存放了 Redis 中常用的共享数据。shared.integers 是一个整数数组，存放了小数字 0～9999，共享于各个使用场景。

注意：如果配置了 server.maxmemory，并使用了不支持共享数据的淘汰算法（LRU、LFU），那么这里不能使用共享数据，因为这时每个数据中都必须存在一个 redisObjec.lru 属性，这些算法才可以正常工作。

【4】如果不能使用共享数据并且原编码格式为 OBJ_ENCODING_RAW，则将 redisObject.ptr 指向字符串转换后的数值，并将 sds 编码变更为 OBJ_ENCODING_INT 格式。

【5】如果不能使用共享数据并且原编码格式为 OBJ_ENCODING_EMBSTR，由于 redisObject、sds 存放在同一个内存块中，无法直接替换 redisObject.ptr，所以调用 createStringObjectFromLongLongForValue 函数创建一个新的 redisObject，编码为 OBJ_ENCODING_INT，redisObject.ptr 指向 long long 类型或 long 类型。

【6】到这里，说明字符串不能转换为 OBJ_ENCODING_INT 编码，尝试将其转换为 OBJ_ENCODING_EMBSTR 编码。

【7】到这里，说明字符串只能使用 OBJ_ENCODING_RAW 编码，尝试释放 sds 中剩余的可用空间。

字符串类型的实现代码在 t_string.c 中，读者可以查看源码了解更多实现细节。

提示： server.c/redisCommandTable 定义了每个 Redis 命令与对应的处理函数，读者可以从这里查找感兴趣的命令的处理函数。

```
struct redisCommand redisCommandTable[] = {
    ...
    {"get",getCommand,2,
     "read-only fast @string",
     0,NULL,1,1,1,0,0,0},

    {"set",setCommand,-3,
     "write use-memory @string",
     0,NULL,1,1,1,0,0,0},
     ...
}
```

GET 命令的处理函数为 getCommand，SET 命令的处理函数为 setCommand，以此类推。

另外，我们可以通过 TYPE 命令查看数据对象类型，通过 OBJECT ENCODING 命令查看编码：

```
> SET msg "hello world"
OK
> TYPE msg
string
> OBJECT ENCODING  msg
"embstr"
> SET Introduction "Redis is an open source (BSD licensed), in-memory data structure
store, used as a database, cache and message broker. "
OK
> TYPE Introduction
string
> OBJECT ENCODING  info
"raw"
> SET page 1
OK
> TYPE page
string
```

```
> OBJECT ENCODING  page
"int"
```

总结：

- Redis 中的所有键和值都是 redisObject 变量。
- sds 是 Redis 定义的字符串类型，支持二进制安全、扩容。
- sds 可以在常数时间内获取字符串长度，并使用预分配内存机制减少内存拷贝次数。
- Redis 对数据编码的主要目的是最大限度地节省内存。字符串类型可以使用 OBJ_ENCODING_RAW、OBJ_ENCODING_EMBSTR、OBJ_ENCODING_INT 编码格式。

第 2 章 列表

列表类型可以存储一组按插入顺序排序的字符串，它非常灵活，支持在两端插入、弹出数据，可以充当栈和队列的角色。

```
> LPUSH fruit apple
(integer) 1
> RPUSH fruit banana
(integer) 2
> RPOP fruit
"banana"
> LPOP fruit
"apple"
```

本章探讨 Redis 中列表类型的实现。

2.1 ziplist

使用数组和链表结构都可以实现列表类型。Redis 中使用的是链表结构。下面是一种常见的链表实现方式 adlist.h：

```
typedef struct listNode {
    struct listNode *prev;
    struct listNode *next;
```

```
    void *value;
} listNode;

typedef struct list {
    listNode *head;
    listNode *tail;
    void *(*dup)(void *ptr);
    void (*free)(void *ptr);
    int (*match)(void *ptr, void *key);
    unsigned long len;
} list;
```

Redis 内部使用该链表保存运行数据，如主服务下所有的从服务器信息。

但 Redis 并不使用该链表保存用户列表数据，因为它对内存管理不够友好：

（1）链表中每一个节点都占用独立的一块内存，导致内存碎片过多。

（2）链表节点中前后节点指针占用过多的额外内存。

读者可以思考一下，用什么结构可以比较好地解决上面的两个问题？没错，数组。ziplist 是一种类似数组的紧凑型链表格式。它会申请一整块内存，在这个内存上存放该链表所有数据，这就是 ziplist 的设计思想。

2.1.1 定义

ziplist 总体布局如下：

```
<zlbytes> <zltail> <zllen> <entry> <entry> ... <entry> <zlend>
```

- zlbytes：uint32_t，记录整个 ziplist 占用的字节数，包括 zlbytes 占用的 4 字节。
- zltail：uint32_t，记录从 ziplist 起始位置到最后一个节点的偏移量，用于支持链表从尾部弹出或反向（从尾到头）遍历链表。
- zllen：uint16_t，记录节点数量，如果存在超过 2^{16}-2 个节点，则这个值设置为 2^{16}-1，这时需要遍历整个 ziplist 获取真正的节点数量。
- zlend：uint8_t，一个特殊的标志节点，等于 255，标志 ziplist 结尾。其他节点数据不会以 255 开头。

  entry 就是 ziplist 中保存的节点。entry 的格式如下：

```
<prevlen> <encoding> <entry-data>
```

- entry-data：该节点元素，即节点存储的数据。
- prevlen：记录前驱节点长度，单位为字节，该属性长度为 1 字节或 5 字节。
  - 如果前驱节点长度小于 254，则使用 1 字节存储前驱节点长度。
  - 否则，使用 5 字节，并且第一个字节固定为 254，剩下 4 个字节存储前驱节点长度。
- encoding：代表当前节点元素的编码格式，包含编码类型和节点长度。一个 ziplist 中，不同节点元素的编码格式可以不同。编码格式规范如下：

  ① 00pppppp（pppppp 代表 encoding 的低 6 位，下同）：字符串编码，长度小于或等于 63（2^6-1），长度存放在 encoding 的低 6 位中。

  ② 01pppppp：字符串编码， 长度小于或等于 16383（2^{14}-1），长度存放在 encoding 的后 6 位和 encoding 后 1 字节中。

  ③ 10000000：字符串编码，长度大于 16383（2^{14}-1），长度存放在 encoding 后 4 字节中。

  ④ 11000000：数值编码， 类型为 int16_t，占用 2 字节。

  ⑤ 11010000：数值编码，类型为 int32_t，占用 4 字节。

  ⑥ 11100000：数值编码，类型为 int64_t，占用 8 字节。

  ⑦ 11110000：数值编码，使用 3 字节保存一个整数。

  ⑧ 11111110：数值编码，使用 1 字节保存一个整数。

  ⑨ 1111xxxx：使用 encoding 低 4 位存储一个整数，存储数值范围为 0～12。该编码下 encoding 低 4 位的可用范围为 0001～1101，encoding 低 4 位减 1 为实际存储的值。

  ⑩ 11111111：255，ziplist 结束节点。

注意第②、③种编码格式，除了 encoding 属性，还需要额外的空间存储节点元素长度。第⑨种格式也比较特殊，节点元素直接存放在 encoding 属性上。该编码是针对小数字的优化。这时 entry-data 为空。

2.1.2 字节序

encoding 属性使用多个字节存储节点元素长度，这种多字节数据存储在计算机内存中或者进行网络传输时的字节顺序称为字节序，字节序有两种类型：大端字节序和小端字节序。

- 大端字节序：低字节数据保存在内存高地址位置，高字节数据保存在内存低地址位置。
- 小端字节序：低字节数据保存在内存低地址位置，高字节数据保存在内存高地址位置。

数值 0X44332211 的大端字节序和小端字节序存储方式如图 2-1 所示。

内存地址	0x0100	0x0101	0x0102	0x0103
大端字节序	44	33	22	11
小端字节序	11	22	33	44

图 2-1

CPU 处理指令通常是按照内存地址增长方向执行的。使用小端字节序，CPU 可以先读取并处理低位字节，执行计算的借位、进位操作时效率更高。大端字节序则更符合人们的读写习惯。

ziplist 采取的是小端字节序。

下面是 Redis 提供的一个简单例子：

```
[0f 00 00 00] [0c 00 00 00] [02 00] [00 f3] [02 f6] [ff]
      |             |          |       |       |     |
   zlbytes        zltail    zllen     "2"     "5"   end
```

- [0f 00 00 00]：zlbytes 为 15，代表整个 ziplist 占用 15 字节，注意该数值以小端字节序存储。
- [0c 00 00 00]：zltail 为 12，代表从 ziplist 起始位置到最后一个节点（[02 f6]）的偏移量。
- [02 00]：zllen 为 2，代表 ziplist 中有 2 个节点。
- [00 f3]：00 代表前一个节点长度，f3 使用了 encoding 第⑨种编码格式，存储数据为 encoding 低 4 位减 1，即 2。
- [02 f6]：02 代表前一个节点长度为 2 字节，f5 编码格式同上，存储数据为 5。
- [ff]：结束标志节点。

ziplist 是 Redis 中比较复杂的数据结构，希望读者结合上述属性说明和例子，理解 ziplist 中数据的存放格式。

2.1.3 操作分析

提示：本节以下代码如无特殊说明，均在 ziplist.h、ziplist.c 中。

`ziplistFind` 函数负责在 ziplist 中查找元素：

```
unsigned char *ziplistFind(unsigned char *p, unsigned char *vstr, unsigned int vlen,
unsigned int skip) {
    int skipcnt = 0;
```

```
unsigned char vencoding = 0;
long long vll = 0;

while (p[0] != ZIP_END) {
    unsigned int prevlensize, encoding, lensize, len;
    unsigned char *q;
    // [1]
    ZIP_DECODE_PREVLENSIZE(p, prevlensize);
    // [2]
    ZIP_DECODE_LENGTH(p + prevlensize, encoding, lensize, len);
    q = p + prevlensize + lensize;

    if (skipcnt == 0) {
        // [3]
        if (ZIP_IS_STR(encoding)) {
            if (len == vlen && memcmp(q, vstr, vlen) == 0) {
                return p;
            }
        } else {
            // [4]
            if (vencoding == 0) {
                if (!zipTryEncoding(vstr, vlen, &vll, &vencoding)) {
                    vencoding = UCHAR_MAX;
                }
                assert(vencoding);
            }

            // [5]
            if (vencoding != UCHAR_MAX) {
                long long ll = zipLoadInteger(q, encoding);
                if (ll == vll) {
                    return p;
                }
            }
        }

        // [6]
        skipcnt = skip;
```

```
        } else {
            skipcnt--;
        }

        // [7]
        p = q + len;
    }

    return NULL;
}
```

参数说明：

- p：指定从 ziplist 哪个节点开始查找。
- vstr、vlen：待查找元素的内容和长度。
- skip：间隔多少个节点才执行一次元素对比操作。

【1】计算当前节点 prevlen 属性长度是 1 字节还是 5 字节，结果存放在 prevlensize 变量中。

【2】计算当前节点相关属性，结果存放在如下变量中：

- encoding：节点编码格式。
- lensize：额外存放节点元素长度的字节数，第②、③种格式的 encoding 编码需要额外的空间存放节点元素长度。
- len：节点元素的长度。

【3】如果当前节点元素是字符串编码，则对比 String 的内容，若相等则返回。

【4】当前节点元素是数值编码，并且还没有对待查找内容 vstr 进行编码，则对它进行编码操作（编码操作只执行一次），编码后的数值存储在 vll 变量中。

【5】如果上一步编码成功（待查找内容也是数值），则对比编码后的结果，否则不需要对比编码结果。zipLoadInteger 函数从节点元素中提取节点存储的数值，与上一步得到的 vll 变量进行对比。

【6】skipcnt 不为 0，直接跳过节点并将 skipcnt 减 1，直到 skipcnt 为 0 才对比数据。

【7】p 指向 p + prevlensize + lensize + len（数据长度），得到下一个节点的起始位置。

提示：由于源码中部分函数太长，为了版面整洁，本书将其划分为多个代码段，并使用“// more”标志该函数后续还有其他代码段，请读者留意该标志。

下面看一下如何在 ziplist 中插入节点：

```
unsigned char *__ziplistInsert(unsigned char *zl, unsigned char *p, unsigned char *s,
unsigned int slen) {
    ...
    // [1]
    if (p[0] != ZIP_END) {
        ZIP_DECODE_PREVLEN(p, prevlensize, prevlen);
    } else {
        unsigned char *ptail = ZIPLIST_ENTRY_TAIL(zl);
        if (ptail[0] != ZIP_END) {
            prevlen = zipRawEntryLength(ptail);
        }
    }

    // [2]
    if (zipTryEncoding(s,slen,&value,&encoding)) {
        reqlen = zipIntSize(encoding);
    } else {
        reqlen = slen;
    }

    // [3]
    reqlen += zipStorePrevEntryLength(NULL,prevlen);
    reqlen += zipStoreEntryEncoding(NULL,encoding,slen);

    // [4]
    int forcelarge = 0;
    nextdiff = (p[0] != ZIP_END) ? zipPrevLenByteDiff(p,reqlen) : 0;
    if (nextdiff == -4 && reqlen < 4) {
        nextdiff = 0;
        forcelarge = 1;
    }

    // more
}
```

参数说明：

- zl：待插入 ziplist。
- p：指向插入位置的后驱节点。
- s、slen：待插入元素的内容和长度。

【1】计算前驱节点长度并存放到 prevlen 变量中。

如果 p 没有指向 ZIP_END，则可以直接取 p 节点的 prevlen 属性，否则需要通过 ziplist.zltail 找到前驱节点，再获取前驱节点的长度。

【2】对待插入元素的内容进行编码，并将内容的长度存放在 reqlen 变量中。

zipTryEncoding 函数尝试将元素内容编码为数值，如果元素内容能编码为数值，则该函数返回 1，这时 value 指向编码后的值，encoding 存储对应编码格式，否则返回 0。

【3】zipStorePrevEntryLength 函数计算 prevlen 属性的长度（1 字节或 5 字节）。

zipStoreEntryEncoding 函数计算额外存放节点元素长度所需字节数（encoding 编码中第②、③种格式）。reqlen 变量值添加这两个函数的返回值后成为插入节点长度。

【4】zipPrevLenByteDiff 函数计算后驱节点 prevlen 属性长度需调整多少个字节，结果存放在 nextdiff 变量中。

假如 p 指向节点为 e2，而插入前 e2 的前驱节点为 e1，e2 的 prevlen 存储 e1 的长度。

插入后 e2 的前驱节点为插入节点，这时 e2 的 prevlen 应该存储插入节点长度，所以 e2 的 prevlen 需要修改。图 2-2 展示了一个简单示例。

e1	e2
...	prevlen:1
	encoding
	entry-data

插入节点ne →

e1	ne	e2
...	prevlen:1	prevlen:5
	encoding	encoding
	entry-data:1024	entry-data

entry-data:1024代表entry-data占用1024字节，其他属性含义相同

图 2-2

从图 2-2 可以看到，后驱节点 e2 的 prevlen 属性长度从 1 变成了 5，则 nextdiff 变量为 4。

如果插入节点长度小于 4，并且原后驱节点 e2 的 prevlen 属性长度为 5，则这时设置 forcelarge 为 1，代表强制保持后驱节点 e2 的 prevlen 属性长度不变。读者可以思考一下，为什么要这样设计？

继续分析 `__ziplistInsert` 函数：

```
unsigned char *__ziplistInsert(unsigned char *zl, unsigned char *p, unsigned char *s,
unsigned int slen) {
```

```
...
// [5]
offset = p-zl;
zl = ziplistResize(zl,curlen+reqlen+nextdiff);
p = zl+offset;

if (p[0] != ZIP_END) {
    // [6]
    memmove(p+reqlen,p-nextdiff,curlen-offset-1+nextdiff);

    // [7]
    if (forcelarge)
        zipStorePrevEntryLengthLarge(p+reqlen,reqlen);
    else
        zipStorePrevEntryLength(p+reqlen,reqlen);

    // [8]
    ZIPLIST_TAIL_OFFSET(zl) =
        intrev32ifbe(intrev32ifbe(ZIPLIST_TAIL_OFFSET(zl))+reqlen);
    // [9]
    zipEntry(p+reqlen, &tail);
    if (p[reqlen+tail.headersize+tail.len] != ZIP_END) {
        ZIPLIST_TAIL_OFFSET(zl) =
            intrev32ifbe(intrev32ifbe(ZIPLIST_TAIL_OFFSET(zl))+nextdiff);
    }
} else {
    // [10]
    ZIPLIST_TAIL_OFFSET(zl) = intrev32ifbe(p-zl);
}

// [11]
if (nextdiff != 0) {
    offset = p-zl;
    zl = __ziplistCascadeUpdate(zl,p+reqlen);
    p = zl+offset;
}
```

```
    // [12]
    p += zipStorePrevEntryLength(p,prevlen);
    p += zipStoreEntryEncoding(p,encoding,slen);
    if (ZIP_IS_STR(encoding)) {
        memcpy(p,s,slen);
    } else {
        zipSaveInteger(p,value,encoding);
    }
    // [13]
    ZIPLIST_INCR_LENGTH(zl,1);
    return zl;
}
```

【5】重新为 ziplist 分配内存，主要是为插入节点申请空间。新 ziplist 的内存大小为 `curlen+reqlen+nextdiff`（curlen 变量为插入前 ziplist 长度）。将 p 重新赋值为 `zl+offset`（offset 变量为插入节点的偏移量），是因为 ziplistResize 函数可能会为 ziplist 申请新的内存地址。

下面针对存在后驱节点的场景进行处理。

【6】将插入位置后面所有的节点后移，为插入节点腾出空间。移动空间的起始地址为 p-nextdiff，减去 nextdiff 是因为后驱节点的 prevlen 属性需要调整 nextdiff 长度。移动空间的长度为 curlen-offset-1+nextdiff，减 1 是因为最后的结束标志节点已经在 ziplistResize 函数中设置了。

memmove 是 C 语言提供的内存移动函数。

【7】修改后驱节点的 prevlen 属性。

【8】更新 ziplist.zltail，将其加上 reqlen 的值。

【9】如果存在多个后驱节点，则 ziplist.zltail 还要加上 nextdiff 的值。

如果只有一个后驱节点，则不需要加上 nextdiff，因为这时后驱节点大小变化了 nextdiff，但后驱节点只移动了 reqlen。

提示： zipEntry 函数会将给定节点的所有信息赋值到 zlentry 结构体中。zlentry 结构体用于在计算过程中存放节点信息，实际存储数据格式并不使用该结构体。读者不要被 tail 这个变量名误导，它只是指向插入节点的后驱节点，并不一定指向尾节点。

【10】这里针对不存在后驱节点的场景进行处理，只需更新最后一个节点偏移量 ziplist.zltail。

【11】级联更新。

【12】写入插入数据。

【13】更新 ziplist 节点数量 ziplist.zllen。

解释一下以下代码：

```
ZIPLIST_TAIL_OFFSET(zl) = intrev32ifbe(intrev32ifbe(ZIPLIST_TAIL_OFFSET(zl))+reqlen);
```

intrev32ifbe 函数完成以下工作：如果主机使用的小端字节序，则不做处理。如果主机使用的大端字节序，则反转数据字节序（数据第 1 位与第 4 位、第 2 位与第 3 位交换），这样可以将大端字节序数据转化为小端字节序，或者将小端字节序数据转化为大端字节序。

在上面的代码中，如果主机 CPU 使用的是小端字节序，则 intrev32ifbe 函数不做任何处理。

如果主机 CPU 使用的是大端字节序，则从内存取出数据后，先调用 intrev32ifbe 函数将数据转化为大端字节序后再计算。计算完成后，调用 intrev32ifbe 函数将数据转化为小端字节序后再存入内存。

2.1.4　级联更新

例 2-1：

考虑一种极端场景，在 ziplist 的 e2 节点前插入一个新的节点 ne，元素数据长度为 254，如图 2-3 所示。

e1	e2	e3
...	prevlen:1	prevlen:1
	encoding:1	encoding:1
	entry-data:251	entry-data:251

entry-data:251代表entry-data占用251字节，其他属性含义相同

图 2-3

插入节点如图 2-4 所示。

e1	ne	e2	e3
...	prevlen:1	prevlen:5	prevlen:5
	encoding:1	encoding:1	encoding:1
	entry-data:254	entry-data:251	entry-data:251

图 2-4

插入节点后 e2 的 prevlen 属性长度需要更新为 5 字节。

注意 e3 的 prevlen，插入前 e2 的长度为 253，所以 e3 的 prevlen 属性长度为 1 字节，插入

新节点后，e2 的长度为 257，那么 e3 的 prevlen 属性长度也要更新了，这就是级联更新。在极端情况下，e3 后续的节点也要继续更新 prevlen 属性。

我们看一下级联更新的实现：

```
unsigned char *__ziplistCascadeUpdate(unsigned char *zl, unsigned char *p) {
    size_t curlen = intrev32ifbe(ZIPLIST_BYTES(zl)), rawlen, rawlensize;
    size_t offset, noffset, extra;
    unsigned char *np;
    zlentry cur, next;
    // [1]
    while (p[0] != ZIP_END) {
        // [2]
        zipEntry(p, &cur);
        rawlen = cur.headersize + cur.len;
        rawlensize = zipStorePrevEntryLength(NULL,rawlen);

        if (p[rawlen] == ZIP_END) break;
        // [3]
        zipEntry(p+rawlen, &next);

        if (next.prevrawlen == rawlen) break;
        // [4]
        if (next.prevrawlensize < rawlensize) {
            // [5]
            offset = p-zl;
            extra = rawlensize-next.prevrawlensize;
            zl = ziplistResize(zl,curlen+extra);
            p = zl+offset;

            // [6]
            np = p+rawlen;
            noffset = np-zl;

            if ((zl+intrev32ifbe(ZIPLIST_TAIL_OFFSET(zl))) != np) {
                ZIPLIST_TAIL_OFFSET(zl) =
                    intrev32ifbe(intrev32ifbe(ZIPLIST_TAIL_OFFSET(zl))+extra);
            }
```

```
        // [7]
        memmove(np+rawlensize,
            np+next.prevrawlensize,
            curlen-noffset-next.prevrawlensize-1);
        zipStorePrevEntryLength(np,rawlen);

        // [8]
        p += rawlen;
        curlen += extra;
    } else {
        // [9]
        if (next.prevrawlensize > rawlensize) {
            zipStorePrevEntryLengthLarge(p+rawlen,rawlen);
        } else {
            // [10]
            zipStorePrevEntryLength(p+rawlen,rawlen);
        }
        // [11]
        break;
    }
  }
  return zl;
}
```

参数说明：

- p：p 指向插入节点的后驱节点，为了描述方便，下面将 p 指向的节点称为当前节点。

【1】如果遇到 ZIP_END，则退出循环。

【2】如果下一个节点是 ZIP_END，则退出。

rawlen 变量为当前节点长度，rawlensize 变量为当前节点长度占用的字节数。

p[rawlen]即 p 的后驱节点的第一个字节。

【3】计算后驱节点信息。如果后驱节点的 prevlen 等于当前节点的长度，则退出。

【4】假设存储当前节点长度需要使用 actprevlen（1 或者 5）个字节，这里需要处理 3 种情况。情况 1：后驱节点的 prevlen 属性长度小于 actprevlen，这时需要扩容，如例 2-1 中的场景。

【5】重新为 ziplist 分配内存。

【6】如果后驱节点非 ZIP_END，则需要修改 ziplist.zltail 属性。

【7】将当前节点后面所有的节点后移，并调用 zipStorePrevEntryLength 函数修改后驱节点的 prevlen。

【8】将 p 指针指向后驱节点，继续处理后面节点的 prevlen。

【9】情况 2：后驱节点的 prevlen 属性长度大于 actprevlen，这时需要缩容。为了不让级联更新继续下去，这时强制后驱节点的 prevlen 保持不变。

【10】情况 3：后驱节点的 prevlen 属性长度等于 actprevlen，只要修改后驱节点 prevlen 值，不需要调整 ziplist 的大小。

【11】情况 2 和情况 3 中级联更新不需要继续，退出。

回到上面__ziplistInsert 函数中为什么要设置 forcelarge 为 1 的问题，这样是为了避免插入小节点时，导致级联更新现象的出现，所以强制保持后驱节点的 prevlen 属性长度不变。

从上面的分析我们可以看到，级联更新下的性能是非常糟糕的，而且代码复杂度也高，那么怎么解决这个问题呢？我们先看一下为什么需要使用 prevlen 这个属性？这是因为反向遍历时，每向前跨过一个节点，都必须知道前面这个节点的长度。

既然这样，我们把每个节点长度都保存一份到节点的最后位置，反向遍历时，直接从前一个节点的最后位置获取前一个节点的长度不就可以了吗？而且这样每个节点都是独立的，插入或删除节点都不会有级联更新的现象。基于这种设计，Redis 作者设计另一种结构 listpack。设计 listpack 的目的是取代 ziplist，但是 ziplist 使用范围比较广，替换起来比较复杂，所以目前只应用在新增加的 Stream 结构中。等到我们分析 Stream 时再讨论 listpack 的设计。由此可见，优秀的设计并不是一蹴而就的。

ziplist 提供常用函数如表 2-1 所示。

表 2-1

函数	作用
ziplistNew	创建一个空的 ziplist
ziplistPush	在 ziplist 头部或尾部添加元素
ziplistInsert	插入元素到 ziplist 指定位置
ziplistFind	查找给定的元素
ziplistDelete	删除给定节点

即使使用新的 listpack 格式，每插入一个新节点，也还可能需要进行两次内存拷贝。

（1）为整个链表分配新内存空间，主要是为新节点创建空间。

（2）将插入节点所有后驱节点后移，为插入节点腾出空间。

如果链表很长，则每次插入或删除节点时都需要进行大量的内存拷贝，这个性能是无法接受的，那么如何解决这个问题呢？这时就要用到 quicklist 了。

2.2 quicklist

quicklist 的设计思想很简单，将一个长 ziplist 拆分为多个短 ziplist，避免插入或删除元素时导致大量的内存拷贝。

ziplist 存储数据的形式更类似于数组，而 quicklist 是真正意义上的链表结构，它由 quicklistNode 节点链接而成，在 quicklistNode 中使用 ziplist 存储数据。

提示：本节以下代码如无特殊说明，均位于 quicklist.h/quicklist.c 中。

本节以下说的“节点”，如无特殊说明，都指 quicklistNode 节点，而不是 ziplist 中的节点。

2.2.1 定义

quicklistNode 的定义如下：

```
typedef struct quicklistNode {
    struct quicklistNode *prev;
    struct quicklistNode *next;
    unsigned char *zl;
    unsigned int sz;
    unsigned int count : 16;
    unsigned int encoding : 2;
    unsigned int container : 2;
    unsigned int recompress : 1;
    unsigned int attempted_compress : 1;
    unsigned int extra : 10;
} quicklistNode;
```

- prev、next：指向前驱节点，后驱节点。
- zl：ziplist，负责存储数据。
- sz：ziplist 占用的字节数。
- count：ziplist 的元素数量。
- encoding：2 代表节点已压缩，1 代表没有压缩。

- container：目前固定为 2，代表使用 ziplist 存储数据。
- recompress：1 代表暂时解压（用于读取数据等），后续需要时再将其压缩。
- extra：预留属性，暂未使用。

当链表很长时，中间节点数据访问频率较低。这时 Redis 会将中间节点数据进行压缩，进一步节省内存空间。Redis 采用是无损压缩算法——LZF 算法。

压缩后的节点定义如下：

```
typedef struct quicklistLZF {
    unsigned int sz;
    char compressed[];
} quicklistLZF;
```

- sz：压缩后的 ziplist 大小。
- compressed：存放压缩后的 ziplist 字节数组。

quicklist 的定义如下：

```
typedef struct quicklist {
    quicklistNode *head;
    quicklistNode *tail;
    unsigned long count;
    unsigned long len;
    int fill : QL_FILL_BITS;
    unsigned int compress : QL_COMP_BITS;
    unsigned int bookmark_count: QL_BM_BITS;
    quicklistBookmark bookmarks[];
} quicklist;
```

- head、tail：指向头节点、尾节点。
- count：所有节点的 ziplist 的元素数量总和。
- len：节点数量。
- fill：16bit，用于判断节点 ziplist 是否已满。
- compress：16bit，存放节点压缩配置。

quicklist 的结构如图 2-5 所示。

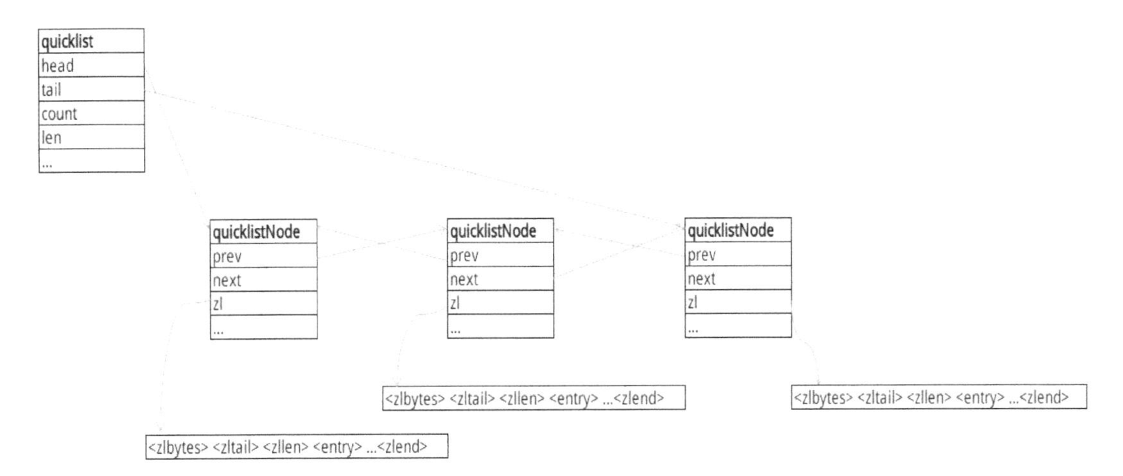

图 2-5

2.2.2 操作分析

插入元素到 quicklist 头部：

```
int quicklistPushHead(quicklist *quicklist, void *value, size_t sz) {
    quicklistNode *orig_head = quicklist->head;
    // [1]
    if (likely(
            _quicklistNodeAllowInsert(quicklist->head, quicklist->fill, sz))) {
        // [2]
        quicklist->head->zl =
            ziplistPush(quicklist->head->zl, value, sz, ZIPLIST_HEAD);
        // [3]
        quicklistNodeUpdateSz(quicklist->head);
    } else {
        // [4]
        quicklistNode *node = quicklistCreateNode();
        node->zl = ziplistPush(ziplistNew(), value, sz, ZIPLIST_HEAD);

        quicklistNodeUpdateSz(node);
        _quicklistInsertNodeBefore(quicklist, quicklist->head, node);
    }
    quicklist->count++;
```

```
    quicklist->head->count++;
    return (orig_head != quicklist->head);
}
```

参数说明：

- value、sz：插入元素的内容与大小。

【1】判断 head 节点 ziplist 是否已满，_quicklistNodeAllowInsert 函数中根据 quicklist.fill 属性判断节点是否已满。

【2】head 节点未满，直接调用 ziplistPush 函数，插入元素到 ziplist 中。

【3】更新 quicklistNode.sz 属性。

【4】head 节点已满，创建一个新节点，将元素插入新节点的 ziplist 中，再将该节点头插入 quicklist 中。

也可以在 quicklist 的指定位置插入元素：

```
REDIS_STATIC void _quicklistInsert(quicklist *quicklist, quicklistEntry *entry,
                                   void *value, const size_t sz, int after) {
    int full = 0, at_tail = 0, at_head = 0, full_next = 0, full_prev = 0;
    int fill = quicklist->fill;
    quicklistNode *node = entry->node;
    quicklistNode *new_node = NULL;
    ...
    // [1]
    if (!_quicklistNodeAllowInsert(node, fill, sz)) {
        full = 1;
    }

    if (after && (entry->offset == node->count)) {
        at_tail = 1;
        if (!_quicklistNodeAllowInsert(node->next, fill, sz)) {
            full_next = 1;
        }
    }

    if (!after && (entry->offset == 0)) {
        at_head = 1;
        if (!_quicklistNodeAllowInsert(node->prev, fill, sz)) {
```

```
            full_prev = 1;
        }
    }
    // [2]
    ...
}
```

参数说明：

- entry：quicklistEntry 结构，quicklistEntry.node 指定元素插入的 quicklistNode 节点，quicklistEntry.offset 指定插入 ziplist 的索引位置。
- after：是否在 quicklistEntry.offset 之后插入。

【1】根据参数设置以下标志。

- full：待插入节点 ziplist 是否已满。
- at_tail：是否 ziplist 尾插。
- at_head：是否 ziplist 头插。
- full_next：后驱节点是否已满。
- full_prev：前驱节点是否已满。

提示：*头插指插入链表头部，尾插指插入链表尾部。*

【2】根据上面的标志进行处理，代码较烦琐，这里不再列出。

这里的执行逻辑如表 2-2 所示。

表 2-2

条件	条件说明	处理方式
!full && after	待插入节点未满，ziplist 尾插	再次检查 ziplist 插入位置是否存在后驱元素，如果不存在则调用 ziplistPush 函数插入元素（更快），否则调用 ziplistInsert 插入元素
!full && !after	待插入节点未满，非 ziplist 尾插	调用 ziplistInsert 函数插入元素
full && at_tail && node -> next && !full_next && after	待插入节点已满，尾插，后驱节点未满	将元素插入后驱节点 ziplist 中
full && at_head && node -> prev && !full_prev && !after	待插入节点已满，ziplist 头插，前驱节点未满	将元素插入前驱节点 ziplist 中

续表

条件	条件说明	处理方式
full && ((at_tail && node -> next && full_next && after) ||(at_head && node->prev && full_prev && !after))	满足以下条件： （1）待插入节点已满 （2）尾插且后驱节点已满，或者头插且前驱节点已满	构建一个新节点，将元素插入新节点，并根据 after 参数将新节点插入 quicklist 中
full	待插入节点已满，并且在节点 ziplist 中间插入	将插入节点的数据拆分到两个节点中，再插入拆分后的新节点中

我们只看最后一种场景的实现：

```
// [1]
quicklistDecompressNodeForUse(node);
// [2]
new_node = _quicklistSplitNode(node, entry->offset, after);
new_node->zl = ziplistPush(new_node->zl, value, sz,
                           after ? ZIPLIST_HEAD : ZIPLIST_TAIL);
new_node->count++;
quicklistNodeUpdateSz(new_node);
// [3]
__quicklistInsertNode(quicklist, node, new_node, after);
// [4]
_quicklistMergeNodes(quicklist, node);
```

【1】如果节点已压缩，则解压节点。

【2】从插入节点中拆分出一个新节点，并将元素插入新节点中。

【3】将新节点插入 quicklist 中。

【4】尝试合并节点。_quicklistMergeNodes 尝试执行以下操作：

- 将 node->prev->prev 合并到 node->prev。
- 将 node->next 合并到 node->next->next。
- 将 node->prev 合并到 node。
- 将 node 合并到 node->next。

合并条件：如果合并后节点大小仍满足 quicklist.fill 参数要求，则合并节点。

这个场景处理与 B+树的节点分裂合并有点相似。

quicklist 常用的函数如表 2-3 所示。

表 2-3

函数	作用
quicklistCreate、quicklistNew	创建一个空的 quicklist
quicklistPushHead，quicklistPushTail	在 quicklist 头部、尾部插入元素
quicklistIndex	查找给定索引的 quicklistEntry 节点
quicklistDelEntry	删除给定的元素

配置说明：

- list-max-ziplist-size：配置 server.list_max_ziplist_size 属性，该值会赋值给 quicklist.fill。取正值，表示 quicklist 节点的 ziplist 最多可以存放多少个元素。例如，配置为 5，表示每个 quicklist 节点的 ziplist 最多包含 5 个元素。取负值，表示 quicklist 节点的 ziplist 最多占用字节数。这时，它只能取-1 到-5 这五个值（默认值为-2），每个值的含义如下：
    - -5：每个 quicklist 节点上的 ziplist 大小不能超过 64 KB。
    - -4：每个 quicklist 节点上的 ziplist 大小不能超过 32 KB。
    - -3：每个 quicklist 节点上的 ziplist 大小不能超过 16 KB。
    - -2：每个 quicklist 节点上的 ziplist 大小不能超过 8 KB。
    - -1：每个 quicklist 节点上的 ziplist 大小不能超过 4 KB。
- list-compress-depth：配置 server.list_compress_depth 属性，该值会赋值给 quicklist.compress。
    - 0：表示节点都不压缩，Redis 的默认配置。
    - 1：表示 quicklist 两端各有 1 个节点不压缩，中间的节点压缩。
    - 2：表示 quicklist 两端各有 2 个节点不压缩，中间的节点压缩。
    - 3：表示 quicklist 两端各有 3 个节点不压缩，中间的节点压缩。

  以此类推。

2.2.3　编码

ziplist 由于结构紧凑，能高效使用内存，所以在 Redis 中被广泛使用，可用于保存用户列表、散列、有序集合等数据。

列表类型只有一种编码格式 OBJ_ENCODING_QUICKLIST，使用 quicklist 存储数据（redisObject.ptr 指向 quicklist 结构）。列表类型的实现代码在 t_list.c 中，读者可以查看源码了解实现更多细节。

总结：

- ziplist 是一种结构紧凑的数据结构，使用一块完整内存存储链表的所有数据。
- ziplist 内的元素支持不同的编码格式，以最大限度地节省内存。
- quicklist 通过切分 ziplist 来提高插入、删除元素等操作的性能。
- 链表的编码格式只有 OBJ_ENCODING_QUICKLIST。

第3章 散列

散列类型可以存储一组无序的键值对，它特别适用于存储一个对象数据。

```
> HSET fruit name apple price 7.6 origin china
3
> HGET fruit price
"7.6"
```

本章探讨 Redis 中散列类型的设计与实现。

3.1 字典

Redis 通常使用字典结构存储用户散列数据。

字典是 Redis 的重要数据结构。除了散列类型，Redis 数据库也使用了字典结构。

Redis 使用 Hash 表实现字典结构。分析 Hash 表，我们通常关注以下几个问题：

（1）使用什么 Hash 算法？

（2）Hash 冲突如何解决？

（3）Hash 表如何扩容？

提示： 本章代码如无特别说明，均在 dict.h、dict.c 中。

3.1.1 定义

字典中键值对的定义如下：

```
typedef struct dictEntry {
    void *key;
    union {
        void *val;
        uint64_t u64;
        int64_t s64;
        double d;
    } v;
    struct dictEntry *next;
} dictEntry;
```

- key、v：键、值。
- next：下一个键值对指针。可见 Redis 字典使用链表法解决 Hash 冲突的问题。

提示： C 语言 union 关键字用于声明共用体，共用体的所有属性共用同一空间，同一时间只能储存其中一个属性值。也就是说，dictEntry.v 可以存放 val、u64、s64、d 中的一个属性值。使用 sizeof 函数计算共用体大小，结果不会小于共用体中最大的成员属性大小。

字典中 Hash 表的定义如下：

```
typedef struct dictht {
    dictEntry **table;
    unsigned long size;
    unsigned long sizemask;
    unsigned long used;
} dictht;
```

- table：Hash 表数组，负责存储数据。
- used：记录存储键值对的数量。
- size：Hash 表数组长度。

dictht 的结构如图 3-1 所示。

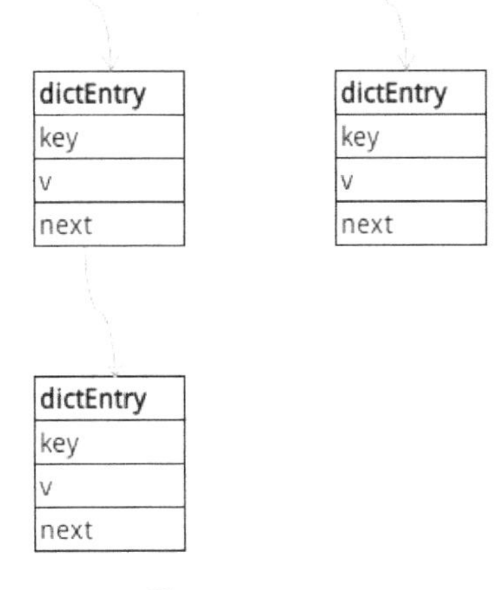

图 3-1

字典的定义如下：

```
typedef struct dict {
    dictType *type;
    void *privdata;
    dictht ht[2];
    long rehashidx;
    unsigned long iterators;
} dict;
```

- type：指定操作数据的函数指针。
- ht[2]：定义两个 Hash 表用于实现字典扩容机制。通常场景下只使用 ht[0]，而在扩容时，会创建 ht[1]，并在操作数据时中逐步将 ht[0]的数据移到 ht[1]中。
- rehashidx：下一次执行扩容单步操作要迁移的 ht[0]Hash 表数组索引，-1 代表当前没有进行扩容操作。
- iterators：当前运行的迭代器数量，迭代器用于遍历字典键值对。

dictType 定义了字典中用于操作数据的函数指针，这些函数负责实现数据复制、比较等操作。

```
typedef struct dictType {
    uint64_t (*hashFunction)(const void *key);
    void *(*keyDup)(void *privdata, const void *key);
    void *(*valDup)(void *privdata, const void *obj);
    int (*keyCompare)(void *privdata, const void *key1, const void *key2);
    void (*keyDestructor)(void *privdata, void *key);
    void (*valDestructor)(void *privdata, void *obj);
} dictType;
```

通过 dictType 指定操作数据的函数指针，字典就可以存放不同类型的数据了。但在一个字典中，键、值可以是不同的类型，但键必须类型相同，值也必须类型相同。

Redis 为不同的字典定义了不同的 `dictType`，如数据库使用的 `server.c/dbDictType`，散列类型使用的 `server.c/setDictType` 等。

3.1.2 操作分析

dictAddRaw 函数可以在字典中插入或查找键：

```
dictEntry *dictAddRaw(dict *d, void *key, dictEntry **existing)
{
    long index;
    dictEntry *entry;
    dictht *ht;
    // [1]
    if (dictIsRehashing(d)) _dictRehashStep(d);

    // [2]
    if ((index = _dictKeyIndex(d, key, dictHashKey(d,key), existing)) == -1)
        return NULL;
    // [3]
    ht = dictIsRehashing(d) ? &d->ht[1] : &d->ht[0];
    // [4]
    entry = zmalloc(sizeof(*entry));
    entry->next = ht->table[index];
    ht->table[index] = entry;
    ht->used++;
```

```
    // [5]
    dictSetKey(d, entry, key);
    return entry;
}
```

参数说明：

- existing：如果字典中已存在参数 key，则将对应的 dictEntry 指针赋值给`*existing`，并返回 null，否则返回创建的 dictEntry。

【1】如果该字典正在扩容，则执行一次扩容单步操作。

【2】计算参数 key 的 Hash 表数组索引，返回-1，代表键已存在，这时 dictAddRaw 函数返回 NULL，代表该键已存在。

【3】如果该字典正在扩容，则将新的 dictEntry 添加到 ht[1]中，否则添加到 ht[0]中。

【4】创建 dictEntry，头插到 Hash 表数组对应位置的链表中。Redis 字典使用链表法解决 Hash 冲突，Hash 表数组的元素都是链表。

【5】将键设置到 dictEntry 中。

dictAddRaw 函数只会插入键，并不插入对应的值。可以使用返回的 dictEntry 插入值：

```
entry = dictAddRaw(dict,mykey,NULL);
if (entry != NULL) dictSetSignedIntegerVal(entry,1000);
```

Hash 算法

`dictHashKey` 宏调用 dictType.hashFunction 函数计算键的 Hash 值：

```
#define dictHashKey(d, key) (d)->type->hashFunction(key)
```

Redis 中字典基本都使用 SipHash 算法（`server.c/dbDictType`、`server.c/setDictType` 等 `dictType` 的 `hashFunction` 属性指向的函数都使用了 SipHash 算法）。该算法能有效地防止 Hash 表碰撞攻击，并提供不错的性能。

Hash 算法涉及较多的数学知识，本书并不讨论 Hash 算法的原理及实现，读者可以自行阅读相关代码。

提示： Redis 4.0 之前使用的 Hash 算法是 MurmurHash。即使输入的键是有规律的，该算法计算的结果依然有很好的离散性，并且计算速度非常快。Redis 4.0 开始更换为 SipHash 算法，应该是出于安全的考虑。

计算键的 Hash 值后，还需要计算键的 Hash 表数组索引：

```
static long _dictKeyIndex(dict *d, const void *key, uint64_t hash, dictEntry **existing)
{
    unsigned long idx, table;
    dictEntry *he;
    if (existing) *existing = NULL;

    // [1]
    if (_dictExpandIfNeeded(d) == DICT_ERR)
        return -1;
    // [2]
    for (table = 0; table <= 1; table++) {
        idx = hash & d->ht[table].sizemask;
        he = d->ht[table].table[idx];
        while(he) {
            if (key==he->key || dictCompareKeys(d, key, he->key)) {
                if (existing) *existing = he;
                return -1;
            }
            he = he->next;
        }
        // [3]
        if (!dictIsRehashing(d)) break;
    }
    return idx;
}
```

【1】根据需要进行扩容或初始化 Hash 表操作。

【2】遍历 ht[0]、ht[1]，计算 Hash 表数组索引，并判断 Hash 表中是否已存在参数 key。若已存在，则将对应的 dictEntry 赋值给*existing。

【3】如果当前没有进行扩容操作，则计算 ht[0]索引后便退出，不需要计算 ht[1]。

3.1.3 扩容

Redis 使用了一种渐进式扩容方式，这样设计，是因为 Redis 是单线程的。如果在一个操作内将 ht[0]所有数据都迁移到 ht[1]，那么可能会引起线程长期阻塞。所以，Redis 字典扩容是在每次操作数据时都执行一次扩容单步操作，扩容单步操作即将 ht[0].table[rehashidx]的数据迁移到 ht[1]。等到 ht[0]的所有数据都迁移到 ht[1]，便将 ht[0]指向 ht[1]，完成扩容。

_dictExpandIfNeeded 函数用于判断 Hash 表是否需要扩容：

```
static int _dictExpandIfNeeded(dict *d)
{
    ...

    if (d->ht[0].used >= d->ht[0].size &&
        (dict_can_resize ||
         d->ht[0].used/d->ht[0].size > dict_force_resize_ratio))
    {
        return dictExpand(d, d->ht[0].used*2);
    }
    return DICT_OK;
}
```

扩容需要满足两个条件：

（1）d->ht[0].used≥d->ht[0].size：Hash 表存储的键值对数量大于或等于 Hash 表数组的长度。

（2）开启了 dict_can_resize 或者负载因子大于 dict_force_resize_ratio。

d->ht[0].used/d->ht[0].size，即 Hash 表存储的键值对数量/Hash 表数组的长度，称之为负载因子。dict_can_resize 默认开启，即负载因子等于 1 就扩容。负载因子等于 1 可能出现比较高的 Hash 冲突率，但这样可以提高 Hash 表的内存使用率。dict_force_resize_ratio 关闭时，必须等到负载因子等于 5 时才强制扩容。用户不能通过配置关闭 dict_force_resize_ratio，该值的开关与 Redis 持久化有关，等我们分析 Redis 持久化时再讨论该值。

dictExpand 函数开始扩容操作：

```
int dictExpand(dict *d, unsigned long size)
{
    ...
    // [1]
    dictht n;
    unsigned long realsize = _dictNextPower(size);
    ...

    // [2]
```

```
    n.size = realsize;
    n.sizemask = realsize-1;
    n.table = zcalloc(realsize*sizeof(dictEntry*));
    n.used = 0;

    // [3]
    if (d->ht[0].table == NULL) {
        d->ht[0] = n;
        return DICT_OK;
    }

    // [4]
    d->ht[1] = n;
    d->rehashidx = 0;
    return DICT_OK;
}
```

参数说明：

- size：新 Hash 表数组长度。

【1】_dictNextPower 函数会将 size 调整为 2 的 *n* 次幂。

【2】构建一个新的 Hash 表 dictht。

【3】`ht[0].table==NULL`，代表字典的 Hash 表数组还没有初始化，将新 dictht 赋值给 ht[0]，现在它就可以存储数据了。这里并不是扩容操作，而是字典第一次使用前的初始化操作。

【4】否则，将新 dictht 赋值给 ht[1]，并将 rehashidx 赋值为 0。rehashidx 代表下一次扩容单步操作要迁移的 ht[0] Hash 表数组索引。

为什么要将 size 调整为 2 的 *n* 次幂呢？这样是为了 ht[1] Hash 表数组长度是 ht[0] Hash 表数组长度的倍数，有利于 ht[0]的数据均匀地迁移到 ht[1]。

我们看一下键的 Hash 表数组索引计算方法：`idx=hash&ht.sizemask`，由于 `sizemask=size-1`，计算方法等价于：`idx=hash%(ht.size)`。因此，假如 ht[0].size 为 n，ht[1].size 为 $2\times n$，对于 ht[0]上的元素，ht[0].table[*k*]的数据，要不迁移到 ht[1].table[k]，要不迁移到 ht[1].table[k+n]。这样可以将 ht[0].table 中一个索引位的数据拆分到 ht[1]的两个索引位上。

图 3-2 展示了一个简单示例。

_dictRehashStep 函数负责执行扩容单步操作，将 ht[0]中一个索引位的数据迁移到 ht[1]中。dictAddRaw、dictGenericDelete、dictFind、dictGetRandomKey、dictGetSomeKeys 等函数都会调

用该函数，从而逐步将数据迁移到新的 Hash 表中。

图 3-2

_dictRehashStep 调用 dictRehash 函数完成扩容单步操作：

```
int dictRehash(dict *d, int n) {
    int empty_visits = n*10;
    // [1]
    if (!dictIsRehashing(d)) return 0;

    while(n-- && d->ht[0].used != 0) {
        dictEntry *de, *nextde;

        assert(d->ht[0].size > (unsigned long)d->rehashidx);
        // [2]
        while(d->ht[0].table[d->rehashidx] == NULL) {
            d->rehashidx++;
            if (--empty_visits == 0) return 1;
        }
        // [3]
        de = d->ht[0].table[d->rehashidx];
        while(de) {
            uint64_t h;

            nextde = de->next;
            h = dictHashKey(d, de->key) & d->ht[1].sizemask;
            de->next = d->ht[1].table[h];
            d->ht[1].table[h] = de;
```

```
            d->ht[0].used--;
            d->ht[1].used++;
            de = nextde;
        }
        d->ht[0].table[d->rehashidx] = NULL;
        d->rehashidx++;
    }

    // [4]
    if (d->ht[0].used == 0) {
        zfree(d->ht[0].table);
        d->ht[0] = d->ht[1];
        _dictReset(&d->ht[1]);
        d->rehashidx = -1;
        return 0;
    }
    return 1;
}
```

参数说明：

- n：本次操作迁移的 Hash 数组索引的数量。

【1】如果字典当前并没有进行扩容，则直接退出函数。

【2】从 rehashidx 开始，找到第一个非空索引位。

如果这里查找的的空索引位的数量大于 $n\times10$，则直接返回。

【3】遍历该索引位链表上所有的元素。

计算每个元素在 ht[1]的 Hash 表数组中的索引，将元素移动到 ht[1]中。

【4】ht[0].used==0，代表 ht[0]的数据已经全部移到 ht[1]中。

释放 ht[0].table，将 ht[0]指针指向 ht[1]，并重置 rehashidx、d->ht[1]，扩容完成。

3.1.4 缩容

执行删除操作后，Redis 会检查字典是否需要缩容，当 Hash 表长度大于 4 且负载因子小于 0.1 时，会执行缩容操作，以节省内存。缩容实际上也是通过 dictExpand 函数完成的，只是函数的第二个参数 size 是缩容后的大小。

dict 常用的函数如表 3-1 所示。

表 3-1

函数	作用
dictAdd	插入键值对
dictReplace	替换或插入键值对
dictDelete	删除键值对
dictFind	查找键值对
dictGetIterator	生成不安全迭代器，可以对字典进行修改
dictGetSafeIterator	生成安全迭代器，不可对字典进行修改
dictResize	字典缩容
dictExpand	字典扩容

3.1.5　编码

散列类型有 OBJ_ENCODING_HT 和 OBJ_ENCODING_ZIPLIST 两种编码，分别使用 dict、ziplist 结构存储数据（redisObject.ptr 指向 dict、ziplist 结构）。Redis 会优先使用 ziplist 存储散列元素，使用一个 ziplist 节点存储键，后驱节点存放值，查找时需要遍历 ziplist。使用 dict 存储散列元素，字典的键和值都是 sds 类型。散列类型使用 OBJ_ENCODING_ZIPLIST 编码，需满足以下条件：

（1）散列中所有键或值的长度小于或等于 server.hash_max_ziplist_value，该值可通过 hash-max-ziplist-value 配置项调整。

（2）散列中键值对的数量小于 server.hash_max_ziplist_entries，该值可通过 hash-max-ziplist-entries 配置项调整。

散列类型的实现代码在 t_hash.c 中，读者可以查看源码了解更多实现细节。

3.2　数据库

Redis 是内存数据库，内部定义了数据库对象 server.h/redisDb 负责存储数据，redisDb 也使用了字典结构管理数据。

```
typedef struct redisDb {
    dict *dict;
    dict *expires;
    dict *blocking_keys;
    dict *ready_keys;
    dict *watched_keys;
```

```
    int id;
    ...
} redisDb;
```

- dict：数据库字典，该 redisDb 所有的数据都存储在这里。
- expires：过期字典，存储了 Redis 中所有设置了过期时间的键及其对应的过期时间，过期时间是 long long 类型的 UNIX 时间戳。
- blocking_keys：处于阻塞状态的键和相应的客户端。
- ready_keys：准备好数据后可以解除阻塞状态的键和相应的客户端。
- watched_keys：被 watch 命令监控的键和相应客户端。
- id：数据库 ID 标识。

Redis 是一个键值对数据库，全称为 Remote Dictionary Server（远程字典服务），它本身就是一个字典服务。redisDb.dict 字典中的键都是 sds，值都是 redisObject。这也是 redisObject 作用之一，它将所有的数据结构都封装为 redisObject 结构，作为 redisDb 字典的值。

一个简单的 redisDb 结构如图 3-3 所示。

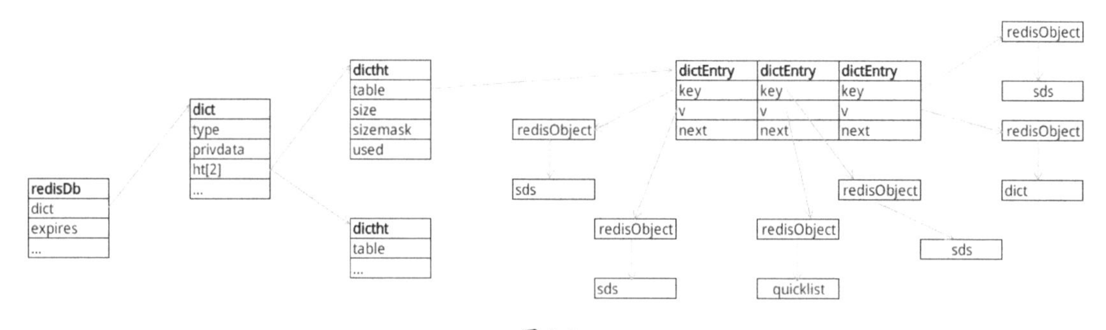

图 3-3

当我们需要操作 Redis 数据时，都需要从 redisDb 中找到该数据。

db.c 中定义了 hashTypeLookupWriteOrCreate、lookupKeyReadOrReply 等函数，可以通过键找到 redisDb.dict 中对应的 redisObject，这些函数都是通过调用 dict API 实现的，这里不一一展示，感兴趣的读者可以自行阅读代码。

总结：

- Redis 字典使用 SipHash 算法计算 Hash 值，并使用链表法处理 Hash 冲突。
- Redis 字典使用渐进式扩容方式，在每次数据操作中都执行一次扩容单步操作，直到扩容完成。
- 散列类型的编码格式可以为 OBJ_ENCODING_HT、OBJ_ENCODING_ZIPLIST。

第 4 章 集合

集合类型可以存储一组不重复的数据。Redis 支持集合（专指无序集合）与有序集合，有序集合通过每个元素关联的分数进行排序。

```
> SADD fruits apple banana  grape
(integer) 3
> SMEMBERS fruits
1) "apple"
2) "banana"
3) "grape"
> ZADD fruitsWithPrice 10.7 apple 2.98  banana  9.8 grape
(integer) 3
> ZRANGE fruitsWithPrice 0 1
1) "banana"
2) "grape"
```

本章探讨 Redis 集合类型与有序集合类型的实现。

4.1 无序集合

Redis 通常使用字典结构保存用户集合数据，字典键存储集合元素，字典值为空。如果一个集合全是整数，则使用字典过于浪费内存。为此，Redis 设计了 intset 数据结构，专门用来保存整数集合数据。

本节以下代码无特殊说明，位于 intset.h、intset.c 中。

4.1.1 定义

```
typedef struct intset {
    uint32_t encoding;
    uint32_t length;
    int8_t contents[];
} intset;
```

- encoding：编码格式，intset 中的所有元素必须是同一种编码格式。
- length：元素数量。
- contents：存储元素数据，元素必须排序，并且无重复。

encoding 格式如表 4-1 所示。

表 4-1

定义	存储类型
INTSET_ENC_INT16	int16_t
INTSET_ENC_INT32	int32_t
INTSET_ENC_INT64	int64_t

intset 编码格式存在不同的级别。表 4-1 中编码格式的级别由低到高排序：INTSET_ENC_INT16 <INTSET_ENC_INT32<INTSET_ENC_INT64。

4.1.2 操作分析

插入元素到 intset 中：

```
intset *intsetAdd(intset *is, int64_t value, uint8_t *success) {
    // [1]
    uint8_t valenc = _intsetValueEncoding(value);
    uint32_t pos;
    if (success) *success = 1;

    // [2]
    if (valenc > intrev32ifbe(is->encoding)) {
        return intsetUpgradeAndAdd(is,value);
```

```
    } else {
        // [3]
        if (intsetSearch(is,value,&pos)) {
            if (success) *success = 0;
            return is;
        }
        // [4]
        is = intsetResize(is,intrev32ifbe(is->length)+1);
        if (pos < intrev32ifbe(is->length)) intsetMoveTail(is,pos,pos+1);
    }
    // [5]
    _intsetSet(is,pos,value);
    is->length = intrev32ifbe(intrev32ifbe(is->length)+1);
    return is;
}
```

【1】获取插入元素编码。

【2】如果插入元素编码的级别高于 intset 编码，则需要升级 intset 编码格式。

【3】否则，调用 intsetSearch 函数查找元素，使用的是典型的二分查找法。如果元素已存在，由于 intset 不允许重复元素，插入失败，否则将 pos 赋值为插入位置。

【4】为 intset 重新分配内存空间，主要是分配插入元素所需空间。

插入位置如果存在后驱节点，则将插入位置后面所有节点后移，为插入元素腾出空间。

【5】插入元素，更新 intset.length 属性。

当插入元素的编码级别高于 intset 编码级别时，需要为整个 intset 升级编码：

```
static intset *intsetUpgradeAndAdd(intset *is, int64_t value) {
    uint8_t curenc = intrev32ifbe(is->encoding);
    uint8_t newenc = _intsetValueEncoding(value);
    int length = intrev32ifbe(is->length);
    int prepend = value < 0 ? 1 : 0;

    // [1]
    is->encoding = intrev32ifbe(newenc);
    is = intsetResize(is,intrev32ifbe(is->length)+1);

    // [2]
```

```
    while(length--)
        _intsetSet(is,length+prepend,_intsetGetEncoded(is,length,curenc));

    // [3]
    if (prepend)
        _intsetSet(is,0,value);
    else
        _intsetSet(is,intrev32ifbe(is->length),value);
    is->length = intrev32ifbe(intrev32ifbe(is->length)+1);
    return is;
}
```

【1】设置 intset 新的编码，并分配新的内存空间。

【2】将 intset 的元素移动到新的位置。

新元素编码的级别比 intset 所有元素编码都高，要么它是正数并且比 intset 所有元素都大，要么它是负数并且比 intset 所有元素都小。所以新元素只能插入 intset 头部或者尾部。prepend 为 1 代表新元素插入 intset 头部，所以要预留一个位置。

【3】插入新的元素。

Redis 不会对 intset 编码进行降级操作。

4.1.3 编码

集合类型有 OBJ_ENCODING_HT 和 OBJ_ENCODING_INTSET 两种编码，使用 dict 或 intset 存储数据。使用 OBJ_ENCODING_HT 时，键存储集合元素，值为空。使用 OBJ_ENCODING_INTSET 编码需满足以下条件：

（1）集合中只存在整数型元素。

（2）集合元素数量小于或等于 server.set_max_intset_entries，该值可通过 set-max-intset-entries 配置项调整。

集合类型实现代码在 t_set.c 中，读者可以查看源码了解更多实现细节。

4.2 有序集合

有序集合即数据都是有序的。存储一组有序数据，最简单的是以下两种结构：

（1）数组，可以通过二分查找法查找数据，但插入数据的复杂度为 $O(n)$。

（2）链表，可以快速插入数据，但无法使用二分查找，查找数据的复杂度为 $O(n)$。

有没有一种数据结构可以兼具上面两种结构的优点呢？有，那就是跳表 skiplist。

4.2.1　定义

skiplist 是一个多层级的链表结构，具有如下特点：

- 上层链表是相邻下层链表的子集。
- 头节点层数不小于其他节点的层数。
- 每个节点（除了头节点）都有一个随机的层数。

图 4-1 展示了一个常见的 skiplist 结构。

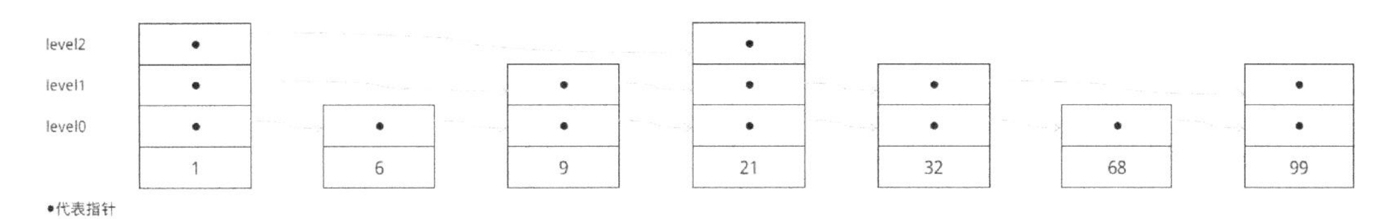

图 4-1

假设 skiplist 中 k 层节点的数量是 $k+1$ 层节点的 p 倍，那么 skiplist 可以看成一棵平衡的 p 叉树，从顶层开始查找某个节点需要的时间是 $O(\log pN)$。注意，skiplist 中的每个节点都有一个随机的层数，它使用的是一种概率平衡而不是精准平衡。

在 skiplist 中查找数据，需要从最高层开始查找。如果某一层后驱节点元素已经大于目标元素（或者不存在后驱节点），则下降一层，从下一层当前位置继续查找，如在图 4-1 中查找 score 为 68 的元素，查找路径如图 4-2 所示。

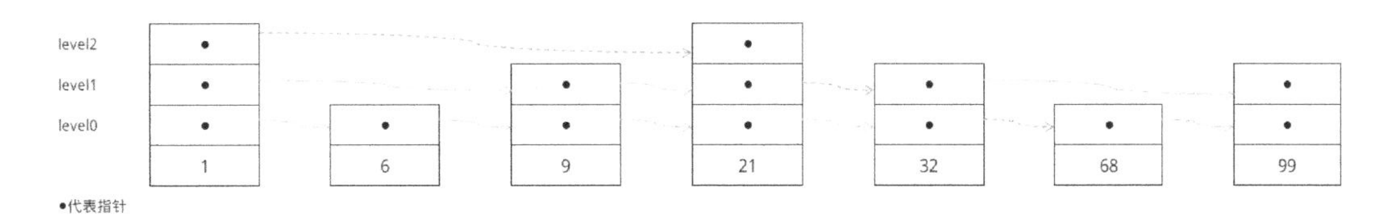

图 4-2

查找步骤如下（见图 4-2 虚线部分）：

（1）从链表头节点的最高层 level2 开始查找，找到节点 21。

（2）本层没有后驱节点，下降一层，从该节点 level1 继续查找，找到节点 32。

（3）本层后驱节点元素比 68 大，再下降一层，从该节点 level0 开始查找，找到节点 68。

如果在第一层找不到目标元素，则查找失败。

在高层查找时，每向后移动一个节点，实际上会跨越低层多个节点，这样便大大提升了查找效率，最终达到二分查找的效率。

在 Redis 中，skiplist 节点（server.h/zskiplistNode）的定义如下：

```
typedef struct zskiplistNode {
    sds ele;
    double score;
    struct zskiplistNode *backward;
    struct zskiplistLevel {
        struct zskiplistNode *forward;
        unsigned long span;
    } level[];
} zskiplistNode;
```

- ele：节点值。
- score：分数，用于排序节点。
- backward：指向前驱节点，一个节点只有第一层有前驱节点指针。因此，skiplist 的第一层链表是一个双向链表。
- zskiplistLevel.forward：指向本层后驱节点。
- zskiplistLevel.span：本层后驱节点跨越了多少个第一层节点，用于计算节点索引值。

skiplist 的定义如下：

```
typedef struct zskiplist {
    struct zskiplistNode *header, *tail;
    unsigned long length;
    int level;
} zskiplist;
```

- header、tail：指向头、尾节点的指针。
- length：节点数量。
- level：skiplist 最大的层数，最多为 ZSKIPLIST_MAXLEVEL（固定为 32）层。

图 4-1 的 skiplist 在 Redis 中由 zskiplistNode 组成链表，如图 4-3 所示（为了清晰，没有画出 zskiplist 结构体）。

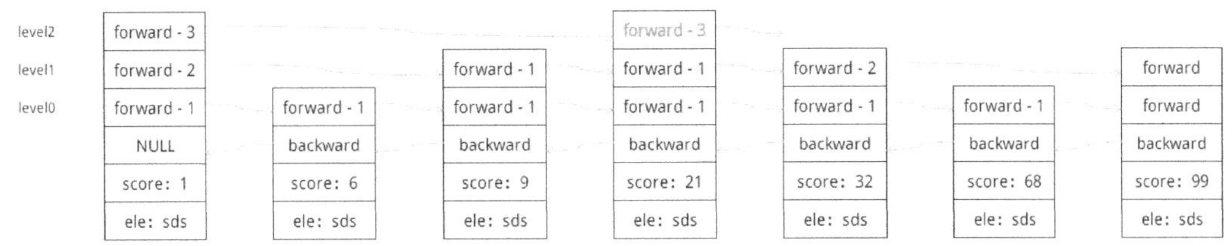

图 4-3

4.2.2 操作分析

提示：本节以下代码如无特殊说明，均在 t_zset.c 中。

Redis 中最直观的查找操作是查找指定索引的节点，通过 zslGetElementByRank 函数实现该操作：

```
zskiplistNode* zslGetElementByRank(zskiplist *zsl, unsigned long rank) {
    zskiplistNode *x;
    unsigned long traversed = 0;
    int i;

    x = zsl->header;
    // [1]
    for (i = zsl->level-1; i >= 0; i--) {
        // [2]
        while (x->level[i].forward && (traversed + x->level[i].span) <= rank)
        {
            traversed += x->level[i].span;
            x = x->level[i].forward;
        }
        // [3]
        if (traversed == rank) {
            return x;
        }
    }
    return NULL;
}
```

【1】从头节点的最高层开始查找。

【2】如果存在后驱节点，并且后驱节点的索引小于目标值，则沿 forward 继续查找。traversed 变量为当前节点索引值。每次跳转到后驱节点，该变量都需要加上 span，得到后驱节点索引值。

【3】如果节点索引等于目标值，则返回该节点。否则下降一层继续查找，直到在第一层查找失败。

t_zset.c/zslInsert 函数负责插入一个新元素：

```
zskiplistNode *zslInsert(zskiplist *zsl, double score, sds ele) {
    zskiplistNode *update[ZSKIPLIST_MAXLEVEL], *x;
    unsigned int rank[ZSKIPLIST_MAXLEVEL];
    int i, level;

    serverAssert(!isnan(score));
    // [1]
    x = zsl->header;
    for (i = zsl->level-1; i >= 0; i--) {
        rank[i] = i == (zsl->level-1) ? 0 : rank[i+1];
        while (x->level[i].forward &&
                (x->level[i].forward->score < score ||
                    (x->level[i].forward->score == score &&
                    sdscmp(x->level[i].forward->ele,ele) < 0)))
        {
            rank[i] += x->level[i].span;
            x = x->level[i].forward;
        }
        update[i] = x;
    }
    // [2]
    level = zslRandomLevel();
    // [3]
    if (level > zsl->level) {
        for (i = zsl->level; i < level; i++) {
            rank[i] = 0;
            update[i] = zsl->header;
            update[i]->level[i].span = zsl->length;
        }
        zsl->level = level;
    }
```

```
    // [4]
    x = zslCreateNode(level,score,ele);
    for (i = 0; i < level; i++) {
        x->level[i].forward = update[i]->level[i].forward;
        update[i]->level[i].forward = x;

        x->level[i].span = update[i]->level[i].span - (rank[0] - rank[i]);
        update[i]->level[i].span = (rank[0] - rank[i]) + 1;
    }

    // [5]
    for (i = level; i < zsl->level; i++) {
        update[i]->level[i].span++;
    }
    // [6]
    x->backward = (update[0] == zsl->header) ? NULL : update[0];
    if (x->level[0].forward)
        x->level[0].forward->backward = x;
    else
        zsl->tail = x;
    zsl->length++;
    return x;
}
```

【1】根据 score 参数，定位并标志每层插入位置的前驱节点。

- update 数组记录了每层插入位置的前驱节点。
- rank 数组记录了每层插入位置的前驱节点索引。

【2】随机生成新节点的层数。

【3】新节点的层数比其他节点都大，这时 skiplist 需要添加新的层。

由于头节点层数需要大于或等于其他节点层数，所以这时需要在头节点添加新的层，头节点新增层的 span 为 skiplist 长度。

创建 skiplist 时已经为头节点预先分配了 ZSKIPLIST_MAXLEVEL 层内存大小，这里不需要再分配内存。

【4】创建一个节点。

遍历各层，插入新节点并更新前驱节点属性。

说一下插入节点 span 的计算，rank[i]为第 *i* 层前驱节点的索引，span 为第 *i* 层前驱节点的 span（span 即 `update[i]->level[i].span`），而 rank[0]+1 即新节点在第 1 层的索引，所以 i 层插入节点后，前驱节点 span 为 rank[0]+1-rank[i]，插入节点 span 为 rank[i]+span-rank[0]，如图 4-4 所示。

图 4-4

【5】如果某个节点存在比新节点层数大的层，则其前驱节点 span 需要加 1，因为第一层插入了一个新节点。

【6】设置新节点的 backward 属性，更新 skiplist.length 属性。

下面展示一个 skiplist 插入节点的实例，读者可以通过该实例与上述代码理解 skiplist 插入节点的过程。

如果需要在图 4-3 中插入 score=86 的节点，则 update、rank 数组如图 4-5 所示。

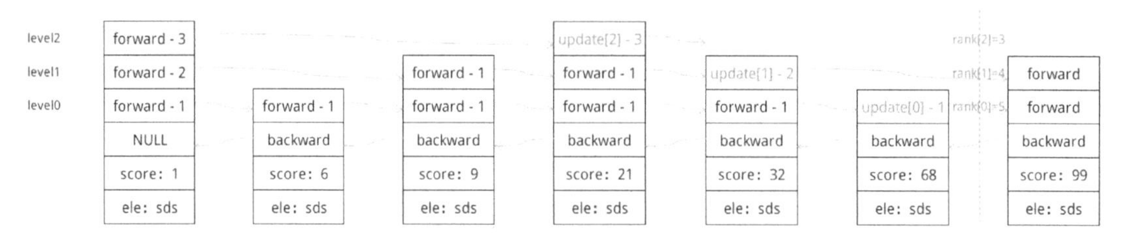

图 4-5

假如新节点的层数为 4，大于其他节点层数，需要在头节点添加新的层，结果如图 4-6 所示（注意 level3 层头节点变化）。

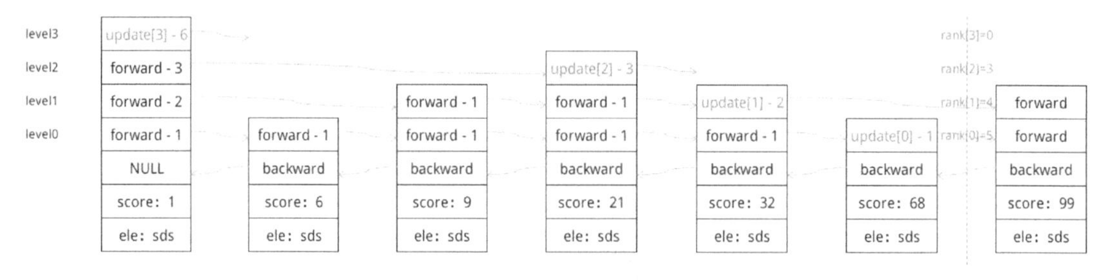

图 4-6

插入节点后，skiplist 如图 4-7 所示。

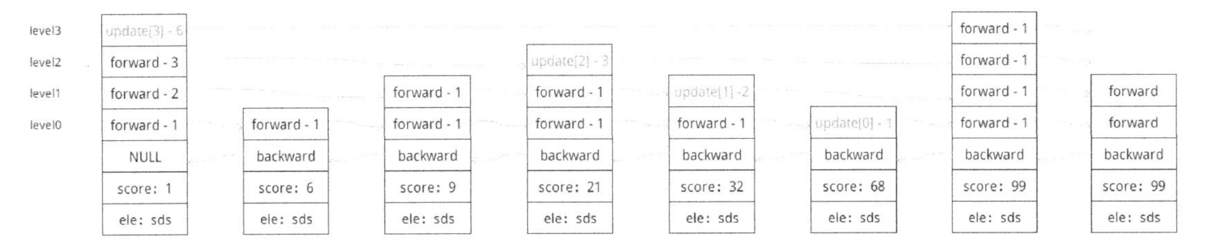

图 4-7

下面看一下生成随机层数的函数 zslRandomLevel：

```
int zslRandomLevel(void) {
    int level = 1;
    while ((random()&0xFFFF) < (ZSKIPLIST_P * 0xFFFF))
        level += 1;
    return (level<ZSKIPLIST_MAXLEVEL) ? level : ZSKIPLIST_MAXLEVEL;
}
```

`random()`函数返回 0～RAND_MAX 的随机整数，`(random()&0xFFFF)`小于或等于 0xFFFF。而 ZSKIPLIST_P 为 0.25，则函数中 while 语句继续执行（增加层数）的概率为 0.25，也就是从概率上讲，*k* 层节点的数量是 *k*+1 层节点的 4 倍。所以，Redis 的 skiplist 从概率上讲，相当于一棵四叉树。

红黑树也常用于维护有序数据，为什么 Redis 使用 skiplist 而不使用红黑树呢？Redis 的作者做了如下解释：

（1）skiplist 虽然以“空间换时间”，但没有过度占用内存，内存使用率在合理范围内。

（2）有序集合常常需要执行 ZRANGE 或 ZREVRANGE 等遍历操作，使用 skiplist 可以更高效地实现这些操作（skiplist 第一层的双向链表可以遍历数据）。

（3）skiplist 实现简单。

4.2.3 编码

有序集合类型有 OBJ_ENCODING_ZIPLIST 和 OBJ_ENCODING_SKIPLIST 两种编码，使用 ziplist、skiplist 存储数据。

使用 OBJ_ENCODING_ZIPLIST 编码需满足以下条件：

（1）有序集合元素数量小于或等于 server.zset_max_ziplist_entries，该值可通过 zset-max-ziplist-entries 配置项调整。

（2）有序集合所有元素长度都小于或于 server.zset_max_ziplist_value，该值可通过 zset-max-ziplist-value 配置项调整。

有序集合类型的实现代码在 t_zset.c 中，读者可以查看源码了解 Redis 链表实现的更多细节。

总结：

- Redis 设计了 intset 数据结构，专门用来保存整数集合数据。
- Redis 使用 skiplist 结构存储有序集合数据，skiplist 通过概率平衡实现近似平衡 p 叉树的数据存取效率。
- 集合类型的编码格式可以为 OBJ_ENCODING_HT、OBJ_ENCODING_INTSET。
- 有序集合的编码格式可以为 OBJ_ENCODING_ZIPLIST、OBJ_ENCODING_SKIPLIST。

第 2 部分 事件机制与命令执行

第 5 章 Redis 启动过程

Redis 服务器负责接收处理用户请求，为用户提供服务。本章分析 Redis 服务器的启动过程。

Redis 服务器的启动命令格式如下：

```
redis-server [ configfile ] [ options ]
```

configfile 参数指定配置文件。options 参数指定启动配置项，它可以覆盖配置文件中的配置项，如 redis-server /path/to/redis.conf --port 7777 --protected-mode no，该命令启动 Redis 服务，并指定了配置文件/path/to/redis.conf，给出了两个启动配置项：port、protected-mode。

5.1 服务器定义

提示：本章代码如无特殊说明，均在 server.h、server.c 中。

Redis 中定义了 server.h/redisServer 结构体，存储 Redis 服务器信息，包括服务器配置项和运行时数据（如网络连接信息、数据库 redisDb、命令表、客户端信息、从服务器信息、统计信息等数据）。

```
struct redisServer {
    pid_t pid;
    pthread_t main_thread_id;
    char *configfile;
    char *executable;
```

```
    char **exec_argv;
    ...
}
```

redisServer 中的属性很多，这里不一一列举，等到分析具体功能时再说明相关的 server 属性。

server.h 中定义了一个 redisServer 全局变量：

```
extern struct redisServer server;
```

本书说到的 server 变量，如无特殊说明，都是指该 redisServer 全局变量。例如，第 1 部分说过 server.list_max_ziplist_size 等属性，正是指该变量的属性。

可以使用 INFO 命令获取服务器的信息，该命令主要返回以下信息：

- server：有关 Redis 服务器的常规信息。
- clients：客户端连接信息。
- memory：内存消耗相关信息。
- persistence：RDB 和 AOF 持久化信息。
- stats：常规统计信息。
- replication：主/副本复制信息。
- cpu：CPU 消耗信息。
- commandstats：Redis 命令统计信息。
- cluster：Redis Cluster 集群信息。
- modules：Modules 模块信息。
- keyspace：数据库相关的统计信息。
- errorstats：Redis 错误统计信息。

INFO 命令响应内容中除了 memory 和 cpu 等统计数据，其他数据大部分都保存在 redisServer 中。

5.2 main 函数

提示：本章涉及很多 Redis 中的概念，如事件循环器、ACL、Module、LUA、慢日志，后面会逐渐分析这些概念，如果读者在阅读本章时有疑惑，则可以先带着疑惑继续阅读本书。

server.c/main 函数负责启动 Redis 服务：

```
int main(int argc, char **argv) {
    ...
    // [1]
    server.sentinel_mode = checkForSentinelMode(argc,argv);
    // [2]
    initServerConfig();
    ACLInit();

    moduleInitModulesSystem();
    tlsInit();

    // [3]
    server.executable = getAbsolutePath(argv[0]);
    server.exec_argv = zmalloc(sizeof(char*)*(argc+1));
    server.exec_argv[argc] = NULL;
    for (j = 0; j < argc; j++) server.exec_argv[j] = zstrdup(argv[j]);

    // [4]
    if (server.sentinel_mode) {
        initSentinelConfig();
        initSentinel();
    }

    // [5]
    if (strstr(argv[0],"redis-check-rdb") != NULL)
        redis_check_rdb_main(argc,argv,NULL);
    else if (strstr(argv[0],"redis-check-aof") != NULL)
        redis_check_aof_main(argc,argv);

    // more
}
```

【1】检查该 Redis 服务器是否以 sentinel 模式启动。

【2】initServerConfig 函数将 redisServer 中记录配置项的属性初始化为默认值。ACLInit 函数初始化 ACL 机制，moduleInitModulesSystem 函数初始化 Module 机制。

【3】记录 Redis 程序可执行路径及启动参数，以便后续重启服务器。

【4】如果以 Sentinel 模式启动，则初始化 Sentinel 机制。

【5】如果启动程序是 redis-check-rdb 或 redis-check-aof，则执行 redis_check_rdb_main 或 redis_check_aof_main 函数，它们尝试检验并修复 RDB、AOF 文件后便退出程序。

Redis 编译完成后，会生成 5 个可执行程序：

- redis-server：Redis 执行程序。
- redis-sentinel：Redis Sentinel 执行程序。
- redis-cli：Redis 客户端程序。
- redis-benchmark：Redis 性能压测工具。
- redis-check-aof、redis-check-rdb：用于检验和修复 RDB、AOF 持久化文件的工具。

继续分析 main 函数：

```
int main(int argc, char **argv) {
    ...
    if (argc >= 2) {
        j = 1;
        sds options = sdsempty();
        char *configfile = NULL;

        // [6]
        if (strcmp(argv[1], "-v") == 0 ||
            strcmp(argv[1], "--version") == 0) version();
        ...

        // [7]
        if (argv[j][0] != '-' || argv[j][1] != '-') {
            configfile = argv[j];
            server.configfile = getAbsolutePath(configfile);
            zfree(server.exec_argv[j]);
            server.exec_argv[j] = zstrdup(server.configfile);
            j++;
        }

       // [8]
        while(j != argc) {
```

```
            ...
        }
        // [9]
        if (server.sentinel_mode && configfile && *configfile == '-') {
            ...
            exit(1);
        }
        // [10]
        resetServerSaveParams();
        loadServerConfig(configfile,options);
        sdsfree(options);
    }
    ...
}
```

【6】对-v、--version、--help、-h、--test-memory 等命令进行优先处理。

strcmp 函数比较两个字符串 str1、str2，若 str1=str2，则返回零；若 str1<str2，则返回负数；若 str1>str2，则返回正数。

【7】如果启动命令的第二个参数不是以“--”开始的，则是配置文件参数，将配置文件路径转化为绝对路径，存入 server.configfile 中。

【8】读取启动命令中的启动配置项，并将它们拼接到一个字符串中。

【9】以 Sentinel 模式启动，必须指定配置文件，否则直接报错退出。

【10】config.c/resetServerSaveParams 函数重置 server.saveparams 属性（该属性存放 RDB SAVE 配置）。config.c/loadServerConfig 函数从配置文件中加载所有配置项，并使用启动命令配置项覆盖配置文件中的配置项。

提示： config.c 中的 configs 数组定义了大多数配置选项与 server 属性的对应关系：

```
standardConfig configs[] = {
    createBoolConfig("rdbchecksum", NULL, IMMUTABLE_CONFIG, server.rdb_checksum, 1,
NULL, NULL),
    createBoolConfig("daemonize", NULL, IMMUTABLE_CONFIG, server.daemonize, 0, NULL,
NULL),
    ...
}
```

配置项 rdbchecksum 对应 server.rdb_checksum 属性，默认值为 1（即 bool 值 yes），其他配置项以此类推。如果读者需要查找配置项对应的 server 属性和默认值，则可以从中查找。

下面继续分析 main 函数：

```
int main(int argc, char **argv) {
    ...
    // [11]
    server.supervised = redisIsSupervised(server.supervised_mode);
    int background = server.daemonize && !server.supervised;
    if (background) daemonize();
    // [12]
    serverLog(LL_WARNING, "oO0OoO0OoO0Oo Redis is starting oO0OoO0OoO0Oo");
    ...

    // [13]
    initServer();
    if (background || server.pidfile) createPidFile();
    ...

    if (!server.sentinel_mode) {
        ...
        // [14]
        moduleLoadFromQueue();
        ACLLoadUsersAtStartup();
        InitServerLast();
        loadDataFromDisk();
        if (server.cluster_enabled) {
            if (verifyClusterConfigWithData() == C_ERR) {
                ...
                exit(1);
            }
        }
        ...
    } else {
        // [15]
        InitServerLast();
        sentinelIsRunning();
```

```
        ...
    }

    ...
    // [16]
    redisSetCpuAffinity(server.server_cpulist);
    setOOMScoreAdj(-1);
    // [17]
    aeMain(server.el);
    // [18]
    aeDeleteEventLoop(server.el);
    return 0;
}
```

【11】server.supervised 属性指定是否以 upstart 服务或 systemd 服务启动 Redis。如果配置了 server.daemonize 且没有配置 server.supervised，则以守护进程的方式启动 Redis。

【12】打印启动日志。

【13】initServer 函数初始化 Redis 运行时数据，createPidFile 函数创建 pid 文件。

【14】如果非 Sentinel 模式启动，则完成以下操作：

（1）moduleLoadFromQueue 函数加载配置文件指定的 Module 模块；

（2）ACLLoadUsersAtStartup 函数加载 ACL 用户控制列表；

（3）InitServerLast 函数负责创建后台线程、I/O 线程，该步骤需在 Module 模块加载后再执行；

（4）loadDataFromDisk 函数从磁盘中加载 AOF 或 RDB 文件。

（5）如果以 Cluster 模式启动，那么还需要验证加载的数据是否正确。

【15】如果以 Sentinel 模式启动，则调用 sentinelIsRunning 函数启动 Sentinel 机制。

【16】尽可能将 Redis 主线程绑定到 server.server_cpulist 配置的 CPU 列表上，Redis 4 开始使用多线程，该操作可以减少不必要的线程切换，提高性能。

【17】启动事件循环器。事件循环器是 Redis 中的重要组件。在 Redis 运行期间，由事件循环器提供服务。

【18】执行到这里，说明 Redis 服务已停止，aeDeleteEventLoop 函数清除事件循环器中的事件，最后退出程序。

5.3 Redis 初始化过程

下面看一下 initServer 函数，它负责初始化 Redis 运行时数据：

```
void initServer(void) {
    int j;
    // [1]
    signal(SIGHUP, SIG_IGN);
    signal(SIGPIPE, SIG_IGN);
    setupSignalHandlers();
    // [2]
    makeThreadKillable();
    // [3]
    if (server.syslog_enabled) {
        openlog(server.syslog_ident, LOG_PID | LOG_NDELAY | LOG_NOWAIT,
            server.syslog_facility);
    }

    // [4]
    server.aof_state = server.aof_enabled ? AOF_ON : AOF_OFF;
    server.hz = server.config_hz;
    server.pid = getpid();
    ...


    // [5]
    createSharedObjects();
    adjustOpenFilesLimit();
    // [6]
    server.el = aeCreateEventLoop(server.maxclients+CONFIG_FDSET_INCR);
    if (server.el == NULL) {
        ...
        exit(1);
    }

    // more
}
```

【1】设置 UNIX 信号处理函数，使 Redis 服务器收到 SIGINT 信号后退出程序。

【2】设置线程随时响应 CANCEL 信号，终止线程，以便停止程序。

【3】如果开启了 UNIX 系统日志，则调用 openlog 函数与 UNIX 系统日志建立输出连接，以便输出系统日志。

【4】初始化 server 中负责存储运行时数据的相关属性。

【5】createSharedObjects 函数创建共享数据集，这些数据可在各场景中共享使用，如小数字 0～9999、常用字符串`+OK\r\n`（命令处理成功响应字符串）、`+PONG\r\n`（ping 命令响应字符串）。adjustOpenFilesLimit 函数尝试修改环境变量，提高系统允许打开的文件描述符上限，避免由于大量客户端连接（Socket 文件描述符）导致错误。

【6】创建事件循环器。

UNIX 编程：信号也称为软中断，信号是 UNIX 提供的一种处理异步事件的方法，程序通过设置回调函数告诉系统内核，在信号产生后要做什么操作。系统中很多场景会产生信号，例如：

- 用户按下某些终端键，使终端产生信号。例如，用户在终端按下了中断键（一般为 Ctrl+C 组合键），会发送 SIGINT 信号通知程序停止运行。
- 系统中发生了某些特定事件，例如，当 alarm 函数设置的定时器超时，内核发送 SIGALRM 信号，或者一个进程终止时，内核发送 SIGCLD 信号给其父进程。
- 某些硬件异常，例如，除数为 0、无效的内存引用。
- 程序中使用函数发送信号，例如，调用 kill 函数将任意信号发送给另一个进程。

感兴趣的读者可以自行深入了解 UNIX 编程相关内容。

接着分析 initServer 函数：

```
void initServer(void) {
    server.db = zmalloc(sizeof(redisDb)*server.dbnum);

    // [7]
    if (server.port != 0 &&
        listenToPort(server.port,server.ipfd,&server.ipfd_count) == C_ERR)
        exit(1);
    ...

    // [8]
    for (j = 0; j < server.dbnum; j++) {
        server.db[j].dict = dictCreate(&dbDictType,NULL);
```

```
        server.db[j].expires = dictCreate(&keyptrDictType,NULL);
        ...
    }

    // [9]
    evictionPoolAlloc();
    server.pubsub_channels = dictCreate(&keylistDictType,NULL);
    server.pubsub_patterns = listCreate();
    ...
}
```

【7】如果配置了 server.port，则开启 TCP Socket 服务，接收用户请求。如果配置了 server.tls_port，则开启 TLS Socket 服务，Redis 6.0 开始支持 TLS 连接。如果配置了 server.unixsocket，则开启 UNIX Socket 服务。如果上面 3 个选项都没有配置，则报错退出。

【8】初始化数据库 server.db，用于存储数据。

【9】evictionPoolAlloc 函数初始化 LRU/LFU 样本池，用于实现 LRU/LFU 近似算法。

继续初始化 server 中存储运行时数据的相关属性：

```
void initServer(void) {
    ...
    // [10]
    if (aeCreateTimeEvent(server.el, 1, serverCron, NULL, NULL) == AE_ERR) {
        serverPanic("Can't create event loop timers.");
        exit(1);
    }

    // [11]
    for (j = 0; j < server.ipfd_count; j++) {
        if (aeCreateFileEvent(server.el, server.ipfd[j], AE_READABLE,
            acceptTcpHandler,NULL) == AE_ERR)
            {
                serverPanic(
                    "Unrecoverable error creating server.ipfd file event.");
            }
    }
    ...
```

```
    // [12]
    aeSetBeforeSleepProc(server.el,beforeSleep);
    aeSetAfterSleepProc(server.el,afterSleep);

    // [13]
    if (server.aof_state == AOF_ON) {
        server.aof_fd = open(server.aof_filename,
                             O_WRONLY|O_APPEND|O_CREAT,0644);
        ...
    }

    // [14]
    if (server.arch_bits == 32 && server.maxmemory == 0) {
        ...
        server.maxmemory = 3072LL*(1024*1024); /* 3 GB */
        server.maxmemory_policy = MAXMEMORY_NO_EVICTION;
    }
    // [15]
    if (server.cluster_enabled) clusterInit();
    replicationScriptCacheInit();
    scriptingInit(1);
    slowlogInit();
    latencyMonitorInit();
}
```

【10】创建一个时间事件，执行函数为 serverCron，负责处理 Redis 中的定时任务，如清理过期数据、生成 RDB 文件等。

【11】分别为 TCP Socket、TSL Socks、UNIX Socket 注册监听 AE_READABLE 类型的文件事件，事件处理函数分别为 acceptTcpHandler、acceptTLSHandler、acceptUnixHandler，这些函数负责接收 Socket 中的新连接，本书后续会详细分析 acceptTcpHandler 函数。

【12】注册事件循环器的钩子函数，事件循环器在每次阻塞前后都会调用钩子函数。

【13】如果开启了 AOF，则预先打开 AOF 文件。

【14】如果 Redis 运行在 32 位操作系统上，由于 32 位操作系统内存空间限制为 4GB，所以将 Redis 使用内存限制为 3GB，避免 Redis 服务器因内存不足而崩溃。

【15】如果以 Cluster 模式启动，则调用 clusterInit 函数初始化 Cluster 机制。

- replicationScriptCacheInit 函数初始化 server.repl_scriptcache_dict 属性。
- scriptingInit 函数初始化 LUA 机制。
- slowlogInit 函数初始化慢日志机制。
- latencyMonitorInit 函数初始化延迟监控机制。

总结：

- redisServer 结构体存储服务端配置项、运行时数据。
- server.c/main 是 Redis 启动方法，负责加载配置，初始化数据库，启动网络服务，创建并启动事件循环器。

第 6 章 事件机制

Redis 服务器是一个事件驱动程序，它主要处理如下两种事件：

- 文件事件：利用 I/O 复用机制，监听 Socket 等文件描述符上发生的事件。这类事件主要由客户端（或其他 Redis 服务器）发送网络请求触发。
- 时间事件：定时触发的事件，负责完成 Redis 内部定时任务，如生成 RDB 文件、清除过期数据等。

6.1 Redis 事件机制概述

Redis 利用 I/O 复用机制实现网络通信。I/O 复用是一种高性能 I/O 模型，它可以利用单进程监听多个客户端连接，当某个连接状态发生变化（如可读、可写）时，操作系统会发送事件（这些事件称为已就绪事件）通知进程处理该连接的数据。很多 UNIX 系统都实现了 I/O 复用机制，但它们对外提供的系统 API 并不相同，包括 POSIX（可移植操作系统接口）标准定义的 select、Linux 的 epoll、Solaris 10 的 evport、OS X 和 FreeBSD 的 kqueue。为此，Redis 实现了自己的事件机制，支持不同系统的 I/O 复用 API。

Redis 事件机制的实现代码在 ae.h、ae.c 中，它实现了上层逻辑，负责控制进程，使其阻塞等待事件就绪或处理已就绪的事件，并为不同系统的 I/O 复用 API 定义了一致的 Redis API：

- aeApiCreate：初始化 I/O 复用机制的上下文环境。
- aeApiAddEvent、aeApiDelEvent：添加或删除一个监听对象。

- aeApiPoll：阻塞进程，等待事件就绪或给定时间到期。

ae_select.c、ae_epoll.c、ae_evport.c、ae_kqueue.c 是 Redis 针对不同系统 I/O 复用机制的适配代码，分别调用 select、epoll、evport、kqueue 实现了上述 Redis API，ae.c 会在 Redis 服务启动时根据操作系统支持的 I/O 复用 API 选择使用合适的适配代码，如图 6-1 所示。

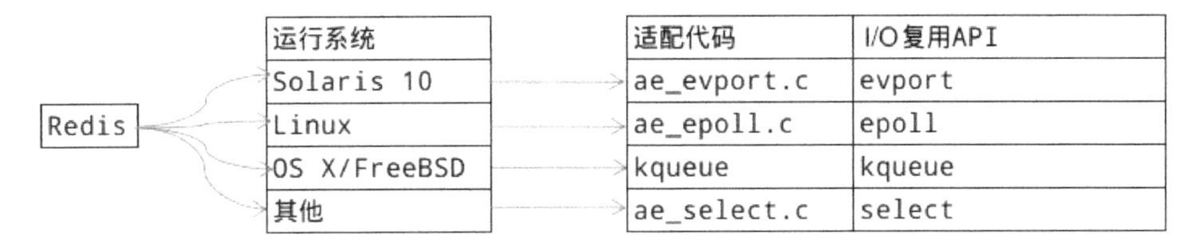

图 6-1

下面为了描述方便，将 ae.h、ae.c 称为 AE 抽象层，将 ae_select.c、ae_epoll.c 等称为 I/O 复用层。

本章分析 AE 抽象层的实现，I/O 复用层的实现将在下一章分析。

aeEventLoop 是 Redis 中的事件循环器，负责管理事件。

```
typedef struct aeEventLoop {
    int maxfd;
    int setsize;
    long long timeEventNextId;
    time_t lastTime;
    aeFileEvent *events;
    aeFiredEvent *fired;
    aeTimeEvent *timeEventHead;
    int stop;
    void *apidata;
    aeBeforeSleepProc *beforesleep;
    aeBeforeSleepProc *aftersleep;
    int flags;
} aeEventLoop;
```

- maxfd：当前已注册的最大文件描述符。
- setsize：该事件循环器允许监听的最大的文件描述符。
- timeEventNextId：下一个时间事件 ID。
- lastTime：上一次执行时间事件的时间，用于判断是否发生系统时钟偏移。

- events：已注册的文件事件表。
- fired：已就绪的事件表。
- timeEventHead：时间事件表的头节点指针。
- stop：事件循环器是否停止。
- apidata：存放用于 I/O 复用层的附加数据。
- beforesleep、aftersleep：进程阻塞前后调用的钩子函数。

aeFileEvent 存储了一个文件描述符上已注册的文件事件：

```
typedef struct aeFileEvent {
    int mask;
    aeFileProc *rfileProc;
    aeFileProc *wfileProc;
    void *clientData;
} aeFileEvent;
```

- mask：监听的文件事件类型，有以下值：AE_NONE、AE_READABLE、AE_WRITABLE。
- rfileProc：AE_READABLE 事件处理函数。
- wfileProc：AE_WRITABLE 事件处理函数。
- clientData：附加数据。

aeFileEvent 中并没有记录文件描述符 fd 的属性。POSIX 标准对文件描述符 fd 有以下约束：

（1）值为 0、1、2 的文件描述符分别表示标准输入、标准输出和错误输出。

（2）每次新打开的文件描述符，必须使用当前进程中最小可用的文件描述符。

Redis 充分利用文件描述符的这些特点，定义了一个数组 aeEventLoop.events 来存储已注册的文件事件。数组索引即文件描述符，数组元素即该文件描述符上注册的文件事件，如 aeEventLoop.events[99]存放了值为 99 的文件描述符的文件事件 aeFileEvent。当该文件描述符发生了 aeFileEvent.mask 指定的事件时，Redis 将调用 aeFileEvent.rfileProc 或 aeFileEvent.wfileProc 函数处理事件。

I/O 复用层会将已就绪的事件转化为 aeFiredEvent，存放在 aeEventLoop.fired 中，等待事件循环器处理。

```
typedef struct aeFiredEvent {
    int fd;
```

```
    int mask;
} aeFiredEvent;
```

- fd：产生事件的文件描述符。
- mask：产生的事件类型。

aeTimeEvent 中存储了一个时间事件的信息：

```
typedef struct aeTimeEvent {
    long long id;
    long when_sec;
    long when_ms;
    aeTimeProc *timeProc;
    aeEventFinalizerProc *finalizerProc;
    void *clientData;
    struct aeTimeEvent *prev;
    struct aeTimeEvent *next;
    int refcount;
} aeTimeEvent;
```

- id：时间事件的 ID。
- when_sec、when_ms：时间事件下一次执行的秒数（UNIX 时间戳）和剩余毫秒数。
- timeProc：时间事件处理函数。
- finalizerProc：时间事件终结函数。
- clientData：客户端传入的附加数据。
- prev、next：指向前一个和后一个时间事件。

6.2 Redis 启动时创建的事件

Redis 启动时，initServer 函数调用 aeCreateEventLoop 函数创建一个事件循环器，存储在 server.el 属性中。

```
aeEventLoop *aeCreateEventLoop(int setsize) {
    aeEventLoop *eventLoop;
    int i;
    // [1]
```

```
    if ((eventLoop = zmalloc(sizeof(*eventLoop))) == NULL) goto err;
    eventLoop->events = zmalloc(sizeof(aeFileEvent)*setsize);
    ...
    // [2]
    if (aeApiCreate(eventLoop) == -1) goto err;

    for (i = 0; i < setsize; i++)
        eventLoop->events[i].mask = AE_NONE;
    return eventLoop;
    ...
}
```

【1】初始化 aeEventLoop 属性。

【2】aeApiCreate 由 I/O 复用层实现，这时 Redis 已经根据运行系统选择了具体的 I/O 复用层适配代码，该函数会调用到 ae_select.c、ae_epoll.c、ae_evport.c、ae_kqueue.c 其中的一个实现，并初始化具体的 I/O 复用机制执行的上下文环境。

Redis 启动时，调用 aeCreateFileEvent 函数为 TCP Socket 等文件描述符注册了监听 AE_WRITABLE 类型的文件事件。所以，事件循环器会监听 TCP Socket，并使用指定函数处理 AE_WRITABLE 事件。

```
int aeCreateFileEvent(aeEventLoop *eventLoop, int fd, int mask,
        aeFileProc *proc, void *clientData)
{
    // [1]
    if (fd >= eventLoop->setsize) {
        errno = ERANGE;
        return AE_ERR;
    }
    aeFileEvent *fe = &eventLoop->events[fd];
    // [2]
    if (aeApiAddEvent(eventLoop, fd, mask) == -1)
        return AE_ERR;
    // [3]
    fe->mask |= mask;
    if (mask & AE_READABLE) fe->rfileProc = proc;
    if (mask & AE_WRITABLE) fe->wfileProc = proc;
    fe->clientData = clientData;
    if (fd > eventLoop->maxfd)
```

```
        eventLoop->maxfd = fd;
    return AE_OK;
}
```

参数说明：

- fd：需监听的文件描述符。
- mask：监听事件类型。
- proc：事件处理函数。
- clientData：附加数据。

【1】如果超出了 eventLoop.setsize 限制，则返回错误。

【2】aeApiAddEvent 函数由 I/O 复用层实现，调用 I/O 复用函数添加事件监听对象。

【3】初始化 aeFileEvent 属性。

Redis 启动时也调用 aeCreateTimeEvent 函数创建了一个处理函数为 serverCron 的时间事件，负责处理 Redis 中的定时任务。

```
long long aeCreateTimeEvent(aeEventLoop *eventLoop, long long milliseconds,
        aeTimeProc *proc, void *clientData,
        aeEventFinalizerProc *finalizerProc)
{
    // [1]
    long long id = eventLoop->timeEventNextId++;
    aeTimeEvent *te;

    te = zmalloc(sizeof(*te));
    if (te == NULL) return AE_ERR;
    te->id = id;
    aeAddMillisecondsToNow(milliseconds,&te->when_sec,&te->when_ms);
    te->timeProc = proc;
    te->finalizerProc = finalizerProc;
    te->clientData = clientData;
    // [2]
    te->prev = NULL;
    te->next = eventLoop->timeEventHead;
    te->refcount = 0;
    if (te->next)
```

```
        te->next->prev = te;
    eventLoop->timeEventHead = te;
    return id;
}
```

【1】初始化 aeTimeEvent 属性。aeAddMillisecondsToNow 函数计算时间事件下次的执行时间。

【2】头插到 eventLoop.timeEventHead 链表。

serverCron 时间事件非常重要，负责完成 Redis 中的大部分内部任务，如定时持久化数据、清除过期数据、清除过期客户端等。另一部分内部任务则在 beforeSleep 函数中触发（事件循环器每次阻塞前都调用的钩子函数）。这两个函数涉及很多功能，这里不展示代码，后续分析到的功能涉及这两个函数时，再分析对应代码。

Redis 启动的最后，调用 aeMain 函数，启动事件循环器。

```
void aeMain(aeEventLoop *eventLoop) {
    eventLoop->stop = 0;
    while (!eventLoop->stop) {
        aeProcessEvents(eventLoop, AE_ALL_EVENTS|
                                   AE_CALL_BEFORE_SLEEP|
                                   AE_CALL_AFTER_SLEEP);
    }
}
```

只要不是 stop 状态，while 循环就一直执行下去，调用 aeProcessEvents 函数处理事件。Redis 是一个事件驱动程序，正是该事件循环器驱动 Redis 运行并提供服务。

6.3 事件循环器的运行

Redis 运行期间，aeProcessEvents 函数被不断循环调用，处理 Redis 中的事件。

```
int aeProcessEvents(aeEventLoop *eventLoop, int flags)
{
    int processed = 0, numevents;


    if (!(flags & AE_TIME_EVENTS) && !(flags & AE_FILE_EVENTS)) return 0;
```

```
    // [1]
    if (eventLoop->maxfd != -1 ||
        ((flags & AE_TIME_EVENTS) && !(flags & AE_DONT_WAIT))) {
        int j;
        // [2]
        aeTimeEvent *shortest = NULL;
        struct timeval tv, *tvp;
        if (flags & AE_TIME_EVENTS && !(flags & AE_DONT_WAIT))
            shortest = aeSearchNearestTimer(eventLoop);
        ...

        // [3]
        if (eventLoop->beforesleep != NULL && flags & AE_CALL_BEFORE_SLEEP)
            eventLoop->beforesleep(eventLoop);

        // [4]
        numevents = aeApiPoll(eventLoop, tvp);

        // [5]
        if (eventLoop->aftersleep != NULL && flags & AE_CALL_AFTER_SLEEP)
            eventLoop->aftersleep(eventLoop);
        // more
    }
}
```

参数说明：

- flags：指定 aeProcessEvents 函数处理的事件类型和事件处理策略。
- AE_ALL_EVENTS：处理所有事件。
- AE_FILE_EVENTS：处理文件事件。
- AE_TIME_EVENTS：处理时间事件。
- AE_DONT_WAIT：是否阻塞进程。
- AE_CALL_AFTER_SLEEP：阻塞后是否调用 eventLoop.aftersleep 函数。
- AE_CALL_BEFORE_SLEEP：阻塞前是否调用 eventLoop.beforesleep 函数。

【1】判断是否需要阻塞进程。

【2】按以下规则计算进程最大阻塞时间。

（1）查找最先执行的时间事件，如果能找到，则将该事件执行时间减去当前时间作为进程的最大阻塞时间。

（2）找不到时间事件，检查 flags 参数中是否 AE_DONT_WAIT 标志，若不存在，则进程将一直阻塞，直到有文件事件就绪；若存在，则进程不阻塞，将不断询问系统是否有已就绪的文件事件。另外，如果 eventLoop.flags 中存在 AE_DONT_WAIT 标志，那么进程也不会阻塞。

【3】进程阻塞前，执行钩子函数 beforeSleep。

【4】aeApiPoll 函数由 I/O 复用层实现，负责阻塞当前进程，直到有文件事件就绪或者给定时间到期。该函数返回已就绪文件事件的数量，并将这些事件存储在 aeEventLoop.fired 中。

【5】进程阻塞后，执行钩子函数 aftersleep。

由于 Redis 只有一个处理函数为 serverCron 的时间事件，这里进程的最大阻塞时间为 serverCron 时间事件的下次执行时间。

```
int aeProcessEvents(aeEventLoop *eventLoop, int flags)
{
    ...
        // [6]
        for (j = 0; j < numevents; j++) {
            aeFileEvent *fe = &eventLoop->events[eventLoop->fired[j].fd];
            int mask = eventLoop->fired[j].mask;
            int fd = eventLoop->fired[j].fd;
            int fired = 0;

            // [7]
            int invert = fe->mask & AE_BARRIER;

            if (!invert && fe->mask & mask & AE_READABLE) {
                fe->rfileProc(eventLoop,fd,fe->clientData,mask);
                fired++;
                fe = &eventLoop->events[fd];
            }

            // [8]
            if (fe->mask & mask & AE_WRITABLE) {
                if (!fired || fe->wfileProc != fe->rfileProc) {
```

```
                fe->wfileProc(eventLoop,fd,fe->clientData,mask);
                fired++;
            }
        }

        // [9]
        if (invert) {
            fe = &eventLoop->events[fd];
            if ((fe->mask & mask & AE_READABLE) &&
                (!fired || fe->wfileProc != fe->rfileProc))
            {
                fe->rfileProc(eventLoop,fd,fe->clientData,mask);
                fired++;
            }
        }

        processed++;
    }
}

// [10]
if (flags & AE_TIME_EVENTS)
    processed += processTimeEvents(eventLoop);

return processed;
}
```

【6】aeApiPoll 函数返回已就绪的文件事件数量，这里处理所有已就绪的文件事件。

【7】如果就绪的是 AE_READABLE 事件，则调用 rfileProc 函数处理。通常 Redis 先处理 AE_READABLE 事件，再处理 AE_WRITABLE 事件，这有助于服务器尽快处理请求并回复结果给客户端。如果 aeFileEvent.mask 中设置了 AE_BARRIER 标志，则优先处理 AE_WRITABLE 事件。AE_WRITABLE 是 Redis 中预留的功能，Redis 中并没有使用该标志。

【8】如果就绪的是 AE_WRITABLE 事件，则调用 wfileProc 函数处理。

【9】如果 aeFileEvent.mask 中设置了 AE_BARRIER 标志，则在这里处理 AE_READABLE 事件。

【10】processTimeEvents 函数处理时间事件。

```
static int processTimeEvents(aeEventLoop *eventLoop) {
    int processed = 0;
    aeTimeEvent *te;
    long long maxId;
    time_t now = time(NULL);

    // [1]
    if (now < eventLoop->lastTime) {
        te = eventLoop->timeEventHead;
        while(te) {
            te->when_sec = 0;
            te = te->next;
        }
    }
    eventLoop->lastTime = now;
    // [2]
    te = eventLoop->timeEventHead;
    maxId = eventLoop->timeEventNextId-1;
    while(te) {
        long now_sec, now_ms;
        long long id;

        // [3]
        if (te->id == AE_DELETED_EVENT_ID) {
            ...
            continue;
        }

        ...

        // [4]
        aeGetTime(&now_sec, &now_ms);
        if (now_sec > te->when_sec ||
            (now_sec == te->when_sec && now_ms >= te->when_ms))
        {
```

```
            int retval;

            id = te->id;
            te->refcount++;
            retval = te->timeProc(eventLoop, id, te->clientData);
            te->refcount--;
            processed++;
            if (retval != AE_NOMORE) {
                aeAddMillisecondsToNow(retval,&te->when_sec,&te->when_ms);
            } else {
                te->id = AE_DELETED_EVENT_ID;
            }
        }
        // [5]
        te = te->next;
    }
    return processed;
}
```

【1】上一次执行事件的时间比当前时间还大，说明系统时间混乱了（由于系统时钟偏移等原因）。这里将所有时间事件 when_sec 设置为 0，这样会导致时间事件提前执行，由于提前执行事件的危害比延后执行的小，所以 Redis 执行了该操作。

【2】遍历时间事件。

【3】aeTimeEvent.id 等于 AE_DELETED_EVENT_ID，代表该时间事件已删除，将其从链表中移除。

【4】如果时间事件已到达执行时间，则执行 aeTimeEvent.timeProc 函数。该函数执行时间事件的逻辑并返回事件下次执行的间隔时间。事件下次执行间隔时间等于 AE_NOMORE，代表该事件需删除，将 aeTimeEvent.id 置为 AE_DELETED_EVENT_ID，以便 processTimeEvents 函数下次执行时将其删除。

【5】处理下一个时间事件。

由于 Redis 中只有 serverCron 时间事件，所以这里直接遍历所有时间事件也不会有性能问题。

另外，Redis 提供了 hz 配置项，代表 serverCron 时间事件的每秒执行次数，默认为 10，即每隔 100 毫秒执行一次 serverCron 时间事件。

Redis 事件机制执行流程如图 6-2 所示。

这种事件机制并不是 Redis 独有的，Netty、MySQL 等程序都是事件驱动的，都使用了类似的事件机制。

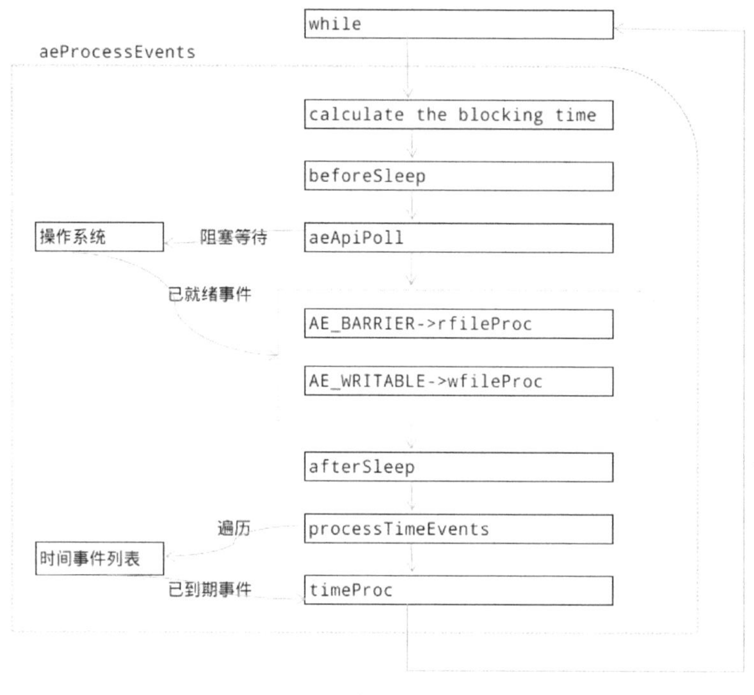

图 6-2

总结：

（1）Redis 采用事件驱动机制，即通过一个死循环，不断处理服务中发生的事件。

（2）Redis 事件机制可以处理文件事件和时间事件。文件事件由系统 I/O 复用机制产生，通常由客户端请求触发。时间事件定时触发，负责定时执行 Redis 内部任务。

第 7 章 epoll 与网络通信

不同 UNIX 系统对 I/O 复用模型的实现不同，提供的系统 API 也不同。Redis 可以支持多个 UNIX 系统的 I/O 复用 API。本章分析 Redis 如何使用 Linux 系统的 epoll 实现 I/O 复用机制，如果读者对其他系统的 I/O 复用 API 感兴趣，则可以自行阅读源码。

7.1 I/O 复用模型

本章首先深入讲解 I/O 复用模型。

在传统阻塞 I/O 模型下，网络通信服务器的实现流程如图 7-1 所示。

图 7-1

这种串行处理 socket 连接的 I/O 模型存在严重的性能问题。例如，在 accept 操作后，CPU 需要等待一段时间（等待客户端发送的数据完成网络传输到达服务器 TCP 接收缓冲区）才可以执行 read 操作。在这段时间内，CPU 不能执行任何操作，只能阻塞等待。而网络传输相对 CPU 操作是非常耗时的，这样会严重浪费 CPU 资源。

同样，如果 TCP 发送缓冲区已满，则 write 操作需要等待发送缓冲区中的部分数据成功发送后（发送缓冲区可写）才能执行。如果要在阻塞 I/O 模型下支持高并发，则必须使用大量进程或线程，这样会给 CPU 造成压力，导致性能低下。

如果在某个连接缓冲区数据未准备好时，服务器进程不阻塞等待当前连接，而是直接去处理其他任务（已经准备好数据的连接或者定时任务），直到当前连接数据准备好了，进程再返回来处理当前连接数据，这样就可以大大减少进程等待时间，提高网络通信性能。

这就是 I/O 复用模型，使用一个进程监听大量连接，当某个连接缓冲区状态变化（可读、可写）时，系统发送事件通知进程处理该连接的数据。在 I/O 复用模型下，少数进程就可以处理大量客户端连接，甚至 Redis 单进程就可以支持大量的客户端连接。现在大多数的网络服务程序（如 Nginx、Netty）都实现了 I/O 复用机制。

在 I/O 复用模式下，网络通信服务器的实现流程如图 7-2 所示。

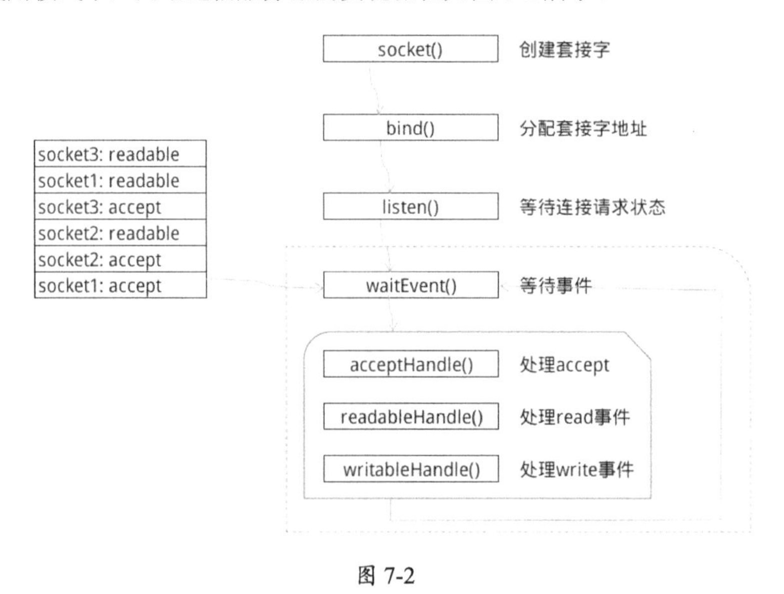

图 7-2

7.2 epoll 网络编程

epoll 是 Linux 提供的 I/O 复用 API，也是 Redis 在 Linux 下默认使用的 I/O 复用 API。下面

是一个使用 epoll 实现的回声服务器。通过这段代码，读者可以理解 UNIX 网络编程及 epoll 的使用方式。

例 7-1：

```
#include <stdio.h>
#include <stdlib.h>
#include <string.h>
#include <unistd.h>
#include <arpa/inet.h>
#include <sys/socket.h>
#include <sys/epoll.h>
#include <errno.h>

#define BUF_SIZE 1024
#define EPOLL_SIZE 50

int main(int argc, char *argv[]) {
    // [1]
    int serv_sock= socket(PF_INET, SOCK_STREAM, 0);
    // [2]
    struct sockaddr_in serv_adr;
    memset(&serv_adr, 0, sizeof(serv_adr));
    serv_adr.sin_family=AF_INET;
    serv_adr.sin_addr.s_addr=htonl(INADDR_ANY);
    serv_adr.sin_port=htons(6371);
    if(bind(serv_sock, (struct sockaddr*)&serv_adr, sizeof(serv_adr))==-1) {
        printf("bind error(%d: %s)\n",errno, strerror(errno));
        exit(1);
    }
    // [3]
    if(listen(serv_sock, 5)==-1) {
        printf("listen error(%d: %s)\n",errno, strerror(errno));
        exit(1);
    }
    // [4]
    int epfd=epoll_create(EPOLL_SIZE);
    // [5]
```

```
struct epoll_event event;
event.events=EPOLLIN;
event.data.fd=serv_sock;
epoll_ctl(epfd, EPOLL_CTL_ADD, serv_sock, &event);

char buf[BUF_SIZE];
struct epoll_event *ep_events;
ep_events=malloc(sizeof(struct epoll_event)*EPOLL_SIZE);
while(1){
    // [6]
    int event_cnt=epoll_wait(epfd, ep_events, EPOLL_SIZE, -1);

    if(event_cnt==-1){
        printf("epoll_wait error\n");
        break;
    }

    for(int i=0; i < event_cnt; i++) {
        if(ep_events[i].data.fd==serv_sock) {
            // [7]
            struct sockaddr_in read_adr;
            socklen_t adr_sz=sizeof(read_adr);
            int read_sock=accept(serv_sock, (struct sockaddr*)&read_adr, &adr_sz);

            event.events=EPOLLIN;
            event.data.fd=read_sock;
            epoll_ctl(epfd, EPOLL_CTL_ADD, read_sock, &event);
            printf("connected client fd:%d\n", read_sock);
        } else {
            printf("receive event:%d\n",ep_events[i].events);
            // [8]
            if(ep_events[i].events & EPOLLIN) {
                int str_len=read(ep_events[i].data.fd, buf, BUF_SIZE);
                if(str_len==0) {
                    epoll_ctl(epfd,EPOLL_CTL_DEL,ep_events[i].data.fd,NULL);
                    close(ep_events[i].data.fd);
                    printf("close client fd:%d\n", ep_events[i].data.fd);
                } else {
```

```
                    printf("read data:%s\n", buf);
                    write(ep_events[i].data.fd, buf, str_len);
                }
            }

        }
    }
}
// [9]
close(serv_sock);
close(epfd);
return 0;
}
```

【1】创建一个 IPv4 协议族中面向连接的 Socket 套接字。函数原型为 `int socket(int domain,int type,int protocol)`，成功则返回创建的监听套接字文件描述符。

函数参数说明：

- domain：套接字中使用的协议族（Protocal Family），有如下值：
  - PF_INET：IPv4 互联网协议族。
  - PF_INET6：IPv6 互联网协议族。
  - PF_LOCAL：本地通信的 UNIX 协议族。
- type：套接字数据传输类型，有如下值：
  - SOCK_STREAM：面向连接的套接字，使用 TCP 协议。
  - SOCK_DGRAM：面向消息的套接字，使用 UDP 协议。
- protocol：传输协议，常用的有 IPPROTO_TCP 和 IPPTOTO_UDP，分别表示 TCP 传输协议和 UDP 传输协议。通常为 0，操作系统会自动推断出协议类型。除非某一种协议族和数据传输类型的组合下支持不同的传输协议。

【2】分配 IP 地址和端口号。函数原型为 `int bind(int sockfd, struct sockaddr * myaddr, socklen_t addrlen)`。

函数参数说明：

- sockfd：待分配 IP 地址和端口号的套接字文件描述符。
- myaddr：存储地址信息的结构体变量地址。
- addrlen：第二个结构体变量长度。

注意 `bind(serv_sock, (struct sockaddr*)&serv_adr, sizeof(serv_adr))`中第二个参数的处理。sockaddr_in、sockaddr 两个结构体的内容完全一致，不过 sockaddr 使用一个数组属性存储套接字地址和端口信息，使用不方便，所以通常使用 sockaddr_in，并强制转换成 sockaddr 结构体。

sockaddr_in、sockaddr 结构体的定义对比如下：

```
struct sockaddr_in
{
    sa_family_t    sin_family;          // 地址族
    unit16_t       sin_port;            // 2 字节，16 为 TCP/UDP 端口号
    struct in_addr sin_addr;            // 4 字节，32 位 IP 地址
    char           sin_zero[8];         // 不使用
}

struct sockaddr {
    sa_family_t sin_family; //地址族
    char sa_data[14]; //14 字节，包含套接字地址和端口信息
}
```

sockaddr_in.sin_family 有如下取值：

- AF_INET：IPv4 网络协议中使用的地址族。
- AF_INET6：IPv6 网络协议中使用的地址族。
- AF_LOCAL：本地通信使用的 UNIX 协议地址族。

在例 7-1 中，sockaddr_in.sin_addr.s_addr 赋值为 INADDR_ANY，将自动获取服务器的 IP 地址。

注意，在对 sockaddr_in.sin_addr.s_addr、serv_adr.sin_port 两个属性赋值前，需要先调用 htonl、htons 函数将 long、short 型数据从主机字节序转化为网络字节序。网络传输数据时统一使用大端字节序，称为网络字节序，我们只需要转换 sockaddr_in 结构体的字节序，网络通信中的其他数据由操作系统转换字节序：传输前将数据转换为网络字节序，接收的数据在保存之前先转换为主机字节序。

【3】服务器套接字转化为可接收连接状态。函数原型为 `int listen(int sock, int backlog)`。

函数参数说明：

- sock：待处理的套接字文件描述符。
- backlog：连接请求等待队列（Queue）长度，若为5，则队列长度为5，表示最多接收5个连接请求进入队列。客户端向服务器询问是否允许连接，如果服务器发现请求等待队还有空位，则回复允许连接，并将连接请求添加到请求等待队列中等待处理。

【7】在分析epoll函数之前，先分析accept函数，该函数处理等待队列中的连接请求。函数原型为`int accept(int sock, struct sockaddr * addr, socklent_t * addrlent)`，成功则返回创建的数据套接字文件描述符。

函数参数说明：

- sock：服务器监听套接字文件描述符。
- addr：用于保存客户端地址信息，函数调用完成后会填充客户端地址信息到该参数指向的结构体。
- addrlen：第二个参数变量长度。

注意： 函数调用成功后，accept函数将自动创建一个用于数据I/O的套接字，并将该套接字与发起请求的客户端建立连接。通过该套接字，服务器可以与客户端完成数据交换。

数据套接字与监听套接字区别：

- 监听套接字：负责监听、处理新的连接请求。
- 数据套接字：负责完成服务器与客户端之间的数据交换。

如果当前没有待处理的请求并且套接字没有设置为非阻塞模式，则accept函数会一直阻塞直到新的连接请求进来。如果套接字设置为非阻塞模式并且没有待处理的请求，accept 函数会立即返回，并设置errno为EAGAIN或EWOULDBLOCK。

提示： errno是POSIX标准定义的一个全局变量，记录当前线程的最后一次错误代码。

下面来看一下epoll，它实际上是一个函数族，包括epoll_create、epoll_ctl、epoll_wait函数。

【4】创建一个epoll实例。函数原型为`int epoll_create(int size)`，成功则返回epoll专用文件描述符。从Linux 2.6.8开始，size参数被忽略（大于0即可）。

【5】向epoll实例添加监听对象。函数原型为`int epoll_ctl(int epfd, int op, int fd, struct epoll_event * event)`。

函数参数说明：

- epfd：epoll专用文件描述符，用于指定epoll实例。
- op：指定监听对象的添加、删除或更改等操作。op的部分取值如下：

    - EPOLL_CTL_ADD：将监听对象注册到 epoll 实例。
    - EPOLL_CTL_DEL：从 epoll 实例中删除监听对象。
    - EPOLL_CTL_MOD：更改监听对象的监听事件。
- fd：监听对象的文件描述符。
- event：event.data.fd 指定监听的文件描述符。event.events 指定监听的事件类型，该属性部分取值如下：
    - EPOLLIN 事件：接收缓冲区当前可读取。
    - EPOLLOUT 事件：发送缓冲区当前可写入（缓冲区空闲空间超过特定阈值）。
    - EPOLLERR：发送错误。
    - EPOLLHUP：连接被断开。
    - EPOLLET：以边缘触发的方式得到事件通知。

  epoll_event 结构体有两个作用：

  （1）在 epoll_ctl 函数中作为参数传递监听对象信息给 epoll 实例。

  （2）在 epoll_wait 函数中负责存储已就绪的事件。

在 I/O 复用模型中，当新连接请求进来后，会触发监听套接字的可读事件。所以这里只需要监听服务器套接字的 EPOLLIN 事件即可。

而在第 7 步中，accept 函数得到数据套接字后，也只监听了数据套接字 EPOLLIN 事件。数据套接字的 EPOLLOUT 事件通常在发送大文件数据时才需要监听。当输出缓冲区已满时，通过监听 EPOLLOUT 事件以便在缓冲区可写时继续发送数据。

【6】等待监听对象上的事件就绪或给定时间到期。函数原型为 `int epoll_wait(int epfd, struct epoll_event * events, int maxevents, int timeout)`。

函数参数说明：

- epfd：epoll 专用文件描述符，用于指定 epoll 实例。
- events：epoll_event 集合指针，epoll 实例会将已就绪的事件存放在该集合中，这时 event.data.fd 为已就绪事件的文件描述符，event.events 为已就绪事件的事件类型。
- maxevents：第二个参数可以保存的最大事件数量。
- timeout：阻塞等待时间，单位为毫秒，-1 代表一直等待直到有事件就绪。

【8】已就绪事件是 EPOLLIN 事件，读取客户端数据。如果读取到的数据为空，通常是因为连接断开了，则关闭客户端连接。否则，将读取到的数据返回给客户端。

【9】服务结束，关闭 epoll 实例和服务器套接字。

epoll 函数中还有两个重要概念——条件触发和边缘触发，它们指定 EPOLLIN 和 EPOLLOUT 事件的触发时机。epoll 默认使用条件触发模式，在该模式下，事件的触发时机如下：

- EPOLLIN 事件：接收缓冲区当前可读取。
- EPOLLOUT 事件：发送缓冲区当前可写入。

在边缘触发模式下，事件的触发时机如下：

- EPOLLOUT 事件：只有在发送缓冲区从不可写状态切换到可写状态，才会触发一次。
- EPOLLIN 事件：只有在收到客户端数据时才会触发一次。

下面通过几个例子来说明这两个触发模式。

例子 1：将例 7-1 代码中的 BUF_SIZE 改成 3（服务器端每次读取 3 字节）。

```
#define BUF_SIZE 3
```

使用 telnet 发送数据：

```
$ telnet 127.0.0.1 6371
1234567
1234567(收到的结果)
```

服务器输出：

```
connected client fd:13
receive event:1
read data:123
receive event:1
read data:456
receive event:1
read data:7
```

提示：receive event 中输出就绪事件类型，1 为 EPOLLIN。客户端写入了 7 字节，而服务器端每次读取 3 字节。可以看到，在条件触发模式下，读取数据后如果缓冲区内还有数据（可读取状态），则会再次触发 EPOLLIN 事件。

例子 2：在例子 1 的基础上继续修改代码，在例 7-1 的步骤 7 的 event.events 中再加上 EPOLLOUT，监听 EPOLLOUT 事件。

```
    if(ep_events[i].data.fd==serv_sock) {
        struct sockaddr_in clnt_adr;
```

```
        socklen_t adr_sz=sizeof(clnt_adr);
        int clnt_sock=accept(serv_sock, (struct sockaddr*)&clnt_adr, &adr_sz);

        event.events=EPOLLIN|EPOLLOUT;
        event.data.fd=clnt_sock;
        epoll_ctl(epfd, EPOLL_CTL_ADD, clnt_sock, &event);
        printf("connected client:%d\n", clnt_sock);
    }
```

使用 telnet 连接服务器后，服务器便不断打印内容：

```
connected client fd:5
receive event:4
receive event:4
receive event:4
...
```

提示： receive event 输出为 4，代表就绪事件为 EPOLLOUT。由于发送缓冲区一直都是可写状态，则不断触发 EPOLLOUT 事件。

例子 3：在例子 2 的基础上继续修改代码，在例 7-1 的步骤 7 的 event.events 中再加上 EPOLLET，转化为边缘触发模式。

```
    if(ep_events[i].data.fd==serv_sock) {
        struct sockaddr_in clnt_adr;
        socklen_t adr_sz=sizeof(clnt_adr);
        int clnt_sock=accept(serv_sock, (struct sockaddr*)&clnt_adr, &adr_sz);

        event.events=EPOLLIN|EPOLLOUT|EPOLLET;
        event.data.fd=clnt_sock;
        epoll_ctl(epfd, EPOLL_CTL_ADD, clnt_sock, &event);
        printf("connected client:%d\n", clnt_sock);
    }
```

同样使用 telnet 发送数据 1234567：

```
$ telnet 127.0.0.1 6371
1234567
123（收到的结果）
```

服务器输出：

```
connected client fd:13
receive event:4
receive event:5（收到客户端数据时触发）
read data:123
```

receive event 为 5 代表触发事件为 EPOLLIN|EPOLLOUT。

可以看到，在边缘触发模式下，EPOLLIN 事件会在收到客户端数据时触发一次（receive event 为 5），并且读取数据后即使缓冲区内还有数据也不再触发 EPOLLIN 事件。

另外，EPOLLOUT 事件在连接成功（receive event 为 4）、收到客户端数据时（receive event 为 5）触发一次。

UNIX 网络编程涉及很多内容，本节希望通过这个简单例子帮助读者理解 UNIX 网络编程的基础知识，关于 UNIX 网络编程的详细内容，读者可以参考以下经典图书：《TCP/IP 网络编程》（尹圣雨著）、《UNIX 网络编程》。

7.3 Redis 的 epoll 网络模型

本节我们介绍 Redis 如何通过 epoll 在 Linux 下实现网络通信。

7.3.1 Redis 网络服务启动过程

Redis 启动时，调用 server.c/listenToPort 函数打开套接字，并绑定端口（由 initServer 函数触发）：

```
int listenToPort(int port, int *fds, int *count) {
    int j;

     // [1]
    if (server.bindaddr_count == 0) server.bindaddr[0] = NULL;
    for (j = 0; j < server.bindaddr_count || j == 0; j++) {
        // [2]
        if (server.bindaddr[j] == NULL) {
            ...
        } else if (strchr(server.bindaddr[j],':')) {
            // [3]
            fds[*count] = anetTcp6Server(server.neterr,port,server.bindaddr[j],
```

```
                server.tcp_backlog);
        } else {
            // [4]
            fds[*count] = anetTcpServer(server.neterr,port,server.bindaddr[j],
                server.tcp_backlog);
        }
        ...
        // [5]
        anetNonBlock(NULL,fds[*count]);
        (*count)++;
    }
    return C_OK;
}
```

【1】如果配置项中没有指定 IP 地址，则将 server.bindaddr[j]赋值为 NULL。

【2】如果 server.bindaddr[j] == NULL，则绑定 0.0.0.0 地址。

【3】绑定 IPv6 地址。

【4】绑定 IPv4 地址。

【5】设置套接字为非阻塞模式。

anetTcpServer、anetTcp6Server 两个函数都调用了 anet.c/_anetTcpServer 函数来处理相关逻辑：

```
static int _anetTcpServer(char *err, int port, char *bindaddr, int af, int backlog)
{
    int s = -1, rv;
    char _port[6];
    struct addrinfo hints, *servinfo, *p;
    // [1]
    snprintf(_port,6,"%d",port);
    memset(&hints,0,sizeof(hints));
    hints.ai_family = af;
    hints.ai_socktype = SOCK_STREAM;
    hints.ai_flags = AI_PASSIVE;
    if ((rv = getaddrinfo(bindaddr,_port,&hints,&servinfo)) != 0) {
        anetSetError(err, "%s", gai_strerror(rv));
        return ANET_ERR;
    }
    // [2]
```

```
    for (p = servinfo; p != NULL; p = p->ai_next) {
        // [3]
        if ((s = socket(p->ai_family,p->ai_socktype,p->ai_protocol)) == -1)
            continue;
        // [4]
        if (af == AF_INET6 && anetV6Only(err,s) == ANET_ERR) goto error;
        if (anetSetReuseAddr(err,s) == ANET_ERR) goto error;
        // [5]
        if (anetListen(err,s,p->ai_addr,p->ai_addrlen,backlog) == ANET_ERR) s = ANET_ERR;
        goto end;
    }
    ...
}
```

参数说明：

- err：用于记录错误信息。
- port、bindaddr：绑定的端口和 IP 地址。
- af：指定 IP 类型为 IPv4 或 Ipv6。

【1】getaddrinfo 函数将主机名或点分十进制格式的 IP 地址解析为数值格式的 IP 地址。

【2】处理 getaddrinfo 函数返回的所有 IP 地址。

【3】调用 C 语言 socket 函数，打开套接字。

【4】anetV6Only 函数开启 IPv6 连接的 IPV6_V6ONLY 标志，限制该连接仅能发送和接收 IPv6 数据包。

调用 anetSetReuseAddr 函数开启 TCP 的 SO_REUSEADDR 选项，保证端口释放后可以立即被再次使用。

【5】调用 anetListen 函数监听端口。

```
static int anetListen(char *err, int s, struct sockaddr *sa, socklen_t len, int backlog) {
    // [1]
    if (bind(s,sa,len) == -1) {
        anetSetError(err, "bind: %s", strerror(errno));
        close(s);
        return ANET_ERR;
    }
    // [2]
```

```
    if (listen(s, backlog) == -1) {
        anetSetError(err, "listen: %s", strerror(errno));
        close(s);
        return ANET_ERR;
    }
    return ANET_OK;
}
```

【1】绑定端口。

【2】服务器套接字转换到可接收连接状态。

7.3.2 Redis 中的 epoll

上面已经通过回声服务器说明了 epoll 函数的用法。下面看一下 ae_epoll.c，Redis 如何利用 epoll 在 Linux 中实现 I/O 复用机制。

aeApiState 结构体负责存放 epoll 的数据：

```
typedef struct aeApiState {
    int epfd;
    struct epoll_event *events;
} aeApiState;
```

- epfd：epoll 专用文件描述符。
- events：epoll 的事件结构体，用于接收已就绪的事件。

aeApiCreate 函数在创建事件循环器时被调用，负责初始化 I/O 复用机制的上下文环境：

```
static int aeApiCreate(aeEventLoop *eventLoop) {
    // [1]
    aeApiState *state = zmalloc(sizeof(aeApiState));

    if (!state) return -1;

    state->events = zmalloc(sizeof(struct epoll_event)*eventLoop->setsize);
    ...
    // [2]
    state->epfd = epoll_create(1024);
    ...
```

```
    // [3]
    eventLoop->apidata = state;
    return 0;
}
```

【1】创建 aeApiState 结构体，并为 aeApiState.events 申请空间，用于后续存放已就绪事件。

【2】调用 epoll_create 函数创建一个 epoll 实例。

【3】将 aeApiState 结构赋值给 eventLoop.apidata。

aeApiAddEvent 函数在事件循环器注册文件事件时被调用，负责添加对应的监听对象：

```
static int aeApiAddEvent(aeEventLoop *eventLoop, int fd, int mask) {
    aeApiState *state = eventLoop->apidata;
    struct epoll_event ee = {0};

    // [1]
    int op = eventLoop->events[fd].mask == AE_NONE ?
            EPOLL_CTL_ADD : EPOLL_CTL_MOD;
    // [2]
    ee.events = 0;
    mask |= eventLoop->events[fd].mask;
    if (mask & AE_READABLE) ee.events |= EPOLLIN;
    if (mask & AE_WRITABLE) ee.events |= EPOLLOUT;
    ee.data.fd = fd;
    // [3]
    if (epoll_ctl(state->epfd,op,fd,&ee) == -1) return -1;
    return 0;
}
```

【1】如果该文件描述符已经存在监听对象，则使用 EPOLL_CTL_MOD 标志修改监听对象，否则使用 EPOLL_CTL_ADD 标志添加监听对象。

【2】将 AE 抽象层事件类型转化为 epoll 事件类型。AE 抽象层定义的 AE_READABLE 对应 epoll 的 EPOLLIN 事件，AE 抽象层定义的 AE_WRITABLE 对应 epoll 的 EPOLLOUT 事件。从这里也可以看到，Redis 使用了 epoll 的条件触发模式。

【3】调用 epoll_ctl 函数，向 epoll 实例添加或修改监听对象。

aeApiPoll 在事件循环器每次循环中被调用，负责阻塞进程等待事件发生或给定时间到期：

```
static int aeApiPoll(aeEventLoop *eventLoop, struct timeval *tvp) {
```

```
    aeApiState *state = eventLoop->apidata;
    int retval, numevents = 0;
    // [1]
    retval = epoll_wait(state->epfd,state->events,eventLoop->setsize,
            tvp ? (tvp->tv_sec*1000 + tvp->tv_usec/1000) : -1);
    if (retval > 0) {
        int j;
        numevents = retval;
        // [2]
        for (j = 0; j < numevents; j++) {
            int mask = 0;
            struct epoll_event *e = state->events+j;

            if (e->events & EPOLLIN) mask |= AE_READABLE;
            if (e->events & EPOLLOUT) mask |= AE_WRITABLE;
            if (e->events & EPOLLERR) mask |= AE_WRITABLE|AE_READABLE;
            if (e->events & EPOLLHUP) mask |= AE_WRITABLE|AE_READABLE;
            eventLoop->fired[j].fd = e->data.fd;
            eventLoop->fired[j].mask = mask;
        }
    }
    return numevents;
}
```

【1】调用 epoll_wait 函数，阻塞等待事件发生或给定时间到期。

【2】如果 I/O 复用机制中有事件就绪，则将已就绪事件装载到 eventLoop.fired 中，交给事件循环器处理。

- epoll 的 EPOLLIN、EPOLLERR、EPOLLHUP 事件转化为 AE 抽象层的 AE_READABLE 事件。
- epoll 的 EPOLLOUT、EPOLLERR、EPOLLHUP 事件转化为 AE 抽象层的 AE_WRITABLE 事件。

读者可以结合本章对 epoll 函数的讲解，以及上一章对 Redis 事件机制的分析，深入理解 Redis 中的事件机制，并将以下流程梳理清楚：

（1）如何为某一个文件描述符注册事件回调函数？

（2）什么场景下文件描述符会触发文件事件（客户端连接、发送请求）？

（3）文件事件被触发后如何调用回调函数？

第 8 章 客户端

前面的章节已经分析了 Redis 服务器中网络通信的实现，本章分析 Redis 中对客户端的封装处理。

本章中的客户端是指 Redis 服务器将每个客户连接封装为客户端。而客户端还有一个含义，指 redis-cli 等 Redis 使用工具，请读者不要混淆这两个概念。

8.1 定义

connection.h/connection 结构体负责存储每个连接的相关信息：

```
struct connection {
    ConnectionType *type;
    ConnectionState state;
    short int flags;
    short int refs;
    int last_errno;
    void *private_data;
    ConnectionCallbackFunc conn_handler;
    ConnectionCallbackFunc write_handler;
    ConnectionCallbackFunc read_handler;
    int fd;
};
```

- type：ConnectionType 结构体，包含操作连接通道的函数，如 connect、write、read。
- state：ConnectionState 结构体，定义连接状态，包括 CONN_STATE_CONNECTING、CONN_STATE_ACCEPTING、CONN_STATE_CONNECTED、CONN_STATE_CLOSED、CONN_STATE_ERROR 等值。
- last_errno：该连接最新的 errno。
- private_data：用于存放附加数据，如 client。
- conn_handler、write_handler、read_handler：执行连接、读取、写入操作的回调函数。
- fd：数据套接字描述符。

Redis 将与连接相关的逻辑都封装到 connection 中，connection.type 是操作连接的 API。Redis 通过 connection.type 提供的函数操作连接，而不是直接操作连接。

Redis 在收到新的连接请求时，会调用 connCreateAcceptedSocket 函数为网络连接创建一个 connection，这些 connection 的 type 属性都指向 CT_Socket，CT_Socket 指定了所有操作 Socket 连接的函数。

```
ConnectionType CT_Socket = {
    .ae_handler = connSocketEventHandler,
    .close = connSocketClose,
    .write = connSocketWrite,
    .read = connSocketRead,
    .accept = connSocketAccept,
    .connect = connSocketConnect,
    .set_write_handler = connSocketSetWriteHandler,
    .set_read_handler = connSocketSetReadHandler,
    ...
    };
```

提示： CT_Socket 结构体中的属性以“.”开头，这是 C99 标准定义的结构体初始化方法，在声明属性的同时初始化属性。

下面看一下客户端结构体，server.h/client 结构体负责存储每个客户端的相关信息，连接建立成功后，Redis 将创建一个 client 结构体维护客户端信息。

```
typedef struct client {
    uint64_t id;
    connection *conn;
    int resp;
    redisDb *db;
```

```
    robj *name;
    sds querybuf;
    size_t qb_pos;
    sds pending_querybuf;
    size_t querybuf_peak;
    int argc;
    robj **argv;
    ...
} client;
```

本章关注如下属性：

- querybuf：查询缓冲区，用于存放客户端请求数据。
- qb_pos：查询缓冲区最新读取位置。
- querybuf_peak：客户端单次读取请求数据量的峰值。
- reqtype：请求数据协议类型。
- multibulklen：当前解析的命令请求中尚未处理的命令参数数量。
- bulklen：当前读取命令参数长度。
- reply、reply_bytes：链表回复缓冲区及其字节数（回复缓冲区用于缓存 Redis 返回给客户端的响应数据）。
- buf、bufpos：固定回复缓冲区及其最新操作位置。
- flags：客户端标志。

本章关注以下客户端标志：

- CLIENT_MASTER：客户端是主节点客户端（当前服务节点是从节点）。
- CLIENT_SLAVE：客户端是从节点客户端（当前服务节点是主节点）。
- CLIENT_BLOCKED：客户端正在被 BRPOP、BLPOP 等命令阻塞。
- CLIENT_PENDING_READ：客户端请求数据已交给 I/O 线程处理。
- CLIENT_PENDING_COMMAND：I/O 线程已处理完成客户端请求数据，主进程可以执行命令。
- CLIENT_CLOSE_AFTER_REPLY：不再执行新命令，发送完回复缓冲区的内容后立即关闭客户端。出现该标志通常由于用户对该客户端执行了 CLIENT_KILL 命令，或者客户端请求数据包含了错误的协议内容。
- CLIENT_CLOSE_AFTER_COMMAND：执行完当前命令并返回内容后即关闭客户端。

通常在 ACL 中删除某个用户后，Redis 会对该用户客户端打开这个标志。

- CLIENT_CLOSE_ASAP：该客户端正在关闭。
- CLIENT_MULTI：该客户端正在执行事务。
- CLIENT_LUA ：该客户端是在 Lua 脚本中执行 Redis 命令的伪客户端。在 Lua 脚本中通过 redis.call 等函数调用 Redis 命令，Redis 将创建一个伪客户端执行命令。
- CLIENT_FORCE_AOF：强制将执行的命令写入 AOF 文件，即使命令并没有变更数据。
- CLIENT_FORCE_REPL：强制将当前执行的命令复制给所有从节点，即使命令并没有变更数据。
- CLIENT_PREVENT_AOF_PROP：禁止将当前执行的命令写入 AOF 文件，即使命令已变更数据。
- CLIENT_PREVENT_REPL_PROP：禁止将当前执行的命令复制给从节点，即使命令已变更数据。
- CLIENT_PREVENT_PROP：禁止将当前执行的命令写入 AOF 文件及复制给从节点，即使命令已变更数据。
- CMD_CALL_SLOWLOG：记录慢查询。
- CMD_CALL_STATS：统计命令执行信息。
- CLIENT_TRACKING_CACHING：客户端开启了客户端缓存功能。

8.2 创建客户端

Redis 启动时，会为 Socket 连接（监听套接字）注册监听 AE_READABLE 类型的文件事件，事件回调函数为 acceptTcpHandler 函数（可回顾第 5 章对 server.c/initServer 函数的分析）。acceptTcpHandler 函数负责接收客户端连接，创建数据交换套接字，并为数据套接字注册文件事件回调函数：

```
void acceptTcpHandler(aeEventLoop *el, int fd, void *privdata, int mask) {
    int cport, cfd, max = MAX_ACCEPTS_PER_CALL;
    char cip[NET_IP_STR_LEN];
    UNUSED(el);
    UNUSED(mask);
    UNUSED(privdata);
    // [1]
    while(max--) {
```

```
        // [2]
        cfd = anetTcpAccept(server.neterr, fd, cip, sizeof(cip), &cport);
        if (cfd == ANET_ERR) {
            if (errno != EWOULDBLOCK)
                serverLog(LL_WARNING,
                    "Accepting client connection: %s", server.neterr);
            return;
        }
        serverLog(LL_VERBOSE,"Accepted %s:%d", cip, cport);
        // [3]
        acceptCommonHandler(connCreateAcceptedSocket(cfd),0,cip);
    }
}
```

【1】每次事件循环中最多接受 MAX_ACCEPTS_PER_CALL(1000)个客户请求，防止短时间内处理过多客户请求导致进程阻塞。

【2】anetTcpAccept 函数会调用 C 语言的 accept 函数接收新的客户端连接，并返回数据套接字文件描述符。如果当前没有待处理的连接请求，则该函数返回 ANET_ERR，这时会退出函数。当有新的连接请求进来时，Redis 事件循环器会重新调用 acceptTcpHandler 函数。

【3】connCreateAcceptedSocket 函数创建并返回 connection 结构体。connection.type 指向 CT_Socket。

acceptCommonHandler 函数执行连接建立后的逻辑，如创建 client 结构体、为数据套接字注册文件事件回调函数：

```
static void acceptCommonHandler(connection *conn, int flags, char *ip) {

    client *c;
    char conninfo[100];
    UNUSED(ip);
    ...

    // [1]
    if (listLength(server.clients) + getClusterConnectionsCount()
        >= server.maxclients)
    {
        ...
        server.stat_rejected_conn++;
```

```
        connClose(conn);
        return;
    }

    // [2]
    if ((c = createClient(conn)) == NULL) {
        ...
        connClose(conn);
        return;
    }

    c->flags |= flags;

    // [3]
    if (connAccept(conn, clientAcceptHandler) == C_ERR) {
        ...
        return;
    }
}
```

【1】如果 client 数量加上 Cluster 连接数量已经超过 server.maxclients 配置项，则返回错误信息并关闭网络连接。

【2】创建 client 结构体，存储客户端数据。

【3】设置 clientAcceptHandler 为 Accept 回调函数。该函数会被立即调用，它主要检查服务器是否开启 protected 模式，如果开启了 protected 模式而且客户端连接没有满足要求，则返回错误信息并关闭客户端。

createClient 函数为每个连接创建对应的 client 结构体：

```
client *createClient(connection *conn) {
    client *c = zmalloc(sizeof(client));

    // [1]
    if (conn) {
        connNonBlock(conn);
        connEnableTcpNoDelay(conn);
        if (server.tcpkeepalive)
            connKeepAlive(conn,server.tcpkeepalive);
```

```
        connSetReadHandler(conn, readQueryFromClient);
        connSetPrivateData(conn, c);
    }
    // [2]
    selectDb(c,0);
    uint64_t client_id = ++server.next_client_id;
    c->id = client_id;
    c->resp = 2;
    c->conn = conn;
    ...
    // [3]
    if (conn) linkClient(c);
    initClientMultiState(c);
    return c;
}
```

【1】如果 conn 参数为 NULL 则创建伪客户端。

伪客户端很有用，因为 Redis 的所有命令都必须在 client 上下文中执行，当命令在其他上下文环境中执行时（如 Lua 脚本），就需要创建一个伪客户端。

connNonBlock 函数将文件描述符设置为非阻塞模式，connEnableTcpNoDelay 函数关闭 TCP 的 Delay 选项。

connKeepAlive 函数开启 TCP 的 keepAlive 选项，服务器定时向空闲客户端发送 ACK 进行探测。

connSetReadHandler 函数为数据套接字注册监听 AE_READABLE 类型的文件事件，事件处理函数为 readQueryFromClient。当连接的 readable 事件就绪后，将触发 readQueryFromClient 函数。readQueryFromClient 函数负责读取客户端发送的请求数据，后面会详细分析该函数。

connSetReadHandler 函数会调用 CT_Socket.set_read_handler 函数（即 connSocketSetReadHandler 函数），connSocketSetReadHandler 函数会将 readQueryFromClient 函数赋值给 connection.read_handler，并将 CT_Socket.ae_handler（即 connSocketEventHandler 函数）注册为事件处理函数，而 connSocketEventHandler 函数为分发函数，最终会调用 connection.read_handler（即 readQueryFromClient 函数）处理 AE_READABLE 类型的事件。

connSetPrivateData 函数将 client 赋值给 conn.private_data。

【2】选择 0 号数据库并初始化 client 属性。

【3】linkClient 函数将 client 添加到 server.client、server.clients_index 中。initClientMultiState

函数初始化 client 事务上下文。

8.3 关闭客户端

客户端发送 quit 命令，或者 Socket 连接断开，服务器会调用 freeClientAsync 函数将客户端添加到 server.clients_to_close 中，以便后续关闭客户端。freeClientsInAsyncFreeQueue 函数（beforeSleep 函数触发）会遍历 server.clients_to_close，调用 freeClient 函数关闭客户端。

freeClient 函数会执行如下逻辑：

- 释放内存空间，如查询缓冲区。
- 如果客户端是主节点客户端，则缓存该客户端信息，并将主从状态转换为待连接状态，以便后续与主节点重新建立连接。
- 取消所有的 Pub/Sub 订阅。
- 如果客户端是从节点客户端，则将其从 server.monitors 或 server.slaves 中剔除，并减少 server.repl_good_slaves_count 计数。
- 调用 unlinkClient 函数，关闭 Socket 连接。

另外，serverCron 时间事件会调用 clientsCron 关闭超时未发送命令的客户端：

```
#define CLIENTS_CRON_MIN_ITERATIONS 5
void clientsCron(void) {

    // [1]
    int numclients = listLength(server.clients);
    int iterations = numclients/server.hz;
    mstime_t now = mstime();

    if (iterations < CLIENTS_CRON_MIN_ITERATIONS)
        iterations = (numclients < CLIENTS_CRON_MIN_ITERATIONS) ?
                     numclients : CLIENTS_CRON_MIN_ITERATIONS;

    // [2]
    while(listLength(server.clients) && iterations--) {
        client *c;
        listNode *head;

        listRotateTailToHead(server.clients);
```

```
        head = listFirst(server.clients);
        c = listNodeValue(head);
        if (clientsCronHandleTimeout(c,now)) continue;
        if (clientsCronResizeQueryBuffer(c)) continue;
        if (clientsCronTrackExpansiveClients(c)) continue;
        if (clientsCronTrackClientsMemUsage(c)) continue;
    }
}
```

【1】每次处理 numclients（客户端数量）/server.hz 个客户端。由于该函数每秒调用 server.hz 次，所以每秒都会将所有客户端处理一遍。

【2】clientsCronHandleTimeout 函数会关闭超过 server.maxidletime 指定时间内没有发送请求的客户端。

clientsCronResizeQueryBuffer 收缩客户端查询缓冲区以节省内存。clientsCronTrackExpansive-Clients 跟踪最近几秒内使用内存量最大的客户端，以便在 INFO 命令中提供此类信息。

clientsCronTrackClientsMemUsage 统计增加的内存使用量，以便在 INFO 命令中提供此类信息。

下面看一下 clientsCronResizeQueryBuffer 函数如何收缩客户端查询缓冲区：

```
int clientsCronResizeQueryBuffer(client *c) {
    size_t querybuf_size = sdsAllocSize(c->querybuf);
    time_t idletime = server.unixtime - c->lastinteraction;

    if (querybuf_size > PROTO_MBULK_BIG_ARG &&
         ((querybuf_size/(c->querybuf_peak+1)) > 2 ||
          idletime > 2))
    {

        if (sdsavail(c->querybuf) > 1024*4) {
            c->querybuf = sdsRemoveFreeSpace(c->querybuf);
        }
    }
    c->querybuf_peak = 0;
    ...
    return 0;
}
```

收缩客户端查询缓冲区需满足以下条件：

- 查询缓冲区总空间大于 PROTO_MBULK_BIG_ARG（32KB）。
- 查询缓冲区总空间远大于单次读取数据量峰值（大于 2 倍），或者客户端当前处于非活跃状态。
- 查询缓冲区空闲空间大于 4KB。

8.4 客户端配置

下面介绍涉及客户端的常用配置。

- client-output-buffer-limit：配置客户端回复缓冲区（buf+reply）使用内存限制。该配置格式为 `client-output-buffer-limit <class> <hard limit> <soft limit> <soft seconds>`。
  - <class>：客户端类型，目前支持 3 种配置，normal（普通客户端）、replica（从节点客户端）、Pub/Sub（订阅了某个 Pub/Sub 频道的客户端）。
  - <hard limit>：若客户端回复缓冲区大小超过该值，则 Redis 会立即关闭该客户端。该值为 0 代表不限制。
  - <soft limit> <soft seconds>：若客户端回复缓冲区大小超过 soft limit 且这种情况的持续时间超过 soft seconds，则 Redis 将关闭该客户端。该值为 0 代表不限制。

  默认配置如下：
  - client-output-buffer-limit normal 0 0 0。
  - client-output-buffer-limit replica 256mb 64mb 60。
  - client-output-buffer-limit pubsub 32mb 8mb 60。
- client-query-buffer-limit：默认为 1GB，如果客户端查询缓冲区总大小超过该配置将报错。
- proto-max-bulk-len：默认为 512MB，如果某个命令参数长度超过该配置将报错。
- timeout：默认为 0（代表禁用），单位为秒，如果客户端超过该配置指定时间没有发送请求，那么服务器将断开连接。
- maxclients：默认为 10000，如果客户端连接数量（包括 Cluster 连接）超过该配置，那么服务器将拒接新的客户端连接。
- tcp-keepalive：默认为 300，单位为秒，如果不为 0，则配置以下 TCP KeepAlive 相关选项：
  - SO_KEEPALIVE：设置为 1，代表开启 TCP KeepAlive 功能。
  - TCP_KEEPIDLE：等于 server.tcpkeepalive，发送探测包的时间间隔。

- TCP_KEEPINTVL：等于 server.tcpkeepalive/3，探测失败后重新发送探测包的时间间隔。
- TCP_KEEPCNT：固定为 3，判断连接失效的探测失败次数。

默认配置下，如果客户端一直没发送请求，那么服务器会在 300 秒后发送一个探测包。如果探测失败(服务器接收不到客户端对探测包的响应)，那么服务器每隔 100 秒重发一个探测包，3 次探测失败就认为连接中断，将关闭客户端。

总结：

- client 结构体存放客户端信息。
- acceptTcpHandler 函数负责接收新客户端连接请求，创建 client 结构体、数据交换套接字。
- Redis 将待关闭客户端添加到 server.clients_to_close 中，由 freeClientsInAsyncFreeQueue 函数关闭客户端。

第 9 章 Redis 命令执行过程

本章分析 Redis 服务器处理命令的过程，包括以下几点：

- 服务器如何解析客户端请求数据。
- 服务器如何返回响应数据。
- 服务器执行命令过程。

9.1 RESP 协议

RESP（Redis Serialization Protocol）定义了客户端与服务器通信的数据序列化协议。

RESP 可以序列化以下几种类型数据：整数、错误信息、单行字符串、多行字符串、数组。

- 整数：格式为“:<data>\r\n”，如“:666\r\n”。
- 错误信息：格式为“-<data>\r\n”，如“-ERR syntax error\r\n”。
- 单行字符串：格式为“+<data>\r\n”，如“+OK\r\n”。
- 多行字符串：格式为“$<length>\r\n<data>\r\n”，如“$11\r\nhello world\r\n”。
- 数组：格式为“*<element-num>\r\n<element1>\r\n...<elementN>\r\n”，如“*2\r\n$3\r\nfoo\r\n$3\r\nbar\r\n”。

数据的类型通过它的第一个字节进行判断。

客户端请求的数据格式都是多行字符串数组，如一个简单命令“SET mykey myvalue”的请求报文：

```
*3\r\n$3\r\nSET\r\n$5\r\nmykey\r\n$7\r\nmyvalue\r\n
```

服务端需要根据不同的命令回复不同类型的响应数据。

提示：这里说的是 RESP2 协议，Redis6 提供的 RESP3 协议后面再分析。

再了解一下 TCP 粘包和拆包问题。

我们知道，TCP 通过数据包发送数据，如果一个命令请求数据太长，则会被分成多个数据包，因此可能发生如下情况：一个命令请求数据只有一部分数据包送达服务器 TCP 接收缓冲区，剩下的数据包可能因为服务器 TCP 接收缓冲区已满而没有发送（或者发送了却没有送达服务器）。这就是我们常说的 TCP 拆包场景。

RESP 协议支持拆包场景，因为 RESP 协议使用"\r\n"作为结束标志或者直接记录字符串长度（多行字符串），读取参数数据时如果没有读取到结束标志或指定长度，则认为该参数没有读取完全，这时会继续读取参数数据，本章后面会分析该场景的处理（客户端请求数据都是多行字符串数组，所以只需要根据长度读取参数数据即可）。

RESP 协议同样支持粘包场景，即在一个数据包中包含多个请求的内容，也可以正常解析。Redis 支持客户端 pipeline 机制，即客户端在一个请求中发送多条命令，Redis 服务器会正确解析请求内容，并处理其中所有的命令。

9.2　解析请求

下面看一下 Redis 如何解析客户端请求。

提示：本章代码如无特别说明，均在 networking.c 中。

第 8 章说过，readQueryFromClient 函数负责读取请求数据：

```
void readQueryFromClient(connection *conn) {
    // [1]
    client *c = connGetPrivateData(conn);
    int nread, readlen;
    size_t qblen;

    // [2]
    if (postponeClientRead(c)) return;
```

```
    server.stat_total_reads_processed++;
    // [3]
    readlen = PROTO_IOBUF_LEN;

    // [4]
    if (c->reqtype == PROTO_REQ_MULTIBULK && c->multibulklen && c->bulklen != -1
        && c->bulklen >= PROTO_MBULK_BIG_ARG)
    {
        ssize_t remaining = (size_t)(c->bulklen+2)-sdslen(c->querybuf);

        if (remaining > 0 && remaining < readlen) readlen = remaining;
    }
    // [5]
    qblen = sdslen(c->querybuf);
    if (c->querybuf_peak < qblen) c->querybuf_peak = qblen;
    c->querybuf = sdsMakeRoomFor(c->querybuf, readlen);
    nread = connRead(c->conn, c->querybuf+qblen, readlen);
    ...
    if (c->flags & CLIENT_MASTER) {

        c->pending_querybuf = sdscatlen(c->pending_querybuf,
                                        c->querybuf+qblen,nread);
    }

    sdsIncrLen(c->querybuf,nread);
    c->lastinteraction = server.unixtime;
    // [6]
    if (c->flags & CLIENT_MASTER) c->read_reploff += nread;
    server.stat_net_input_bytes += nread;
    ...

    // [7]
     processInputBuffer(c);
}
```

【1】从 connection 中获取 client。

【2】如果开启了 I/O 线程，则交给 I/O 线程读取并解析请求数据，该函数直接返回。

postponeClientRead 函数会将当前客户端添加到 server.clients_pending_read 中，等待 I/O 线程处理。

【3】readlen 为读取请求最大字节数，默认为 PROTO_IOBUF_LEN（16KB）。

【4】如果当前读取的是超大参数，则需要保证查询缓冲区中只有当前参数数据。

超大参数即长度大于或等于 PROTO_MBULK_BIG_ARG（32KB）的参数。

client.multibulklen 不为 0，代表发生了 TCP 拆包，readQueryFromClient 函数上一次并没有读取一个完整命令请求（读取到完整的命令请求会将该属性重置为 0）。如果这时读取的是超大参数，并且该参数剩余字节数小于 readlen，则只读取当前参数剩余字节数，从而保证查询缓冲区中只有当前参数数据。

【5】更新单次读取数据量峰值 client.querybuf_peak，再调用 sdsMakeRoomFor 函数扩容查询缓冲区，保证其可用内存不小于读取字节数 readlen，最后调用 connRead 函数从 Socket 中读取数据，该函数返回实际读取字节数。

【6】如果客户端是主节点客户端，那么还需要更新 client.read_reploff，该变量用于主从同步机制。

【7】处理读取的数据。

processInputBuffer 函数处理已读取的数据：

```
void processInputBuffer(client *c) {

    // [1]
    while(c->qb_pos < sdslen(c->querybuf)) {
        // [2]
        ...

        // [3]
        if (!c->reqtype) {
            if (c->querybuf[c->qb_pos] == '*') {
                c->reqtype = PROTO_REQ_MULTIBULK;
            } else {
                c->reqtype = PROTO_REQ_INLINE;
            }
        }
        // [4]
        if (c->reqtype == PROTO_REQ_INLINE) {
            ...
```

```
        } else if (c->reqtype == PROTO_REQ_MULTIBULK) {
            if (processMultibulkBuffer(c) != C_OK) break;
        } else {
            serverPanic("Unknown request type");
        }

        // [5]
        if (c->argc == 0) {
            resetClient(c);
        } else {
            if (c->flags & CLIENT_PENDING_READ) {
                c->flags |= CLIENT_PENDING_COMMAND;
                break;
            }

            if (processCommandAndResetClient(c) == C_ERR) {
                return;
            }
        }
    }

    // [6]
    if (c->qb_pos) {
        sdsrange(c->querybuf,c->qb_pos,-1);
        c->qb_pos = 0;
    }
}
```

【1】client.qb_pos 为查询缓冲区最新读取位置，该位置小于查询缓冲区内容长度时，while 循环继续执行。

【2】以下几种情况下不执行命令，直接退出：

- 客户端是从服务器，而且当前服务处于 Paused 状态。
- 当前服务器处于阻塞状态。
- 解析数据任务已交给 I/O 线程处理。
- 客户端是主节点客户端，并且当前服务器处于 Lua 脚本超时状态。
- 客户端标志中存在 CLIENT_CLOSE_AFTER_REPLY、CLIENT_CLOSE_ASAP 标志，不再执行命令，尽快关闭客户端。

【3】请求数据类型未确认，代表当前解析的是一个新命令请求，因此需要在这里判断请求的数据类型。RESP 协议请求以“*”开头，类型为 PROTO_REQ_MULTIBULK。非“*”开头的数据判定为 PROTO_REQ_INLINE 类型，该类型用于支持 telnet 客户端发送的请求。

【4】调用 processMultibulkBuffer 函数从请求报文中解析命令参数（命令名即第一个命令参数），该函数如果返回 C_OK，则代表当前命令参数已经读取完全，可以执行命令，否则就是 TCP 拆包场景，函数直接返回，事件循环器会再次调用 readQueryFromClient 继续读取该命令请求的剩余数据。

这里只关注 RESP 协议的处理。

【5】如果参数数量为 0，则直接重置客户端（主从同步等场景会发送空行请求）。否则，调用 processCommandAndResetClient 函数执行命令并重置客户端。重置客户端后，客户端的 multibulklen、reqtype 属性都重置为 0，代表当前命令请求数据已处理完成。

【6】到这里，说明命令执行成功，抛弃查询缓冲区中已处理的命令请求报文，并赋值 qb_pos 为 0。

processMultibulkBuffer 函数从查询缓冲区的数据中解析请求报文，获取命令名及命令参数：

```
int processMultibulkBuffer(client *c) {
    char *newline = NULL;
    int ok;
    long long ll;
    // [1]
    if (c->multibulklen == 0) {
        ...
        ok = string2ll(c->querybuf+1+c->qb_pos,newline-(c->querybuf+1+c->qb_pos),&ll);
        c->multibulklen = ll;
    }
    ...

    // [2]
    while(c->multibulklen) {
        if (c->bulklen == -1) {
            // [3]
            newline = strchr(c->querybuf+c->qb_pos,'\r');
            ...

            ok = string2ll(c->querybuf+c->qb_pos+1,newline-(c->querybuf+c->qb_pos+1),&ll);
```

```
            c->qb_pos = newline-c->querybuf+2;
            // [4]
            if (ll >= PROTO_MBULK_BIG_ARG) {
                if (sdslen(c->querybuf)-c->qb_pos <= (size_t)ll+2) {
                    sdsrange(c->querybuf,c->qb_pos,-1);
                    c->qb_pos = 0;
                    c->querybuf = sdsMakeRoomFor(c->querybuf,ll+2);
                }
            }
            c->bulklen = ll;
        }

        if (sdslen(c->querybuf)-c->qb_pos < (size_t)(c->bulklen+2)) {
            // [5]
            break;
        } else {
            if (c->qb_pos == 0 &&
                c->bulklen >= PROTO_MBULK_BIG_ARG &&
                sdslen(c->querybuf) == (size_t)(c->bulklen+2))
            {
                // [6]
                c->argv[c->argc++] = createObject(OBJ_STRING,c->querybuf);
                c->argv_len_sum += c->bulklen;
                sdsIncrLen(c->querybuf,-2); /* remove CRLF */
                c->querybuf = sdsnewlen(SDS_NOINIT,c->bulklen+2);
                sdsclear(c->querybuf);
            } else {
                // [7]
                c->argv[c->argc++] =
                    createStringObject(c->querybuf+c->qb_pos,c->bulklen);
                c->argv_len_sum += c->bulklen;
                c->qb_pos += c->bulklen+2;
            }
            c->bulklen = -1;
            c->multibulklen--;
        }
    }

    // [8]
```

```
    if (c->multibulklen == 0) return C_OK;

    return C_ERR;
}
```

【1】client.multibulklen==0 代表上一个命令请求数据已解析完全，这里开始解析一个新的命令请求。通过“\r\n”分隔符从当前请求数据中解析当前命令参数数量，赋值给 client.multibulklen。

【2】读取当前命令的所有参数。client.multibulklen 为当前解析的命令请求中尚未处理的命令参数的个数。

【3】通过“\r\n”分隔符读取当前参数长度，存储到变量 ll 中（最终会将该变量赋值给 client.bulklen）。

【4】如果当前参数是一个超大参数，则执行以下优化操作——清除查询缓冲区中其他参数的数据（这些参数已处理），确保查询缓冲区只有当前参数数据，并对查询缓冲区扩容，确保它可以容纳当前参数。

【5】当前查询缓冲区字符串长度小于当前参数长度，说明当前参数并没有读取完整，退出函数，等待下次 readQueryFromClient 函数被调用后继续读取剩余数据。

【6】如果读取的是超大参数，则直接使用查询缓冲区创建一个 redisObject 作为参数存放到 client.argv 中（该 redisObject.ptr 指向查询缓冲区），并申请新的内存空间作为查询缓冲区。前面已经做了很多工作，确保读取超大参数时，查询缓冲区中只有该参数数据。

【7】如果读取的非超大参数，则调用 createStringObject 函数（该函数在第 1 章已经分析过了）复制查询缓冲区中的数据并创建一个 redisObject 作为参数，存放到 client.argv 中。

【8】multibulklen==0 代表当前命令数据已读取完全，返回 C_OK，这时返回 processInputBuffer 函数后会执行命令，否则返回 C_ERR，这时需要 readQueryFromClient 函数下次执行时继续读取数据。

前面说过，Redis 中使用的是 epoll 条件触发模式，用户发送请求数据后，触发 AE_READABLE 事件，Redis 会调用 readQueryFromClient 函数处理事件。readQueryFromClient 函数执行后如果没有读取完全一个命令请求数据，则并不会执行命令，而是直接返回。操作系统会再次发送 AE_READABLE 事件，使 Redis 再次调用 readQueryFromClient 函数继续读取请求剩余数据。

9.3 返回响应

下面分析 Redis 如何返回响应数据给客户端。

client 中定义了两个回复缓冲区，用于缓存返回给客户端的响应数据。

- client.buf：字符数组，大小为 16KB，bufpos 记录最新写入位置。
- client.reply：clientReplyBlock 结构体链表。clientReplyBlock 的定义如下：

```
typedef struct clientReplyBlock {
    size_t size, used;
    char buf[];
} clientReplyBlock;
```

buf 数组负责存储数据，size、used 属性记录 buf 数组总长度和已使用长度。

响应数据通常小于 16KB，这时只需要使用 client.buf 即可。client.buf 和 client 结构体存放在同一个内存块中，可以减少内存分配次数及内存碎片。只有当响应数据大于 16KB 时，才需要使用 client.reply 并申请新的内存块。本书将 client.buf、client.reply 统称为回复缓冲区。

networking.c 中提供了 addReply、addReplyBulk、addReplyDouble、addReplySds 等一系列函数用于将响应数据写入回复缓冲区，这里不一一展示。它们都执行如下逻辑：

（1）按 RESP 协议处理数据。

（2）先尝试写入 client.buf，如果 client.buf 写不下，则写入 client.reply。

（3）每次写入前，都调用 prepareClientToWrite 函数，该函数会将当前 client 添加到 server.clients_pending_write 中。

返回响应数据的最后一步是将回复缓冲区数据写入 TCP 发送缓冲区（TCP 机制会保证将发送缓冲区内容发送给客户端）。该步骤是由 handleClientsWithPendingWrites 函数完成的（由 beforeSleep 函数触发）：

```
int handleClientsWithPendingWrites(void) {
    // [1]
    listIter li;
    listNode *ln;
    int processed = listLength(server.clients_pending_write);
    listRewind(server.clients_pending_write,&li);
    while((ln = listNext(&li))) {
        client *c = listNodeValue(ln);
        c->flags &= ~CLIENT_PENDING_WRITE;
        listDelNode(server.clients_pending_write,ln);

        ...
```

```
        // [2]
        if (writeToClient(c,0) == C_ERR) continue;

        // [3]
        if (clientHasPendingReplies(c)) {
            int ae_barrier = 0;
            if (server.aof_state == AOF_ON &&
                server.aof_fsync == AOF_FSYNC_ALWAYS)
            {
                ae_barrier = 1;
            }
            if (connSetWriteHandlerWithBarrier(c->conn, sendReplyToClient, ae_barrier)
== C_ERR) {
                freeClientAsync(c);
            }
        }
    }
    return processed;
}
```

【1】遍历 server.clients_pending_write。

【2】writeToClient 函数负责将 client 回复缓冲区内容写入 TCP 发送缓冲区。

【3】如果 client 回复缓冲区中还有数据，则说明 client 回复缓冲区的内容过多，无法一次写到 TCP 发送缓冲区中，这时要为当前连接注册监听 WRITABLE 类型的文件事件，事件回调函数为 sendReplyToClient，等到 TCP 发送缓冲区可写后，该函数负责继续写入数据。

9.4　执行命令

前面分析了 Redis 如何解析请求数据。经过上述解析过程，命令参数已经存储在 client.argv 中。client.argv[0]是命令名，后面是执行命令的参数。接下来分析命令执行过程。

server.h/redisCommand 存储了 Redis 命令的相关信息：

```
struct redisCommand {
    char *name;
    redisCommandProc *proc;
    int arity;
    ...
};
```

- name：命令名称，如 SET、GET、DEL 等。
- proc：命令处理函数，负责执行命令的逻辑。
- arity：命令参数数量。注意，命令名称也是一个参数。

前面说过，server.c 中定义了 redisCommandTable 数组，用于存放服务器所有支持的命令：

```
struct redisCommand redisCommandTable[] = {
    {"module",moduleCommand,-2,
     "admin no-script",
     0,NULL,0,0,0,0,0,0},

    {"get",getCommand,2,
     "read-only fast @string",
     0,NULL,1,1,1,0,0,0},

    {"set",setCommand,-3,
     "write use-memory @string",
     0,NULL,1,1,1,0,0,0},
     ...
}
```

Redis 启动时，会调用 populateCommandTable 函数加载 redisCommandTable 数据，将命令名和命令记录到 server.commands 命令字典中（可回顾 initServerConfig 函数）。

processCommandAndResetClient 函数调用 processCommand 函数执行命令，并在命令执行后调用 commandProcessed 执行后续逻辑。

processCommand 函数负责执行命令：

```
int processCommand(client *c) {
    // [1]
    moduleCallCommandFilters(c);

    // [2]
    if (!strcasecmp(c->argv[0]->ptr,"quit")) {
        addReply(c,shared.ok);
        c->flags |= CLIENT_CLOSE_AFTER_REPLY;
        return C_ERR;
    }
```

```
    // [3]
    c->cmd = c->lastcmd = lookupCommand(c->argv[0]->ptr);
    ...

    // [4]
    ...

    // [5]
    if (c->flags & CLIENT_MULTI &&
        c->cmd->proc != execCommand && c->cmd->proc != discardCommand &&
        c->cmd->proc != multiCommand && c->cmd->proc != watchCommand)
    {
        queueMultiCommand(c);
        addReply(c,shared.queued);
    } else {
        call(c,CMD_CALL_FULL);
        c->woff = server.master_repl_offset;
        if (listLength(server.ready_keys))
            handleClientsBlockedOnKeys();
    }
    return C_OK;
}
```

【1】触发 Module Filter。后面章节会分析 Module 机制。

【2】针对 quit 命令进行处理，给 client 添加 CLIENT_CLOSE_AFTER_REPLY 标志，退出。

【3】使用命令名，从 server.commands 命令字典中查找对应的 redisCommand，并检查参数数量是否满足命令要求。

【4】这里执行了如下逻辑：

（1）如果服务器要求客户端身份验证，则检查客户端是否通过身份验证，未通过验证的客户端只能执行 AUTH 命令，将拒绝其他命令。

（2）根据 ACL 权限控制列表，检查该客户端用户是否有权限执行该命令。

（3）如果该服务器运行在 Cluster 模式下，并且当前节点不是该命令的键的存储节点，则返回 ASK 或 MOVED 通知客户端请求真正的存储节点。

（4）如果该服务器配置了内存最大限制 maxmemory，则检查内存占用情况，并在有需要时进行数据淘汰。如果数据淘汰失败，则拒绝命令。

（5）Redis Tracking 机制要求服务器记录客户端查询过的键，如果服务器记录的键的数量大于 server.tracking_table_max_keys 配置，那么随机删除其中一些键，并向对应的客户端发送失效消息。

（6）如果该服务器是主节点并且当前存在持久化错误，则拒绝命令。

（7）如果该服务器是主节点并且正常从服务器数量小于 server.min-replicas-to-write 配置，则拒绝命令。

（8）如果该服务器是从节点并且客户端非主节点客户端，则拒绝命令。

（9）客户端处于 Pub/Sub 模式下，而且使用的是 RESP2 协议，只支持 PING、SUBSCRIBE、UNSUBSCRIBE、PSUBSCRIBE、PUNSUBSCRIBE 命令，拒绝其他命令。Redis 6 新增了 RESP3 协议，后面会分析。

（10）该服务器是从节点并且与主节点处于断连状态，拒绝查询数据的命令（可以执行 INFO 之类的命令）。可以通过关闭服务器 server.repl_serve_stale_data 配置跳过该检查，允许从服务器返回过期数据。

（11）服务器正在加载数据，只有特定命令能执行。

（12）服务器处于 Lua 脚本超时状态，只有特定命令能执行。

这里涉及很多功能，如 Redis Tracking、ACL、数据淘汰等，在后面章节中会详细分析。

【5】如果当前 client 处于事务上下文中，那么除 EXEC、DISCARD、MULTI 和 WATCH 外的命令都会被入队到事务队列中，否则执行命令。

经过一系列的检查，终于调用 server.c/call 函数执行命令：

```
void call(client *c, int flags) {
    ...

    // [1]
    if (listLength(server.monitors) &&
        !server.loading &&
        !(c->cmd->flags & (CMD_SKIP_MONITOR|CMD_ADMIN)))
    {
        replicationFeedMonitors(c,server.monitors,c->db->id,c->argv,c->argc);
    }

    // [2]
    c->flags &= ~(CLIENT_FORCE_AOF|CLIENT_FORCE_REPL|CLIENT_PREVENT_PROP);
    redisOpArray prev_also_propagate = server.also_propagate;
```

```
    redisOpArrayInit(&server.also_propagate);

    // [3]
    dirty = server.dirty;
    updateCachedTime(0);
    start = server.ustime;
    c->cmd->proc(c);
    duration = ustime()-start;
    dirty = server.dirty-dirty;
    if (dirty < 0) dirty = 0;

    ...
    // more
}
```

【1】发送命令信息给监控模式下的客户端。

【2】命令执行前，重置传播控制标志（CLIENT_FORCE_AOF、CLIENT_FORCE_REPL、CLIENT_PREVENT_PROP），这些标志应该只在命令执行过程中开启。由于 call 可以递归调用，所以执行命令前先清除这些标志。

【3】调用命令处理函数 redisCommand.proc，执行命令处理逻辑。

命令处理完后，执行以下逻辑：

（1）将 CLIENT_CLOSE_AFTER_COMMAND 标记（如果存在）替换为 CLIENT_CLOSE_AFTER_REPLY，要求尽快关闭客户端。

（2）如果当前正加载数据并且当前命令执行的是 Lua 脚本，则清除慢日志，命令统计这两个客户端标志，即该命令既不输出到慢日志，也不添加到命令统计中。

（3）如果当前客户端是一个 Lua 脚本伪客户端，则将该客户端的 CLIENT_FORCE_REPL、CLIENT_FORCE_AOF 标志转移到真实客户端中。

在 Lua 脚本中调用 redis.call 函数，Redis 会构建伪客户端调用 call 函数并将真实客户端 client 记录到 server.lua_caller 中，这样命令执行过程中打开的 CLIENT_FORCE_REPL、CLIENT_FORCE_AOF 会添加到伪客户端中，所以这里需要转移这些标志。

（4）记录慢日志并统计命令信息。

继续分析 `call` 函数：

```
void call(client *c, int flags) {
    ...
```

```
    // [4]
    if (flags & CMD_CALL_PROPAGATE &&
        (c->flags & CLIENT_PREVENT_PROP) != CLIENT_PREVENT_PROP)
    {
        int propagate_flags = PROPAGATE_NONE;

        ...

        if (propagate_flags != PROPAGATE_NONE && !(c->cmd->flags & CMD_MODULE))
            propagate(c->cmd,c->db->id,c->argv,c->argc,propagate_flags);
    }

    // [5]
    c->flags &= ~(CLIENT_FORCE_AOF|CLIENT_FORCE_REPL|CLIENT_PREVENT_PROP);
    c->flags |= client_old_flags &
        (CLIENT_FORCE_AOF|CLIENT_FORCE_REPL|CLIENT_PREVENT_PROP);

    // [6]
    if (server.also_propagate.numops) {
        ...
    }
    server.also_propagate = prev_also_propagate;

    // [7]
    if (c->cmd->flags & CMD_READONLY) {
        client *caller = (c->flags & CLIENT_LUA && server.lua_caller) ?
                            server.lua_caller : c;
        if (caller->flags & CLIENT_TRACKING &&
            !(caller->flags & CLIENT_TRACKING_BCAST))
        {
            trackingRememberKeys(caller);
        }
    }

    ...
}
```

【4】propagate 函数根据 `propagate_flags` 变量中的标志，将命令记录到 AOF 文件或复制

到从服务器中。propagate_flags 变量根据以下判断条件生成：

（1）如果执行命令修改了数据，则 propagate_flags 添加 PROPAGATE_AOF、PROPAGATE_REPL 标志。

（2）如果 client 被打开了 CLIENT_FORCE_AOF、CLIENT_FORCE_REPL 标志，则 propagate_flags 添加 PROPAGATE_AOF、PROPAGATE_REPL 标志。

（3）如果 client 被打开了 CLIENT_PREVENT_AOF_PROP、CLIENT_PREVENT_REPL_PROP 标志，则 propagate_flags 清除 PROPAGATE_AOF、PROPAGATE_REPL 标志。

【5】命令执行前会清除 client 中的传播控制标志。如果 client.flags 中本来存在这些标志，则将它们重新赋值给 client.flags。

【6】server.also_propagate 中存放了一系列需额外传播的命令，这里将它记录到 AOF 或复制到从服务器中。

【7】如果执行的是一个查询命令，那么 Redis 要记住该命令，后续当查询的键发生变化时，需要通知客户端。这是 Redis 6 新增的 Tracking 机制。

命令执行完成后，由 commandProcessed 函数执行后续逻辑：

```
void commandProcessed(client *c) {
    long long prev_offset = c->reploff;
    // [1]
    if (c->flags & CLIENT_MASTER && !(c->flags & CLIENT_MULTI)) {
        c->reploff = c->read_reploff - sdslen(c->querybuf) + c->qb_pos;
    }

    // [2]
    if (!(c->flags & CLIENT_BLOCKED) ||
        c->btype != BLOCKED_MODULE)
    {
        resetClient(c);
    }

    // [3]
    if (c->flags & CLIENT_MASTER) {
        ...
    }
}
```

【1】如果客户端是主节点客户端，并且客户端不处于事务上下文中，则更新 client.reploff，该属性记录当前服务器已同步命令偏移量，用于主从同步机制。

【2】重置客户端。重置客户端并不会清除 client 回复缓冲区。所以 `handleClientsWithPendingWrites` 函数仍然可以读取回复缓冲区的内容。

【3】如果客户端是主节点客户端，则调用 replicationFeedSlavesFromMasterStream 函数将接收的命令继续复制到当前服务器的从节点。

到这里，Redis 命令的执行过程已经分析完毕。

总结：

- RESP 协议定义了客户端与服务器通信的数据格式。
- RESP 协议支持 TCP 拆包场景。
- processCommand 函数在执行命令前完成权限检查、Cluster 重定向等准备工作，call 函数负责执行命令，commandProcessed 函数负责完成重置客户端等后续逻辑。

第 10 章 网络 I/O 线程

在 Redis 6 之前，网络 I/O 数据的读/写是单线程串行处理的，在数据吞吐量特别大的时候，网络 I/O 数据的读/写将占用 Redis 执行期间大部分 CPU 时间，成为 Redis 主要性能瓶颈之一。因此，Redis 6 对此进行了优化，创建了 I/O 线程，并将不同客户端的 I/O 数据的读/写操作分配到不同的 I/O 线程中进行处理，从而提高网络 I/O 性能。

我们可以通过 io-threads 配置项配置 I/O 线程数量。默认为 1，即只使用单线程。

```
io-threads 4
```

本章分析 Redis I/O 线程的实现。

10.1 线程概述

我们先理解进程与线程的概念。进程是处于执行期的程序，操作系统在启动一个程序的时候，会为其创建一个进程。线程是进程中执行任务的单元（每个进程必然存在一个线程，称为主线程）。我们可以这么理解，进程由两部分组成：进程拥有的资源（内存空间、打开的文件描述符等），以及负责执行任务的线程。

在 C 语言程序中，每个进程都有一个进程空间，包括内核空间（kernel space）和用户空间（user space）。内核空间供内核程序使用，所有进程中都共享同一个内核空间。用户空间则是每个进程私有的，对其他进程不可见，存储每个进程所需的内容，包括：

- 程序段（tete segmentxt）：程序代码在内存中的映射，存放程序的二进制代码。

- 初始化数据段（data segment）：存储程序中已明确赋予初始值的全局变量。
- 未初始化数据段（bss segment）：存储程序中定义但未初始化的全局变量。
- 栈（stack）：在函数被调用时，存储函数参数、局部变量、函数的返回指针等，用于控制函数的调用和返回。
- 堆（heap）：用于分配动态内存空间或内存映射，后面章节会详细分析。

一个进程中创建的所有线程都共用一个进程空间，即进程空间中的数据可以被该进程创建所有的线程访问（当然，每个线程也有部分独立数据不允许其他线程访问，如线程栈）。

不同操作系统对线程的实现方式并不相同，例如，Linux 不严格区分线程、进程，线程就是一个轻量级进程，线程和进程被 Linux 内核使用同样的策略进行调用，平等竞争 CPU 时间。

现代系统都提供两种虚拟机制：虚拟处理器与虚拟内存，即使系统中存在多个进程共享一个处理器，虚拟处理器也会让这些进程觉得自己在独享处理器。而虚拟内存让进程在分配和管理内存时觉得自己拥有整个系统所有内存资源。例如，在 32 位 Linux 系统中，每个进程可以使用 4GB 虚拟地址空间，其中用户空间占 3GB，内核空间占 1GB。

POSIX 标准定义了如下函数用于创建线程：

```
int pthread_create(pthread_t *thread, const pthread_attr_t *attr,void *(*start_routine)
(void *), void *arg);
```

- thread：传入 pthread_t 指针，pthread_t 是线程标识符（也称为线程 ID，在 UNIX 系统下就是 long 类型），作为线程的唯一标志（在该线程所属进程内）。
- attr：设置线程属性。
- start_routine：线程运行函数指针。
- arg：线程运行函数的参数。

10.2 互斥量概述

由于一个进程中的所有线程都共享同一个进程空间，所以当我们在某个线程中修改某个数据时，如果其他线程也访问或修改该数据，则需要对这些线程进行同步（线程同步：当某个线程在对内存进行操作时，其他线程都不可以对这个内存地址进行操作，直到该线程完成操作），避免由于多个线程同时操作某个内存单元导致数据出错。UNIX 系统中实现线程同步的方法有很多种，这里只介绍本章所涉及的互斥量。POSIX 标准定义了互斥量结构 pthread_mutex_t，通过对该结构进行加锁可以保证在任一时刻只有一个线程访问加锁数据。

通过 pthread_mutex_init 函数可以初始化互斥量：

- `int pthread_mutex_init(pthread_mutex_t *mutex,const pthread_mutexattr_t *attr);`
  - mutex：pthread_mutex_t 指针，作为互斥量标识符。
  - attr：互斥量属性。

通过如下函数可以加/解锁：

- `int pthread_mutex_lock(pthread_mutex_t *mutex);`

  对互斥量加锁。如果互斥量已经被其他线程锁定，则加锁不成功，这时当前线程将阻塞，直到锁定该互斥量的线程解锁，当前线程才能被唤醒，并再次尝试对互斥量加锁。

- `int pthread_mutex_unlock(pthread_mutex_t *mutex);`

  对互斥量解锁。在解锁的同时，会将阻塞在该锁上的所有线程全部唤醒，至于哪个线程先被唤醒，取决于系统调度。

关于操作系统进程、线程、互斥量的详细内容，读者可以参考以下经典图书：《深入理解计算机系统》《UNIX 环境高级编程》。

10.3　初始化 I/O 线程

下面我们分析 Redis 中 I/O 线程的实现。

提示：本章代码如无特别说明，均在 networking.c 中。

networking.c 定义了如下变量：

- io_threads：pthread_t 数组，存储所有线程的线程标识符 pthread_t。
- io_threads_mutex：pthread_mutex_t 数组，用于启停 I/O 线程的互斥量。
- io_threads_op：int 类型，标志当前 I/O 线程执行的是 read 或 write 操作。
- io_threads_list：list 数组（list 是 Redis 内部定义的队列），每个线程的待处理的客户端队列。
- io_threads_pending：long 数组，每个线程待处理客户端数量。

Redis 启动时，会调用 initThreadedIO 函数创建 I/O 线程（由 server.c/InitServerLast 函数触发）：

```
void initThreadedIO(void) {
    // [1]
    server.io_threads_active = 0;

    ...
```

```
    for (int i = 0; i < server.io_threads_num; i++) {
        io_threads_list[i] = listCreate();
        // [2]
        if (i == 0) continue;

        pthread_t tid;
        // [3]
        pthread_mutex_init(&io_threads_mutex[i],NULL);
        io_threads_pending[i] = 0;
        // [4]
        pthread_mutex_lock(&io_threads_mutex[i]);
        if (pthread_create(&tid,NULL,IOThreadMain,(void*)(long)i) != 0) {
            serverLog(LL_WARNING,"Fatal: Can't initialize IO thread.");
            exit(1);
        }
        io_threads[i] = tid;
    }
}
```

【1】I/O 线程默认处于停用状态。server.io_threads_active 变量用于标志 I/O 线程状态。当该变量为 1 时，I/O 线程处于启用状态，当该变量为 0 时，I/O 线程处于停用状态，这时 I/O 的读/写操作都在主线程中执行（单线程模式）。

【2】i==0，代表当前处理的是主线程，直接返回。

【3】pthread_mutex_init 函数初始化该线程的互斥量 io_threads_mutex。

【4】首先调用 pthread_mutex_lock 函数锁住了 io_threads_mutex，再调用 pthread_create 函数创建一个线程，线程执行函数为 IOThreadMain。注意函数的最后一个参数。Redis 通过该参数为每个 I/O 线程指定了一个 ID，为了描述方便，下面将该 ID 称为 rid。rid 为 0 的线程为主线程，不需要创建线程，在第 2 步中直接返回。

10.4 解析请求

前面说到，postponeClientRead 函数会将待读取数据的客户端放入 server.clients_pending_read 中，交给 I/O 线程处理（可回顾 readQueryFromClient 函数）。实际上，postponeClientRead 函数会判断 I/O 线程是否处于启用状态，如果是，则添加客户端到 server.clients_pending_read 中，否

则返回失败，这时主线程会处理客户端（单线程模式）。

另外，Redis认为多线程执行I/O读操作对性能影响不大（应该是因为请求数据通常内容比较少），默认使用单线程执行I/O读操作。如果要使用多线程执行I/O读操作，则需添加如下配置：

```
io-threads-do-reads yes
```

handleClientsWithPendingReadsUsingThreads函数（由beforeSleep函数触发）会将server.clients_pending_read的客户端分配给各个I/O线程，等待I/O线程读取并解析请求数据。

```
int handleClientsWithPendingReadsUsingThreads(void) {
    // [1]
    if (!server.io_threads_active || !server.io_threads_do_reads) return 0;
    ...

    // [2]
    listIter li;
    listNode *ln;
    listRewind(server.clients_pending_read,&li);
    int item_id = 0;
    while((ln = listNext(&li))) {
        client *c = listNodeValue(ln);
        int target_id = item_id % server.io_threads_num;
        listAddNodeTail(io_threads_list[target_id],c);
        item_id++;
    }

    // [3]
    io_threads_op = IO_THREADS_OP_READ;
    for (int j = 1; j < server.io_threads_num; j++) {
        int count = listLength(io_threads_list[j]);
        io_threads_pending[j] = count;
    }

    // [4]
    listRewind(io_threads_list[0],&li);
    while((ln = listNext(&li))) {
        client *c = listNodeValue(ln);
        readQueryFromClient(c->conn);
```

```
    }
    listEmpty(io_threads_list[0]);

    // [5]
    while(1) {
        unsigned long pending = 0;
        for (int j = 1; j < server.io_threads_num; j++)
            pending += io_threads_pending[j];
        if (pending == 0) break;
    }
    if (tio_debug) printf("I/O READ All threads finshed\n");

    // [6]
    while(listLength(server.clients_pending_read)) {
        ln = listFirst(server.clients_pending_read);
        client *c = listNodeValue(ln);
        c->flags &= ~CLIENT_PENDING_READ;
        listDelNode(server.clients_pending_read,ln);

        if (c->flags & CLIENT_PENDING_COMMAND) {
            c->flags &= ~CLIENT_PENDING_COMMAND;
            if (processCommandAndResetClient(c) == C_ERR) {
                continue;
            }
        }
        processInputBuffer(c);
    }

    server.stat_io_reads_processed += processed;

    return processed;
}
```

【1】如果 I/O 线程处于停用状态或者没有开启多线程读 I/O 的配置，则直接退出。

【2】将待处理客户端划分到各个线程的客户端队列中。io_threads_list 数组存放各个 I/O 线程待处理的客户端，数组索引就是线程 rid，如 io_threads_list[1]存放的是分配给 rid 为 1 的 I/O 线程的客户端。通过将客户端划分到 io_threads_list 不同队列上，每个线程只需要处理自己队列

的客户端，从而将数据分隔，线程之间独立执行，互不影响，避免加锁操作。

【3】设置 io_threads_op 及每个线程的 io_threads_pending。io_threads_pending 记录 I/O 线程待处理客户端数量，I/O 线程会在检测到 io_threads_pending 不为 0 后开始工作，并在处理完所有客户端后将 io_threads_pending 设置为 0。

【4】客户端已分配完成，这时各 I/O 线程开始处理分配给自己的客户端。主线程也需要处理分配给它的客户端。

【5】不断检测每个线程的 io_threads_pending，直到所有 io_threads_pending 都为 0。这时所有线程都已经完成工作。

【6】执行到这里，server.clients_pending_read 中所有的客户端请求数据已经被读取并解析完成，客户端 argv 属性中存放解析后得到的命令参数。这时，主进程可以遍历所有的客户端，执行命令。

只有 I/O 操作交给 I/O 线程处理，Redis 命令还是由主线程单线程执行。这是出于以下考虑：

- Redis 作为内存数据库，瓶颈通常不在于数据处理操作，而在于内存和网络 I/O。
- 单线程降低了数据操作的复杂度。
- 多线程可能存在线程切换甚至加/解锁、死锁造成的性能损耗。
- 这种方式可以与 Redis 6 前的代码最大兼容。

10.5 I/O 线程主逻辑

IOThreadMain 是创建 I/O 线程时指定的线程执行函数，该函数负责处理分配给当前线程的客户端：

```
void *IOThreadMain(void *myid) {
    long id = (unsigned long)myid;
    char thdname[16];

    snprintf(thdname, sizeof(thdname), "io_thd_%ld", id);
    redis_set_thread_title(thdname);
    // [1]
    redisSetCpuAffinity(server.server_cpulist);
    makeThreadKillable();

    while(1) {
        // [2]
```

```
        for (int j = 0; j < 1000000; j++) {
            if (io_threads_pending[id] != 0) break;
        }

        // [3]
        if (io_threads_pending[id] == 0) {
            pthread_mutex_lock(&io_threads_mutex[id]);
            pthread_mutex_unlock(&io_threads_mutex[id]);
            continue;
        }

        ...

        // [4]
        listIter li;
        listNode *ln;
        listRewind(io_threads_list[id],&li);
        while((ln = listNext(&li))) {
            client *c = listNodeValue(ln);
            if (io_threads_op == IO_THREADS_OP_WRITE) {
                writeToClient(c,0);
            } else if (io_threads_op == IO_THREADS_OP_READ) {
                readQueryFromClient(c->conn);
            } else {
                serverPanic("io_threads_op value is unknown");
            }
        }
        // [5]
        listEmpty(io_threads_list[id]);
        io_threads_pending[id] = 0;

        if (tio_debug) printf("[%ld] Done\n", id);
    }
}
```

参数说明：

- myid：该 ID 就是线程的 rid。通过 rid，每个线程可以获取 io_threads_list、io_threads_pending、io_threads_mutex 中属于自己的数据。

【1】尽可能将 I/O 线程绑定到用户配置的 CPU 列表上，减少不要的线程切换，提高性能（主线程也绑定到该 CPU 列表上，具体可回顾 main 函数）。

【2】不断检查 io_threads_pending[rid]，如果 io_threads_pending[rid]不为 0，则开始处理任务。这里使用“忙等”方式，I/O 线程等待主线程将待处理客户端分配完成后再开始工作。

【3】对 io_threads_mutex[rid]互斥量执行一次锁定及释放操作，如果主线程已经锁住了 io_threads_mutex[rid]，那么这时线程会阻塞等待，I/O 线程进入停用状态。

【4】遍历 io_threads_list[rid]的客户端，根据 io_threads_op 标志，执行 I/O 的读/写操作。

【5】清空 io_threads_list[rid]，并重置 io_threads_pending[rid]为 0，表示当前线程已完成工作。

10.6　返回响应

前面说过，Redis 会将响应数据写到客户端的回复缓冲区中，并将客户端放入 server.clients_pending_write，最后在 handleClientsWithPendingWrites 函数中将客户端回复缓冲区的内容写入 TCP 发送缓冲区。

实际上，handleClientsWithPendingWrites 函数由 handleClientsWithPendingWritesUsingThreads 函数触发（handleClientsWithPendingWritesUsingThreads 函数由 beforeSleep 函数触发），handleClientsWithPendingWritesUsingThreads 函数会尝试将 server.clients_pending_write 的客户端分配给 I/O 线程处理。

```
int handleClientsWithPendingWritesUsingThreads(void) {
    int processed = listLength(server.clients_pending_write);
    if (processed == 0) return 0;

    // [1]
    if (server.io_threads_num == 1 || stopThreadedIOIfNeeded()) {
        return handleClientsWithPendingWrites();
    }

    // [2]
    if (!server.io_threads_active) startThreadedIO();

    if (tio_debug) printf("%d TOTAL WRITE pending clients\n", processed);

    // [3]
    ...
}
```

【1】stopThreadedIOIfNeeded 函数会根据客户端情况，判断是否需要停用 I/O 线程。如果停用了 I/O 线程，则该函数会返回 1。这时会调用 handleClientsWithPendingWrites 函数使用单线程处理 server.clients_pending_write 的客户端。

【2】执行到这里，说明启用 I/O 线程。如果 I/O 线程当前并没处于启用状态，则需要启动 I/O 线程。

【3】将 server.clients_pending_write 客户端分配到各 I/O 线程中，并等待 I/O 线程处理完成。与 handleClientsWithPendingReadsUsingThreads 函数的逻辑类似，不再赘述。

10.7 I/O 线程状态切换

I/O 线程的启用状态和停用状态的切换很重要。我们看一下 I/O 线程在什么情况下启用，在什么情况下停用。

stopThreadedIOIfNeeded 负责根据待处理客户端数量决定是否停用 I/O 线程：

```
int stopThreadedIOIfNeeded(void) {
    int pending = listLength(server.clients_pending_write);

    // [1]
    if (server.io_threads_num == 1) return 1;

    // [2]
    if (pending < (server.io_threads_num*2)) {
        if (server.io_threads_active) stopThreadedIO();
        return 1;
    } else {
        return 0;
    }
}
```

【1】io_threads_num 为 1，只使用主线程，函数返回 1 要求停用 I/O 线程。

【2】如果待处理客户端数量小于 server.io_threads_num×2，则停用 I/O 线程。

stopThreadedIO 函数负责停用 I/O 线程：

```
void stopThreadedIO(void) {
```

```
    // [1]
    handleClientsWithPendingReadsUsingThreads();

    ...
    // [2]
    for (int j = 1; j < server.io_threads_num; j++)
        pthread_mutex_lock(&io_threads_mutex[j]);
    server.io_threads_active = 0;
}
```

【1】这时 server.clients_pending_read 中可能还有一些客户端在等待 I/O 线程处理，在停用 I/O 线程之前需处理它们。

【2】锁住所有的 io_threads_mutex，并将 server.io_threads_active 赋值为 0。回顾一下 IOThreadMain 函数，I/O 线程会在开始处理新一轮任务之前，对互斥量 io_threads_mutex 执行一次加锁，这样 I/O 线程就会被阻塞，进入停用状态。

而 startThreadedIO 函数则是释放所有的 io_threads_mutex，并将 server.io_threads_active 赋值为 1，这里不再展示代码。

回顾一下 `initThreadedIO` 函数，主线程在创建 I/O 线程前，会先锁定所有的 io_threads_mutex，可见 I/O 线程默认处于停用状态，直到启用条件满足后再开启 I/O 线程。

Redis 启用 I/O 线程需满足以下条件：

（1）`io-threads` 配置指定线程数量大于 1。

（2）待处理客户端足够多（大于或等于 I/O 线程数量的 2 倍）。

当没有任务处理时，I/O 线程会使用“忙等”的方式（启用状态下）等待任务。由于 I/O 线程“忙等”也需要占用 CPU 时间，为了避免 I/O 线程影响主进程执行命令，Redis 建议运行机器的 CPU 不应该小于 4 核。另外，I/O 线程数量应该少于 CPU 核数，如果是 4 核机器，那么配置 2 到 3 个 I/O 线程；如果是 8 核机器，则配置 6 个 I/O 线程。

可能有读者存在疑惑，为什么在 IOThreadMain 函数中修改 io_threads_pending、io_threads_list 变量，不需要加锁？这里解释一下：

（1）io_threads_pending 是原子类型变量，定义如下：

```
_Atomic unsigned long io_threads_pending[IO_THREADS_MAX_NUM];
```

_Atomic 限定符是 C11 标准新增的，可以定义原子类型变量。当一个原子类型变量执行原子操作时，其他线程不能访问该变量，从而保证该操作线程安全。

（2）io_threads_list 变量是通过 io_threads_pending 变量控制主线程与 I/O 线程交错访问来规避共享数据竞争问题的。主线程与 I/O 线程不会同时修改该变量。io_threads_pending 为 0，I/O 线程只访问 io_threads_list 变量，主线程访问并修改 io_threads_list 变量，io_threads_pending 不为 0，主线程只访问 io_threads_list 变量，I/O 线程访问并修改 io_threads_list 变量。

总结：

- Redis 将网络 I/O 的读/写操作分配到多个 I/O 线程中进行处理，从而提高网络 I/O 性能。
- 通过将不同客户端划分给不同 I/O 线程，每个 I/O 线程负责的数据互相独立，因此 I/O 线程之间并不需要加锁同步。
- Redis 仅在 I/O 繁忙时启用 I/O 线程。

第 3 部分 持久化与复制

第 11 章 RDB

Redis 是内存数据库，运行期间所有的数据都保存在内存中，如果 Redis 重启，那么内存中保存的数据将消失。因此，Redis 提供了持久化功能，将 Redis 数据保存到磁盘文件中，以便 Redis 重启后可以从磁盘文件中加载数据。

Redis 支持两种持久化机制：RDB 和 AOF。本章讲解 Redis RDB 机制的实现原理。

RDB（Redis DataBase）：在不同的时间点，将数据库的快照（snapshot）以二进制格式保存到文件中，Redis 重启后直接加载数据。

SAVE 条件配置可以指定 RDB 文件的生成规则：

```
save 60 1000
dbfilename dump.rdb
```

以上配置的含义为，如果 60 秒内有不少于 1000 个键发生了变更，那么 Redis 就生成一个新的 RDB 文件。SAVE 条件可以配置多个，Redis 启动后将该配置项保存在 server.saveparams 中。dbfilename 配置指定 RDB 文件名，默认为 dump.rdb。另外，Redis 收到 SAVE 或者 BGSAVE 命令后也会生成 RDB 文件。

11.1 RDB 定时逻辑

serverCron 函数负责定时生成 RDB 文件：

```
int serverCron(struct aeEventLoop *eventLoop, long long id, void *clientData) {
```

```
    ...
    // [1]
    if (hasActiveChildProcess() || ldbPendingChildren())
    {
        checkChildrenDone();
    } else {
        // [2]
        for (j = 0; j < server.saveparamslen; j++) {
            struct saveparam *sp = server.saveparams+j;

            if (server.dirty >= sp->changes &&
                server.unixtime-server.lastsave > sp->seconds &&
                (server.unixtime-server.lastbgsave_try >
                 CONFIG_BGSAVE_RETRY_DELAY ||
                 server.lastbgsave_status == C_OK))
            {
                serverLog(LL_NOTICE,"%d changes in %d seconds. Saving...",
                    sp->changes, (int)sp->seconds);
                rdbSaveInfo rsi, *rsiptr;
                rsiptr = rdbPopulateSaveInfo(&rsi);
                rdbSaveBackground(server.rdb_filename,rsiptr);
                break;
            }
        }
        ...
    }

    ...
}
```

【1】如果当前程序中存在子进程，则调用 checkChildrenDone 函数检查是否有子进程已执行完成，如果有，则执行对应的父进程收尾工作。

【2】server.dirty 记录上一次生成 RDB 后，Redis 服务器变更了多少个键。如果满足以下条件，则调用 rdbSaveBackground 函数生成 RDB 文件：

- 满足 server.saveparams 配置的条件。
- 上一次 RDB 操作成功或者现在离上一次 RDB 操作已过去时间大于 CONFIG_BGSAVE_RETRY_DELAY（5 秒）。

另外，rdbPopulateSaveInfo 函数生成一个 rdbSaveInfo 变量，该变量作为 rdbSaveBackground 函数的参数，用于控制 RDB 过程中生成的辅助字段。

11.2 RDB 持久化过程

11.2.1 fork 子进程

提示：本章代码如无特殊说明，均在 rdb.h、rdb.c 中。

rdbSaveBackground 函数负责在后台生成 RDB 文件（该函数也是 BGSAVE 命令处理函数）。rdbSaveBackground 函数会创建一个子进程，由子进程负责将 Redis 数据快照保存到磁盘中，而父进程继续处理客户端请求。

下面将该子进程称为 RDB 进程，父进程称为主进程。

```
int rdbSaveBackground(char *filename, rdbSaveInfo *rsi) {
    pid_t childpid;
    ...
    // [1]
    if ((childpid = redisFork(CHILD_TYPE_RDB)) == 0) {
        int retval;

        // [2]
        redisSetProcTitle("redis-rdb-bgsave");
        redisSetCpuAffinity(server.bgsave_cpulist);
        // [3]
        retval = rdbSave(filename,rsi);
        if (retval == C_OK) {
            sendChildCOWInfo(CHILD_TYPE_RDB, "RDB");
        }
        // [4]
        exitFromChild((retval == C_OK) ? 0 : 1);
    } else {
        // [5]
        ...
        server.rdb_save_time_start = time(NULL);
```

```
        server.rdb_child_pid = childpid;
        server.rdb_child_type = RDB_CHILD_TYPE_DISK;
        return C_OK;
    }
    return C_OK;
}
```

【1】redisFork 函数创建 RDB 进程。

【2】尽可能将 RDB 进程绑定到用户配置的 CPU 列表 bgsave_cpulist 上，减少不要的进程切换，最大限度地提高性能。

【3】RDB 进程执行这里的代码，调用 rdbSave 函数生成 RDB 文件。

【4】退出 RDB 进程。

【5】主进程执行这里的代码，更新 server 的运行时数据。server.rdb_child_pid 记录 RDB 进程 ID，不为-1 代表当前 Redis 中存在 RDB 进程。

UNIX 编程：

redisFork 函数会调用 C 语言 fork 函数创建进程。fork 函数是 UNIX 系统提供的进程控制函数，负责创建一个子进程。

```
pid_t fork(void);
```

前面我们已经说过，C 语言中每个进程都有进程空间，而进程上所有线程都共用一个进程空间。进程与线程最大的区别在于：子进程会“复制”父进程的用户空间作为自己的用户空间。所以子进程和父进程都有自己独立的进程空间（父子进程也会共享部分数据，如代码段）。

这样 RDB 文件保存的是创建子进程时的 Redis 数据快照。例如，Redis 中存在一个键“k1”，值为“v1”。“fork”进程后，主进程收到用户请求，将“k1”的值修改为“v2”。但 RDB 进程中“k1”的值还是“v1”，所以保存到 RDB 文件中的值也是“v1”。

另外，fork 函数还有一个特别之处：fork 函数调用一次，却分别在父进程、子进程两处返回（可以理解为子进程复制了父进程代码，并从 fork 函数返回处继续执行）。该函数在父进程中返回子进程 PID，在子进程中返回 0，如图 11-1 所示。

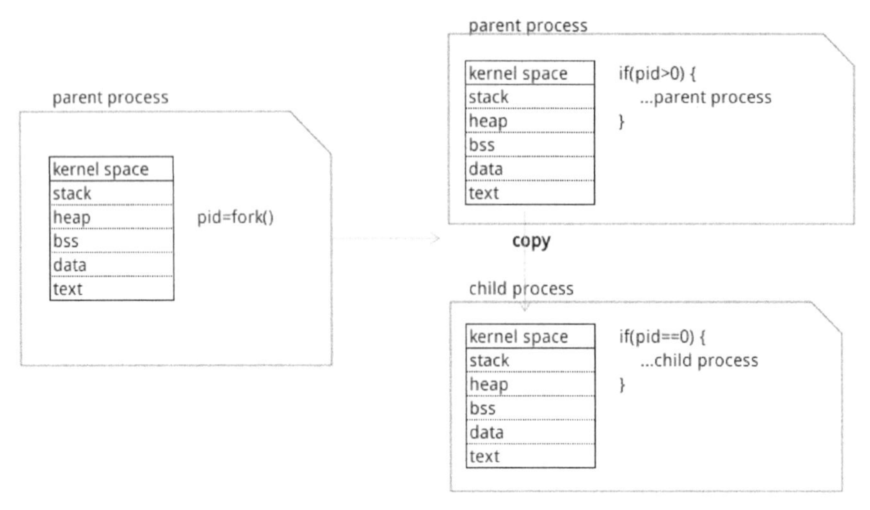

图 11-1

下面是一个使用 fork 函数的简单示例：

```
#include <unistd.h>
#include <stdio.h>

int main()
{
    int pid = fork();
    if (pid == 0) {
        printf("I am child, my pid is %d\n", getpid());
        return 0;
    }
    else if(pid > 0) {
        printf("I am parent, my pid is %d\n", getpid());
        return 0;
    } else {
        printf("fork err\n");
        return -1;
    }
}
```

该示例代码的运行结果如下：

```
I am parent, my pid is 8343
```

```
I am child, my pid is 8344
```

可以看到，fork 函数返回了两次，分别执行了父进程和子进程的逻辑。

redisFork 函数调用也有两次返回，返回后分别执行主进程与 RDB 进程的逻辑。

11.2.2 生成 RDB 文件

生成 RDB 文件需要执行 I/O 写操作。Redis 专门设计了 I/O 的读/写层 rio，将不同存储介质的 I/O 操作统一封装到 rio.h/rio 中：

```
struct _rio {
    size_t (*read)(struct _rio *, void *buf, size_t len);
    size_t (*write)(struct _rio *, const void *buf, size_t len);
    off_t (*tell)(struct _rio *);
    int (*flush)(struct _rio *);
    ...
    union {
        struct {
            sds ptr;
            off_t pos;
        } buffer;
        struct {
            FILE *fp;
            off_t buffered;
            off_t autosync;
        } file;
        ...
    } io;
};
```

- read、write、flush：对底层介质执行读、写、刷新操作的函数。
- io：底层介质，支持文件 file、内存 buffer、连接 conn、文件描述符 fd。

下面看一下 rdbSave 函数如何生成 RDB 文件：

```
int rdbSave(char *filename, rdbSaveInfo *rsi) {
    ...
    // [1]
```

```
    snprintf(tmpfile,256,"temp-%d.rdb", (int) getpid());
    fp = fopen(tmpfile,"w");
    ...
    // [2]
    rioInitWithFile(&rdb,fp);
    startSaving(RDBFLAGS_NONE);
    // [3]
    if (server.rdb_save_incremental_fsync)
        rioSetAutoSync(&rdb,REDIS_AUTOSYNC_BYTES);
    // [4]
    if (rdbSaveRio(&rdb,&error,RDBFLAGS_NONE,rsi) == C_ERR) {
        errno = error;
        goto werr;
    }

    // [5]
    if (fflush(fp)) goto werr;
    if (fsync(fileno(fp))) goto werr;
    if (fclose(fp)) { fp = NULL; goto werr; }
    fp = NULL;

    // [6]
    if (rename(tmpfile,filename) == -1) {
        ...
        return C_ERR;
    }

    serverLog(LL_NOTICE,"DB saved on disk");
    // [7]
    server.dirty = 0;
    server.lastsave = time(NULL);
    server.lastbgsave_status = C_OK;
    stopSaving(1);
    return C_OK;
    ...
}
```

【1】调用 C 函数 fopen 打开一个临时文件用于保存数据，文件名为 temp-<pid>.rdb。

snprintf 函数原型为 `int snprintf (char * str, size_t size, const char * format, ...)`。

该函数将可变参数内容按 format 格式化成字符串并赋值给第一个参数 str，常用于拼接字符串。

【2】rioInitWithFile 函数初始化 rio 变量，该函数返回 rio.c/rioFileIO，rioFileIO 负责读/写文件。

【3】如果配置了 server.rdb_save_incremental_fsync，则将该配置赋值给 rio.io.file.autosync 属性。当系统缓存的数据量大于该属性值时，Redis 将执行一次"fsync"。

【4】rdbSaveRio 函数将 Redis 数据库的内容写到临时文件中。

【5】调用 fflush 函数、fsync 函数将系统缓存刷新到文件中。

【6】重命名临时文件，替换旧的 RDB 文件。RDB 文件名由 server.rdb_filename 指定。

【7】更新 server 中 RDB 的相关属性。

如果在主进程中调用 rdbSave 函数，则需要在这里修改 server 属性。

注意，SAVE 命令会在 Redis 主进程中调用 rdbSave 函数生成 RDB 文件，可能导致主进程长期阻塞，所以不提倡在生产环境中使用该命令。

11.2.3 写入 RDB 数据

下面看一下 RDB 中的数据存储格式。

Redis 会在 RDB 文件的每一部分内容之前添加一个类型字节，标志其内容类型，如表 11-1 所示。

表 11-1

标志	内容
RDB_OPCODE_IDLE	键空闲时间，用于 LRU 算法
RDB_OPCODE_FREQ	键 LFU 计数，用于 LFU 算法
RDB_OPCODE_AUX	RDB 辅助字段
RDB_OPCODE_MODULE_AUX	Module 自定义类型的辅助字段
RDB_OPCODE_RESIZEDB	数据库字典大小和过期字典大小
RDB_OPCODE_EXPIRETIME_MS	键过期时间戳，单位为毫秒
RDB_OPCODE_EXPIRETIME	键过期时间戳，单位为秒
RDB_OPCODE_SELECTDB	数据库索引标志
RDB_OPCODE_EOF	结束标志

rdbSaveRio 函数负责将 Redis 数据写到文件中：

```
int rdbSaveRio(rio *rdb, int *error, int rdbflags, rdbSaveInfo *rsi) {
    ...
    if (server.rdb_checksum)
        rdb->update_cksum = rioGenericUpdateChecksum;
    // [1]
    snprintf(magic,sizeof(magic),"REDIS%04d",RDB_VERSION);
    if (rdbWriteRaw(rdb,magic,9) == -1) goto werr;
    // [2]
    if (rdbSaveInfoAuxFields(rdb,rdbflags,rsi) == -1) goto werr;
    // [3]
    if (rdbSaveModulesAux(rdb, REDISMODULE_AUX_BEFORE_RDB) == -1) goto werr;
    // [4]
    for (j = 0; j < server.dbnum; j++) {
        redisDb *db = server.db+j;
        dict *d = db->dict;
        if (dictSize(d) == 0) continue;
        di = dictGetSafeIterator(d);

        // [5]
        if (rdbSaveType(rdb,RDB_OPCODE_SELECTDB) == -1) goto werr;
        if (rdbSaveLen(rdb,j) == -1) goto werr;

        // [6]
        uint64_t db_size, expires_size;
        db_size = dictSize(db->dict);
        expires_size = dictSize(db->expires);
        if (rdbSaveType(rdb,RDB_OPCODE_RESIZEDB) == -1) goto werr;
        if (rdbSaveLen(rdb,db_size) == -1) goto werr;
        if (rdbSaveLen(rdb,expires_size) == -1) goto werr;

        // [7]
        while((de = dictNext(di)) != NULL) {
            sds keystr = dictGetKey(de);
            robj key, *o = dictGetVal(de);
            long long expire;

            initStaticStringObject(key,keystr);
```

```
            expire = getExpire(db,&key);
            if (rdbSaveKeyValuePair(rdb,&key,o,expire) == -1) goto werr;

            ...
        }
        dictReleaseIterator(di);
        di = NULL;
    }

    // [8]
    if (rsi && dictSize(server.lua_scripts)) {
        di = dictGetIterator(server.lua_scripts);
        while((de = dictNext(di)) != NULL) {
            robj *body = dictGetVal(de);
            if (rdbSaveAuxField(rdb,"lua",3,body->ptr,sdslen(body->ptr)) == -1)
                goto werr;
        }
        dictReleaseIterator(di);
        di = NULL;
    }

    if (rdbSaveModulesAux(rdb, REDISMODULE_AUX_AFTER_RDB) == -1) goto werr;

    // [9]
    if (rdbSaveType(rdb,RDB_OPCODE_EOF) == -1) goto werr;

    // [10]
    cksum = rdb->cksum;
    memrev64ifbe(&cksum);
    if (rioWrite(rdb,&cksum,8) == 0) goto werr;
    return C_OK;
    ...
}
```

【1】写入一个 RDB 标志，内容为“REDIS<RDB_VERSION>”，标志该文件是 RDB 文件。

【2】rdbSaveInfoAuxFields 函数依次写入如下辅助字段：

- redis-ver：Redis 版本号。

- redis-bits：64/32 位 Redis。
- ctime：RDB 创建时间。
- used-mem：内存使用量。

如果函数参数 `rsi` 不为空，则还会生成以下辅助字段：

- repl-stream-db：存储 server.slaveseldb 属性。
- repl-id：存储 server.replid 属性。
- repl-offset：存储 server.master_repl_offset 属性。

repl-stream-db、repl-id、repl-offset 这 3 个字段用于实现主从复制机制，将在主从复制章节详细分析。

【3】rdbSaveModulesAux 函数触发 Module 自定义类型中指定的 aux_save 回调函数，该函数可将数据库字典之外的数据保存到 RDB 文件中。分析 Module 模块时再讨论该函数。

【4】遍历所有的数据库 redisDb。

【5】写入 RDB_OPCODE_SELECTDB 标志和数据库 ID。

【6】写入 RDB_OPCODE_RESIZEDB 标志和数据库字典大小、过期字典大小。

【7】遍历数据库中的键值对，调用 rdbSaveKeyValuePair 函数将每一个键值对的键、值、过期时间写入 RDB 文件。

【8】执行到这里，所有数据库的数据都已经写入 RDB 文件。这里将 Redis 中 Lua 脚本内容写入 RDB 文件。

【9】写入结束标志 RDB_OPCODE_EOF。

【10】写入 CRC64 校验码。

rdbSaveKeyValuePair 函数负责写入一个键值对的内容：

```
int rdbSaveKeyValuePair(rio *rdb, robj *key, robj *val, long long expiretime) {
...
    // [1]
    if (expiretime != -1) {
        if (rdbSaveType(rdb,RDB_OPCODE_EXPIRETIME_MS) == -1) return -1;
        if (rdbSaveMillisecondTime(rdb,expiretime) == -1) return -1;
    }
    // [2]
    ...
    // [3]
```

```
    if (rdbSaveObjectType(rdb,val) == -1) return -1;
    if (rdbSaveStringObject(rdb,key) == -1) return -1;
    if (rdbSaveObject(rdb,val,key) == -1) return -1;
    ...
    return 1;
}
```

【1】如果设置了过期时间，则写入 RDB_OPCODE_EXPIRETIME_MS 标志和过期时间戳。

【2】如果 Redis 内存淘汰策略使用的是 LRU 算法或者 LFU 算法，则记录键的空闲时间或 LFU 计数。

【3】写入 RDB 键值对标志，再写入键内容（以字符数组格式保存），最后写入值内容。

可以看到，键值对存储格式如下（不包括过期时间、键空闲时间或 LFU 计数）：

```
<键值对标志><键><值>
```

Redis 键值对中的键都是字符串类型，而值可能是不同编码的数据类型。针对不同的数据类型，Redis 定义了对应的键值对标志，并采用不同的保存方式，如表 11-2 所示。

表 11-2

数据类型	编码	键值对标志	值保存方式
字符串	OBJ_ENCODING_INT	RDB_TYPE_STRING	以数值类型格式写入
	OBJ_ENCODING_EMBSTR 、OBJ_ENCODING_RAW	RDB_TYPE_STRING	以字符数组格式写入
列表	OBJ_ENCODING_QUICKLIST	RDB_TYPE_LIST_QUICKLIST	如果节点已压缩，则写入压缩后的字节数组，否则直接将 ziplist 以字符数组格式写入
集合	OBJ_ENCODING_INTSET	RDB_TYPE_SET_INTSET	将 intset 以字符数组格式写入
	OBJ_ENCODING_HT	RDB_TYPE_SET	写入字典键值对数量，再遍历字典，将键内容以字符数组格式写入，忽略值内容

续表

有序集合	OBJ_ENCODING_ZIPLIST	RDB_TYPE_ZSET_ZIPLIST	直接将 ziplist 以字符数组格式写入
	OBJ_ENCODING_SKIPLIST	RDB_TYPE_ZSET_2	写入 skiplist 节点数量，再反向遍历 skiplist，保存节点数据（字符数组）、节点分数（数值类型）。这里将 skiplist 元素从大到小保存，这样加载时，下一个加载的元素一直都是最小的元素，会被直接添加到列表头，插入效率是 $O(1)$而不是 $O(\log(N))$
散列	OBJ_ENCODING_ZIPLIST	RDB_TYPE_HASH_ZIPLIST	直接将 ziplist 以字符数组格式写入
	OBJ_ENCODING_HT	RDB_TYPE_HASH	写入字典键值对数量，再遍历字典，将键、值内容以字符数组格式写入
消息流	OBJ_ENCODING_STREAM	RDB_TYPE_STREAM_LISTPACKS	后续单独章节分析
Module 自定义类型	OBJ_ENCODING_RAW	RDB_TYPE_MODULE_2	后续单独章节分析

由于 RDB 是二进制格式，所以 Redis 只需将数据以字符数组（或字节数组）格式写入文件即可。但是在写数组内容之前，需要先记录数组长度。

rdbSaveLen 函数负责写入数组长度，该数值字节序为大端字节序，并使用变长编码格式，编码格式如下：

（1）第一个字节以 00 开头，则数组长度小于 2^6，存放在第一个字节低 6 位中。

（2）第一个字节以 01 开头，则数组长度小于 2^{14}，存放在第一个低 6 位及第二个字节中。

（3）第一个字节等于 10000000，则数组长度小于或等于 2^{32}，存放在后面 4 字节中。

（4）第一个字节等于 10000001，则数组长度大于 2^{32}，存放在后面 8 字节中。

另外，rdbSaveRawString 函数写入一个字符数组内容（包括字符串、ziplist、intset 等内容）时，会执行如下优化逻辑：

- 如果字符数组长度大于 20，并且开启了数据压缩配置 server.rdb_compression，那么 Redis 会使用 LZF 算法压缩数据。
- 如果字符数组长度不大于 11，并且可以转换为数值，那么 Redis 会将它转换为数值保存，以减少 RDB 文件大小。转化后的数值字节序为小端字节序，也使用变长编码格式，编码格式如下（可查看 rdbEncodeInteger 函数）：

（1）第一个字节等于 11000000，则数值范围为$[-2^7,2^7)$，数值存放在后面 1 字节中。

（2）第一个字节等于 11000001，则数值范围为$[-2^{15},2^{15})$，数值存放在后面 2 字节中。

（3）第一个字节等于 11000002，则数值范围为$[-2^{31},2^{31})$，数值存放在后面 4 字节中。

注意这时不需要保存数组长度。

所以当解析一个字符数组内容时，需要先读取数组长度。如果读取到的数组长度的第一个字节以 11 开头，则证明该数值并非数组长度，而是字符数组转换后的数值，直接将该数值转化为字符数组即可。否则根据该数组长度再读取对应的数组内容。

11.2.4 父进程收尾

前面提到，server.rdb_child_pid 记录 RDB 进程 ID，如果该属性不是-1，则代表程序中存在 RDB 进程。所以 RDB 进程处理完成后应该将该变量设置为-1，代表 RDB 进程已结束。

由于 RDB 进程和主进程有独立的进程空间（即主进程、RDB 进程都存在 server.rdb_child_pid 变量），所以并不能在 RDB 进程中修改 server.rdb_child_pid 变量，必须在 RDB 进程结束后由主进程修改主进程的 server.rdb_child_pid 变量。

该收尾工作是在 checkChildrenDone 函数（serverCron 函数触发）中完成的，该函数会检查子进程是否执行完成，子进程执行完成后，主进程完成收尾工作：

```
void checkChildrenDone(void) {
    ...
    // [1]
    if ((pid = wait3(&statloc,WNOHANG,NULL)) != 0) {
        int exitcode = WEXITSTATUS(statloc);
        int bysignal = 0;
        // [2]
        if (WIFSIGNALED(statloc)) bysignal = WTERMSIG(statloc);
```

```
        ...

        if (pid == -1) {
            ...
        } else if (pid == server.rdb_child_pid) {
            // [3]
            backgroundSaveDoneHandler(exitcode,bysignal);
            if (!bysignal && exitcode == 0) receiveChildInfo();
        } ...
    }
}
```

【1】调用 C 语言的 wait3 函数检测是否存在已结束的子进程。

【2】获取子进程的结束代码和中断信号，需要根据这些标志进行不同的逻辑处理。

【3】如果子进程是 RDB 进程，则调用 backgroundSaveDoneHandler 函数。如果 RDB 进程处理成功，那么 backgroundSaveDoneHandler 函数会更新父进程的 server.dirty、server.lastbgsave_status、server.rdb_child_pid 等属性。该函数还有一个很重要的操作，如果 RDB 数据保存到磁盘中，则需要将 RDB 文件发送给正在进行全量同步的从服务器，这部分内容将在主从复制章节详细分析。

UNIX 编程：

C 语言的 wait3 函数是 wait 函数族中的一员，它可以阻塞当前进程，直到某个子进程结束。如果在调用 wait3()时已经存在某个已结束的子进程，则 wait3()会立即返回该子进程 ID。

Redis 当然不会阻塞主进程，通过设置 wait3 函数的第 2 个参数为 WNOHANG，指定了不阻塞当前进程，如果存在已结束的子进程，则返回对应的 pid，否则返回 0。

以下 3 个宏负责获取子进程的结束代码和中断信号：

- WEXITSTATUS：获取子进程 exit()返回的结束代码。
- WIFSIGNALED：如果子进程是因为信号而结束的，则此宏的值为真。
- WTERMSIG：如果子进程因信号而终止，则获取该信号代码。

例如，可以通过 kill 函数发送 SIGKILL 信号给其他进程，如果其他进程响应该信号并终止进程，则使用 WTERMSIG 宏可以获取 SIGKILL 信号。

11.3 RDB 文件加载过程

Redis 会在启动过程中调用 loadDataFromDisk 函数尝试加载 RDB 数据（由 main 函数触发）。

loadDataFromDisk 函数依次调用以下函数：loadDataFromDisk→rdbLoad→rdbLoadRio，最后在 rdbLoadRio 函数中执行相关逻辑：

```
int rdbLoadRio(rio *rdb, int rdbflags, rdbSaveInfo *rsi) {
    uint64_t dbid;
    int type, rdbver;
    redisDb *db = server.db+0;
    char buf[1024];

    rdb->update_cksum = rdbLoadProgressCallback;
    rdb->max_processing_chunk = server.loading_process_events_interval_bytes;
    // [1]
    if (rioRead(rdb,buf,9) == 0) goto eoferr;
    ...

    while(1) {
        sds key;
        robj *val;
        // [2]
        if ((type = rdbLoadType(rdb)) == -1) goto eoferr;
        ...

        // [3]
        if ((key = rdbGenericLoadStringObject(rdb,RDB_LOAD_SDS,NULL)) == NULL)
            goto eoferr;
        if ((val = rdbLoadObject(type,rdb,key)) == NULL) {
            sdsfree(key);
            goto eoferr;
        }

        // [4]
        if (iAmMaster() &&
            !(rdbflags&RDBFLAGS_AOF_PREAMBLE) &&
            expiretime != -1 && expiretime < now)
        {
            sdsfree(key);
            decrRefCount(val);
        } else {
            robj keyobj;
```

```
            initStaticStringObject(keyobj,key);
            // [5]
            int added = dbAddRDBLoad(db,key,val);
            ...
        }
        ...
    }
    // [6]
    if (rdbver >= 5) {
        uint64_t cksum, expected = rdb->cksum;

        if (rioRead(rdb,&cksum,8) == 0) goto eoferr;
        if (server.rdb_checksum) {
            memrev64ifbe(&cksum);
            ...
        }
    }
    return C_OK;
    ...
}
```

【1】读取 RDB 文件的 RDB 标志。

【2】分析 RDB 文件。首先读取标志字节，再根据标志字节进行对应的处理。这里不一一展示代码。

【3】执行到这里，说明读取的是键值对类型。rdbGenericLoadStringObject 函数读取键内容。rdbLoadObject 函数读取值内容，并转化为 redisObject。

【4】如果键已过期，而且当前服务器是主节点，则删除该键。

该函数除了解析 RDB 文件，也负责解析主从同步时主节点发送的 RDB 数据。这时从节点不主动删除过期键（从节点需要在主节点删除过期键并传播 DEL 命令后再删除键）。

【5】调用 dbAddRDBLoad 函数将读取的键值对添加到数据库字典中。

【6】如果生成 RDB 文件的 Redis 版本大于或等于 5，那么还需要检查 CRC64 校验码。

11.4 RDB 文件分析示例

图 11-2 解析了一个 RDB 文件，帮助读者更直观地理解 RDB 文件的格式。

二进制内容	解析说明
52 45 44 49 53 30 30 30 39	REDIS0009
fa 09 72 65 64 69 73 2d 76 65 05 36 2e 30 2e 39	[RDB_OPCODE_AUX] {9} (redis-ver) {5} (6.0.9)
fa 0a 72 65 64 69 73 2d 62 69 74 73 c0 40	[RDB_OPCODE_AUX] {10} [redis-bits] <1> (64)
fa 05 63 74 69 6d 65 c2 2c 91 1e 60	[RDB_OPCODE_AUX] [05] [ctime] <5> (1612615980)
fa 08 75 73 65 64 2d 6d 65 6d c2 10 f1 08 00	[RDB_OPCODE_AUX] {08} (used-mem) <5> (586000)
fa 0c 61 6f 66 2d 70 72 65 61 6d 62 6c 65 c0 00	[RDB_OPCODE_AUX] {12} (aof-preamble) <1> (0)
fe 00	[RDB_OPCODE_SELECTDB] (0)
fb 01 00	[RDB_OPCODE_RESIZEDB] (1) (0)
00 05 4d 79 4b 45 59 0a 48 65 6c 6c 6f 57 6f 72 6c 64	'RDB_TYPE_STRING' {5} (MyKEY) {10} (HelloWorld)
ff	[RDB_OPCODE_EOF]
27 df 58 a4 33 bb 43 b9	cksum

数据说明中使用不同的符号区分数据内容：
[标志字节]
{字符数组长度}
<由字符数组转化的数值占用字节数>
'键值对类型标志字节'
(数据)

图 11-2

提示：由字符数组转化的数值使用小端字节序，读者在分析 RDB 文件时需要注意。

可以使用 redis-check-rdb 工具分析 RDB 文件：

```
# redis-check-rdb dump.rdb
[offset 0] Checking RDB file dump1.rdb
[offset 26] AUX FIELD redis-ver = '6.0.9'
[offset 40] AUX FIELD redis-bits = '64'
[offset 52] AUX FIELD ctime = '1612614239'
[offset 67] AUX FIELD used-mem = '587824'
[offset 83] AUX FIELD aof-preamble = '0'
[offset 85] Selecting DB ID 0
[offset 115] Checksum OK
[offset 115] \o/ RDB looks OK! \o/
[info] 1 keys read
[info] 0 expires
[info] 0 already expired
```

11.5 RDB 配置

RDB 机制中常用的配置如下：

- save <seconds> <changes>：在指定秒数内如果变更的键数量不少于 changes 参数，那么将生成一个 RDB 文件。
- dbfilename：默认为 dump.rdb，RDB 文件名。
- dir：默认为“./”，RDB 文件保存目录。

- rdbchecksum：默认为 yes，加载 RDB 文件后检验 CRC64 校验码，Redis 5 开始支持。
- rdbcompression：默认为 yes，Redis 数据保存到文件前先压缩。

11.6 UNIX 写时复制机制

创建进程后，如果父子进程都只对进程空间数据执行读操作，则这时直接复制一份父进程空间是非常浪费内存和 CPU 资源的，因为父子进程可以共享同一份数据。所以，UNIX 系统采用了写时复制机制（copy-on-write）进行优化。

"fork"函数生成子进程后，内核把父进程中所有的内存页的权限都设为 read-only，然后子进程的地址空间指向父进程，父子进程共享内存空间。如果父子进程都只读内存，则一切正常。而当其中某个进程写内存时，CPU 硬件检测到内存页是 read-only 的，会触发页异常中断。这时，内核就会把触发异常的页复制一份，于是父子进程各自持有独立的一份内存页。"fork"后，如果父进程或子进程进行大量的写操作，就会触发大量中断和内存拷贝，可能导致性能低下。所以，在 RDB 进程生成文件期间，父子进程都应该尽量减少对内存数据的修改。如果 Redis 在这时进行扩容操作，必然导致大量内存数据的修改，性能较低。因此，Redis 定义了 dict_force_resize_ratio 参数，在 RDB 过程中，开启 dict_force_resize_ratio。这时只有在负载因子等于 5 时才会强制扩容。

11.7 UNIX I/O 与缓存

11.7.1 内核缓冲区

众所周知，读/写磁盘的代价昂贵，因此 UNIX 系统内核定义了内核缓冲区，只有当缓冲区已满或读取数据不在缓冲区时才会读/写磁盘。

POSIX 标准定义了一系列函数，如 open、read、write、fsync 等，它们都会使用内核缓冲区。这些函数通常被称为不带缓冲的 I/O 函数（这里不带缓冲是指不使用 I/O 缓冲区）。

假设内核缓冲区长度为 60 字节，调用 write 函数每次写入 10 字节，则需调用 6 次才能将内核缓冲区写满并刷新到文件。而内核缓冲区未写满时数据会暂存在内核缓冲区。fsync 函数负责磁盘同步，将内核缓冲区内容刷新到磁盘上。

11.7.2 I/O 缓冲区

由于在用户空间读/写数据比进入内核读/写数据更快，所以 C 标准库在用户空间也定义了

I/O 缓冲区（也称为用户进程缓冲区），并且定义了一系列使用 I/O 缓冲区的函数，如 fopen、fwrite、fget、fflush 等，这些函数通常被称为标准 I/O 函数。

使用这些函数，C 语言会先读/写 I/O 缓冲区，当 I/O 缓冲区已满或读取数据不存在时，才进入内核读/写数据。

假设 I/O 缓冲区长度为 30 字节，内核缓冲区为 60 字节，调用 fwrite 每次写入 10 字节数据，则需调用 3 次才能将 I/O 缓冲区写满并刷新到内核缓冲区，而将内核缓冲区写满并刷新到文件则需要调用 6 次。fflush 函数负责将 I/O 缓冲区内容刷新到内核缓冲区。

所以，如果使用了标准 I/O 函数写文件，那么为了保证所有数据修改都写入磁盘，需要先调用 fflush，再调用 fsync。例如，在 rio.c/rioFileIO 变量中使用 fread、fwrite 函数读/写数据，所以 rdbSave 函数为了保证所有 RDB 数据都写入磁盘，必须先调用 fflush 函数，再调用 fsync 函数。

如果使用不带缓冲的 I/O 函数，则只需要调用 fsync 函数刷新内核缓冲区内容到磁盘即可。

11.7.3 sync 与 fdatasync

sync 函数刷新缓冲区时，还会同步文件的描述信息（metadata，包括 size、st_atime 和 st_mtime 等），因为文件的数据和文件描述信息通常保存在硬盘的不同地方，因此 fsync 往往需要两次或以上 I/O 写操作。

sync 函数中多余的一次 I/O 操作的代价是非常昂贵的，所以 POSIX 标准定义了 fdatasync 函数，该函数同样可以刷新内核缓冲区，但它仅在必要的情况下才会同步文件描述信息。

总结：

- Redis 定时生成 RDB 文件，用于保存和还原 Redis 数据。
- Redis 会创建子进程，由子进程生成 RDB 文件，主进程继续提供服务。
- RDB 是二进制文件，对于不同类型的键值对，Redis 使用不同方式保存值对象。

第12章 AOF

本章分析 Redis AOF 机制的实现原理。

AOF（Append Only File）：在 Redis 运行期间，不断将 Redis 执行的写命令（修改数据的命令）写到文件中，Redis 重启后，只要将这些写命令重复执行一遍就可以恢复数据。

本章中指的命令，包括命令名及执行命令的参数。

由于 AOF 只是将少量的写命令写入 AOF 文件，所以它执行的频率可以比 RDB 高很多，开启 AOF 功能后即使 Redis 发生故障停机，丢失的数据也很少。

将写命令记录到日志文件，再使用日志文件恢复数据，是很多数据库通用的做法，如 MySQL Binlog。

开启 AOF 功能，只需如下配置：

```
appendonly  yes
appendfilename appendonly.aof
```

- appendonly：默认值为 no，代表使用 RDB 方式持久化。配置为 yes，代表开启 AOF 持久化方式。
- appendfilename：AOF 文件名，默认为 appendonly.aof。

AOF 功能包括以下两部分：

- AOF 持久化：将执行的写命令写入 AOF 缓冲区，并定时刷新缓冲区到文件。
- AOF 重写：将当前数据库内容保存一份到文件中，替换原来的 AOF 文件。

由于不断将命令写到文件中，随着时间推移，AOF 文件会越来越大（同一个键可能存在多个写命令，已删除或已过期数据的命令也会保留在里面）。所以 Redis 提供 AOF 重写功能，将当前数据库内容保存一份到文件中，替换原来的 AOF 文件，这样每个键只有最后一次写入命令，已删除或已过期数据相关命令会被去除。

提示：AOF 文件是文本格式，以 RESP 协议格式存储每一个命令的命令名，以及执行命令的所有参数。

12.1 AOF 定时逻辑

serverCron 时间事件负责定时触发刷新 AOF 缓冲区和重写 AOF 文件的操作：

```
int serverCron(struct aeEventLoop *eventLoop, long long id, void *clientData) {
    ...
    // [1]
    if (!hasActiveChildProcess() &&
        server.aof_rewrite_scheduled)
    {
        rewriteAppendOnlyFileBackground();
    }

    if (hasActiveChildProcess() || ldbPendingChildren())
    {
        checkChildrenDone();
    } else {
        ...

        // [2]
        if (server.aof_state == AOF_ON &&
            !hasActiveChildProcess() &&
            server.aof_rewrite_perc &&
            server.aof_current_size > server.aof_rewrite_min_size)
        {
            long long base = server.aof_rewrite_base_size ?
                server.aof_rewrite_base_size : 1;
            long long growth = (server.aof_current_size*100/base) - 100;
            if (growth >= server.aof_rewrite_perc) {
```

```
                serverLog(LL_NOTICE,"Starting automatic rewriting of AOF on %lld%%
growth",growth);
                rewriteAppendOnlyFileBackground();
            }
        }
    }

    // [3]
    if (server.aof_flush_postponed_start) flushAppendOnlyFile(0);

    // [4]
    run_with_period(1000) {
        if (server.aof_last_write_status == C_ERR)
            flushAppendOnlyFile(0);
    }
    ...
}
```

flushAppendOnlyFile 函数负责刷新 AOF 缓冲区内容到文件。rewriteAppendOnlyFileBackground 函数负责重写 AOF 文件。

【1】server.aof_rewrite_scheduled 不为 0，代表存在延迟的 AOF 重写操作，如果程序当前没有子进程，则执行 AOF 重写操作。

【2】服务器开启了 AOF 功能，而且满足以下条件，执行 AOF 重写操作。

- 当前 AOF 文件大小大于 server.aof_rewrite_min_size 配置。
- 对比上次 AOF 重写后的 AOF 文件大小，当前 AOF 文件增加的空间大小所占比例已经超过 server.aof_rewrite_perc 配置。server.aof_rewrite_perc 配置默认为 100，例如，上次 AOF 重写后的 AOF 文件大小为 60MB，则当前 AOF 文件大小达到 120MB 就满足该条件的要求。

【3】server.aof_flush_postponed_start 不为 0，代表存在延迟的 AOF 缓冲区刷新操作，这时刷新 AOF 缓冲区内容到文件。

【4】run_with_period 是 Redis 定义的一个宏，可以指定任务执行周期。这里指定每经过 1000 毫秒，执行以下操作：如果上次 AOF 缓冲区刷新操作中写入磁盘出错，则再次刷新 AOF 缓冲区。

可以看到，serverCron 时间事件中只有在 AOF 缓冲区操作被延迟或写入出错时才触发 flushAppendOnlyFile 函数，正常场景下的 flushAppendOnlyFile 函数是在 beforeSleep 函数中触发的。

12.2 AOF持久化过程

AOF持久化过程可以分为以下3个步骤：

（1）命令传播：将执行的写命令保存到AOF缓冲区。

（2）刷新AOF缓冲区：将AOF缓冲区写到AOF文件。

（3）同步磁盘：调用fsync等函数，将AOF缓冲区的系统缓存（内核缓冲区及IO缓冲区的内容）同步到文件。

server.aof_fsync是一个很重要的属性，由appendfsync配置项设置，用于指定AOF缓冲区同步磁盘的策略，其有以下值：

- no：使用操作系统的同步机制，Redis不执行fsync，由操作系统保证数据同步到磁盘，速度最快，安全性最低。
- always：每次写入都执行fsync，以保证数据同步到磁盘，效率最低。
- AOF_FSYNC_EVERYSEC：每秒执行一次fsync，性能和安全的折中处理，极端情况下可能丢失最近1秒的数据。

提示：本章代码如无特殊说明，均在aof.c中。

12.2.1 命令传播

开启AOF功能后，Redis将执行的每个写命令都传播到AOF缓冲区server.aof_buf。

feedAppendOnlyFile函数负责将命令传播到AOF缓冲区（由propagate函数触发）：

```
void feedAppendOnlyFile(struct redisCommand *cmd, int dictid, robj **argv, int argc)
{
    sds buf = sdsempty();
    robj *tmpargv[3];

    ...

    // [1]
    if (cmd->proc == expireCommand || cmd->proc == pexpireCommand ||
        cmd->proc == expireatCommand) {
        buf = catAppendOnlyExpireAtCommand(buf,cmd,argv[1],argv[2]);
    } ...
```

```
    else {
        // [2]
        buf = catAppendOnlyGenericCommand(buf,argc,argv);
    }

    // [3]
    if (server.aof_state == AOF_ON)
        server.aof_buf = sdscatlen(server.aof_buf,buf,sdslen(buf));

    // [4]
    if (server.aof_child_pid != -1)
        aofRewriteBufferAppend((unsigned char*)buf,sdslen(buf));

    sdsfree(buf);
}
```

【1】对 EXPIRE、EXPIREAT、PEXPIRE、SETEX、PSETEX，或者带 EX、PX 选项的 SET 命令的特殊处理。由于在这些命令中对键设置了过期时间，需要将这些命令转换为 PEXPIREAT 命令，将过期时间的时间戳写入 buf 暂存区（buf 暂存区用于存放待写入 AOF 缓冲区的命令）。

【2】对于其他命令，调用 catAppendOnlyGenericCommand 函数将命令写入 buf 暂存区。

【3】如果服务器开启 AOF 功能，则将 buf 暂存区内容写入 AOF 缓冲区。

【4】如果当前存在 AOF 进程执行 AOF 重写操作，那么还需要将 buf 暂存区内容写入 AOF 重写缓冲区 server.aof_rewrite_buf_blocks。重写缓冲区用于执行 AOF 重写操作，后面会分析。

12.2.2 刷新 AOF 缓冲区

flushAppendOnlyFile 函数负责将 AOF 缓冲区内容写入 AOF 文件：

```
void flushAppendOnlyFile(int force) {
    ssize_t nwritten;
    int sync_in_progress = 0;
    mstime_t latency;

    // [1]
    if (sdslen(server.aof_buf) == 0) {
        if (server.aof_fsync == AOF_FSYNC_EVERYSEC &&
```

```
        server.aof_fsync_offset != server.aof_current_size &&
        server.unixtime > server.aof_last_fsync &&
        !(sync_in_progress = aofFsyncInProgress())) {
        goto try_fsync;
    } else {
        return;
    }
}

// [2]
if (server.aof_fsync == AOF_FSYNC_EVERYSEC)
    sync_in_progress = aofFsyncInProgress();

if (server.aof_fsync == AOF_FSYNC_EVERYSEC && !force) {
    if (sync_in_progress) {
        if (server.aof_flush_postponed_start == 0) {
            server.aof_flush_postponed_start = server.unixtime;
            return;
        } else if (server.unixtime - server.aof_flush_postponed_start < 2) {
            return;
        }
        ...
    }
}

// [3]
nwritten = aofWrite(server.aof_fd,server.aof_buf,sdslen(server.aof_buf));
...

server.aof_current_size += nwritten;

// [4]
if ((sdslen(server.aof_buf)+sdsavail(server.aof_buf)) < 4000) {
    sdsclear(server.aof_buf);
} else {
    sdsfree(server.aof_buf);
    server.aof_buf = sdsempty();
```

```
    }

    // more
}
```

【1】当 AOF 缓冲区为空时，执行以下逻辑：

如果磁盘同步策略为每秒同步，并且当前存在待同步磁盘的数据，距上次磁盘同步也过去了 1 秒，则执行磁盘同步。否则，直接退出函数。

【2】aofFsyncInProgress 函数检查当前是否存在后台线程正在同步磁盘。如果存在，则执行如下逻辑：

如果磁盘同步策略为每秒同步，则延迟该 AOF 缓冲区刷新操作，退出函数。如果已延迟多次并且延迟时间超过 2 秒，则强制刷新 AOF 缓冲区，函数继续向下执行。

【3】aofWrite 函数将 AOF 缓冲区内容写入文件。

【4】执行到这里，AOF 缓冲区内容已刷新成功。这时如果 AOF 缓冲区总空间小于 4KB，则清空内容并重用 AOF 缓冲区，否则创建一个新的 AOF 缓冲区。

提示： server.unixtime 是 Redis 维护的时间戳，精度为秒（serverCron 函数每秒更新一次该值）。

12.2.3 同步磁盘

刷新 AOF 缓冲区后，还需要同步磁盘才能保证数据保存到文件中。同步磁盘的操作同样在 flushAppendOnlyFile 函数中完成：

```
void flushAppendOnlyFile(int force) {
    ...
try_fsync:
    // [5]
    if (server.aof_no_fsync_on_rewrite && hasActiveChildProcess())
        return;


    if (server.aof_fsync == AOF_FSYNC_ALWAYS) {
        latencyStartMonitor(latency);
        // [6]
        redis_fsync(server.aof_fd);
        latencyEndMonitor(latency);
```

```
        latencyAddSampleIfNeeded("aof-fsync-always",latency);
        server.aof_fsync_offset = server.aof_current_size;
        server.aof_last_fsync = server.unixtime;
    } else if ((server.aof_fsync == AOF_FSYNC_EVERYSEC &&
                server.unixtime > server.aof_last_fsync)) {
        // [7]
        if (!sync_in_progress) {
            aof_background_fsync(server.aof_fd);
            server.aof_fsync_offset = server.aof_current_size;
        }
        server.aof_last_fsync = server.unixtime;
    }
}
```

【5】如果程序存在子进程，并且开启了 server.aof_no_fsync_on_rewrite 配置，则不同步磁盘。

【6】如果磁盘同步策略为每次同步，则调用 redis_fsync 函数同步磁盘。

【7】如果磁盘同步策略为每秒同步，并且现在距上次磁盘同步已经过去了 1 秒，则添加一个后台任务负责同步磁盘。

Redis 4 引入了后台线程，负责处理非阻塞删除、磁盘同步等较耗时的操作，具体内容在后面的单独章节详细分析。

UNIX 编程：

aofWrite 函数调用 C 语言的 write 函数写入数据，所以不需要调用 fflush 函数。redis_fsync 是 Redis 定义的宏，如果 Redis 运行在 Linux 系统中，则调用 fdatasync，如果运行在其他 UNIX 系统中，则调用 fsync 函数。

12.3 AOF 重写过程

Redis 4 提供了 AOF 混合持久化，通过 aof-use-rdb-preamble 配置进行控制，默认为 yes，代表启用，配置为 no 则可以禁用。开启 AOF 混合持久化后，AOF 重写时，会将 Redis 数据以 RDB 格式保存到新文件中（生成文件更小，加载速度更快），再将重写缓冲区的增量命令以 AOF 格式写入文件。关闭 AOF 混合持久化后，AOF 重写时，则将 Redis 所有数据转换为写入命令写入新文件。

AOF 重写过程可以分为 3 个步骤：

（1）“fork”一个子进程，称为 AOF 进程，AOF 进程负责将当前内存数据保存到一个新文件中。

（2）AOF 进程将步骤 1 执行期间主进程执行的增量命令写到新文件中，最后结束 AOF 进程。

（3）主进程进行收尾工作，将步骤 2 执行期间主进程执行的增量命令也写到新文件中，替换 AOF 文件，AOF 重写完成。

下面将这 3 个步骤称为“AOF 重写三步骤”。

12.3.1 fork 子进程

rewriteAppendOnlyFileBackground 函数负责在后台完成 AOF 重写操作。

Redis 提供了 BGREWRITEAOF 命令来执行 AOF 重写操作，也是调用 rewriteAppendOnlyFile-Background 函数实现的。

该函数会创建 AOF 进程，并在 AOF 进程中调用 rewriteAppendOnlyFile 函数重写 AOF 文件。另外，该函数调用了 aofCreatePipes 函数打开了一条数据管道和两条控制管道，数据管道用于主进程向 AOF 进程传输增量命令，控制管道用于父子进程交互，控制何时停止数据传输。

AOF 使用的管道文件描述符如表 12-1 所示。

表 12-1

管道文件描述符	作用
server.aof_pipe_write_data_to_child	父进程向子进程写数据
server.aof_pipe_read_data_from_parent	子进程从父进程读数据
server.aof_pipe_write_ack_to_parent	子进程向父进程发送停止标志，告诉父进程停止写数据
server.aof_pipe_read_ack_from_child	父进程从子进程读取停止标志
server.aof_pipe_write_ack_to_child	父进程收到停止标志后，向子进程回复确认标志
server.aof_pipe_read_ack_from_parent	子进程从父进程读取回复确认标志

UNIX 编程：

管道是 UNIX 系统提供的进程间通信方式。管道是一种特殊的文件，可以使用文件 I/O 函数（read、write、I/O 复用函数）来操作。

匿名管道可以在父子进程之间通信，通过 pipe 函数可以在父进程中打开一个匿名管道，该管道打开后在父子进程中都可以读/写。

函数原型为 `int pipe(int pipefd[2])`。

提示：一个匿名管道中有两个文件描述符，前者用来读，后者用来写。管道推荐使用单工模式，即只单向传输数据，一个进程只写管道，另一个进程只读管道。

UNIX 还支持命名管道，感兴趣的读者可以自行了解。

12.3.2 子进程处理

rewriteAppendOnlyFileBackground 函数创建 AOF 进程后，在 AOF 进程中调用 rewriteAppendOnlyFile 函数重写 AOF：

```
int rewriteAppendOnlyFile(char *filename) {
    rio aof;
    FILE *fp = NULL;
    char tmpfile[256];
    char byte;

    // [1]
    snprintf(tmpfile,256,"temp-rewriteaof-%d.aof", (int) getpid());
    fp = fopen(tmpfile,"w");
    ...

    server.aof_child_diff = sdsempty();
    rioInitWithFile(&aof,fp);

    ...
    // [2]
    if (server.aof_use_rdb_preamble) {
        int error;
        if (rdbSaveRio(&aof,&error,RDBFLAGS_AOF_PREAMBLE,NULL) == C_ERR) {
            errno = error;
            goto werr;
        }
    } else {
        if (rewriteAppendOnlyFileRio(&aof) == C_ERR) goto werr;
    }

    if (fflush(fp) == EOF) goto werr;
    if (fsync(fileno(fp)) == -1) goto werr;

    // [3]
```

```
int nodata = 0;
mstime_t start = mstime();
while(mstime()-start < 1000 && nodata < 20) {
    if (aeWait(server.aof_pipe_read_data_from_parent, AE_READABLE, 1) <= 0)
    {
        nodata++;
        continue;
    }
    nodata = 0;
    aofReadDiffFromParent();
}

// [4]
if (write(server.aof_pipe_write_ack_to_parent,"!",1) != 1) goto werr;
if (anetNonBlock(NULL,server.aof_pipe_read_ack_from_parent) != ANET_OK)
    goto werr;

if (syncRead(server.aof_pipe_read_ack_from_parent,&byte,1,5000) != 1 ||
    byte != '!') goto werr;

// [5]
aofReadDiffFromParent();

// [6]
if (rioWrite(&aof,server.aof_child_diff,sdslen(server.aof_child_diff)) == 0)
    goto werr;

if (fflush(fp)) goto werr;
if (fsync(fileno(fp))) goto werr;
if (fclose(fp)) { fp = NULL; goto werr; }
fp = NULL;

// [7]
if (rename(tmpfile,filename) == -1) {
    ...
    return C_ERR;
}
```

```
    serverLog(LL_NOTICE,"SYNC append only file rewrite performed");
    stopSaving(1);
    return C_OK;
}
```

【1】打开一个临时文件并初始化 rio 变量。

【2】如果服务器开启了 AOF 混合持久化，则生成 RDB 数据到临时文件中，否则，将 Redis 所有数据转化为写入命令写入临时文件。

【3】重复从 server.aof_pipe_read_data_from_parent 中读取增量命令，存放到 server.aof_child_diff 暂存区。直到满足以下条件之一才停止读取数据：

- 读取增量命令的总时间超过 1 秒。
- 连续 20 毫秒没有读取到增量命令。

aeWait 函数最后一个参数指定了进程阻塞时间，如果没有读取到增量命令，那么进程将阻塞 1 毫秒等待增量命令。

【4】向 server.aof_pipe_write_ack_to_parent 发送停止标志（“!” 字符），通知主进程停止发送增量命令。然后从 server.aof_pipe_read_ack_from_parent 中读取父进程的确认标志（“!”字符）。到这里，父子进程达成共识，父进程不再发送增量命令到 server.aof_pipe_read_data_from_parent。

【5】再一次从 server.aof_pipe_read_data_from_parent 中读取增量命令到 server.aof_child_diff 暂存区，以保证管道中所有的命令数据都被读取。

【6】将 server.aof_child_diff 暂存区内容写入文件并同步磁盘。

【7】将文件重命名为 `temp-rewriteaof-bg-%d.aof`，代表“AOF 重写三步骤”中的第 2 步骤完成。

下面看一下主进程如何写入增量命令到管道中。前面说的 aofRewriteBufferAppend 函数除了将命令写入 AOF 重写缓冲区，还会为 server.aof_pipe_write_data_to_child 管道注册一个监听 WRITE 类型的文件事件，事件回调函数为 aofChildWriteDiffData，该函数会将重写缓冲区的内容写到 server.aof_pipe_read_ data_from_parent 中。

这里使用了 Redis 事件机制对管道进行读/写。

aofCreatePipes 函数创建匿名管道后，还会为 aof_pipe_read_ack_from_child 注册一个监听 READ 类型的文件事件，事件回调函数为 aofChildPipeReadable。该函数在读取到 AOF 进程发送的停止标志（“!”字符）后，会向 server.aof_pipe_write_ack_to_child 写入确认标志（“!”字符），并且删除 server.aof_ pipe_write_data_to_child 上监听 WRITE 类型的文件事件，这时主进程不再向管道发送命令。

12.3.3 父进程收尾

前一章分析 RDB 时说过，checkChildrenDone 函数会在子进程结束后调用，完成父进程的收尾工作。在 checkChildrenDone 函数中如果发现子进程是 AOF 进程，则调用 backgroundRewrite-DoneHandler 函数：

```
void backgroundRewriteDoneHandler(int exitcode, int bysignal) {
    if (!bysignal && exitcode == 0) {
        int newfd, oldfd;
        char tmpfile[256];
        long long now = ustime();
        ...
        // [1]
        snprintf(tmpfile,256,"temp-rewriteaof-bg-%d.aof",
            (int)server.aof_child_pid);
        newfd = open(tmpfile,O_WRONLY|O_APPEND);
        ...
        // [2]
        if (aofRewriteBufferWrite(newfd) == -1) {
            close(newfd);
            goto cleanup;
        }

        ...
        // [3]
        if (rename(tmpfile,server.aof_filename) == -1) {
            ...
            goto cleanup;
        }

        // [4]
        ...
    } ...
}
```

【1】打开 AOF 进程创建的临时文件。

【2】再次将重写缓冲区内容写入临时文件。当主进程不再发送命令到管道后，主进程执行

的增量命令会暂存在重写缓冲区中。

【3】将临时文件重命令为 server.aof_filename 指定的文件名，该 AOF 文件会替换旧的 AOF 文件。

【4】磁盘同步并且清空 AOF 缓冲区（server.aof_buf）内容。

至此，AOF 重写完成，服务器执行的命令会被写入新的 AOF 文件。

AOF 重写的执行过程如图 12-1 所示。

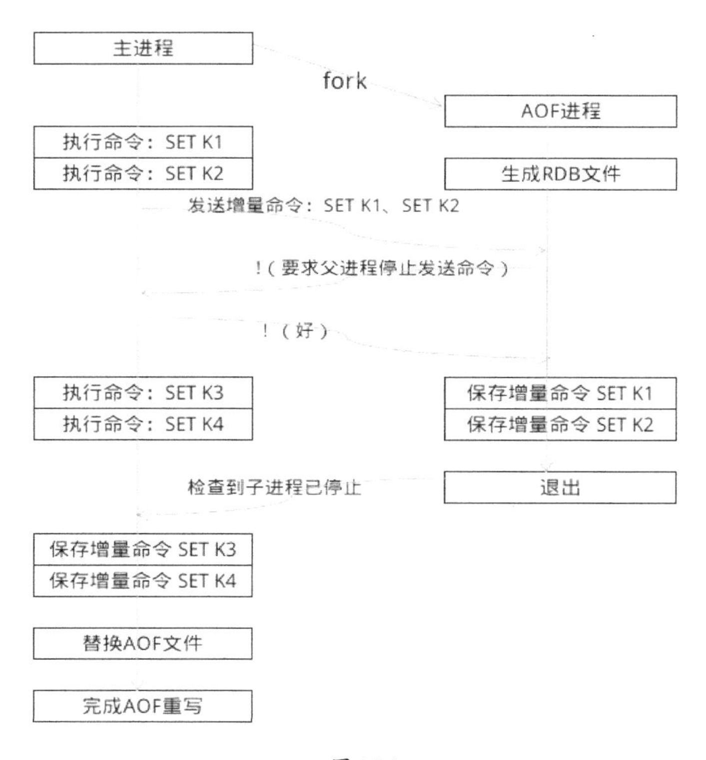

图 12-1

12.4 AOF 文件加载过程

前一章说过，Redis 启动时会调用 loadDataFromDisk 函数加载持久化数据。

如果服务器开启了 AOF 机制，则 loadDataFromDisk 函数会调用 loadAppendOnlyFile 函数从 AOF 文件中加载数据：

```
int loadAppendOnlyFile(char *filename) {
    struct client *fakeClient;
```

```
// [1]
FILE *fp = fopen(filename,"r");
...

// [2]
fakeClient = createAOFClient();
startLoadingFile(fp, filename, RDBFLAGS_AOF_PREAMBLE);

// [3]
char sig[5];
if (fread(sig,1,5,fp) != 5 || memcmp(sig,"REDIS",5) != 0) {
    if (fseek(fp,0,SEEK_SET) == -1) goto readerr;
} else {
    rio rdb;

    if (fseek(fp,0,SEEK_SET) == -1) goto readerr;
    rioInitWithFile(&rdb,fp);
    if (rdbLoadRio(&rdb,RDBFLAGS_AOF_PREAMBLE,NULL) != C_OK) ...
}

// [4]
while(1) {
    int argc, j;
    unsigned long len;
    robj **argv;
    char buf[128];
    sds argsds;
    struct redisCommand *cmd;
    // [5]
    ...
    argc = atoi(buf+1);
    if (argc < 1) goto fmterr;

    argv = zmalloc(sizeof(robj*)*argc);
    fakeClient->argc = argc;
    fakeClient->argv = argv;
    // [6]
    for (j = 0; j < argc; j++) {
        ...
    }
```

```
        // [7]
        cmd = lookupCommand(argv[0]->ptr);
        ...

        // [8]
        fakeClient->cmd = fakeClient->lastcmd = cmd;
        if (fakeClient->flags & CLIENT_MULTI &&
            fakeClient->cmd->proc != execCommand)
        {
            queueMultiCommand(fakeClient);
        } else {
            cmd->proc(fakeClient);
        }

        ...
    }
    ...
}
```

【1】打开 AOF 文件。

【2】创建一个伪客户端，用于执行 AOF 文件中的命令。

【3】如果 AOF 文件以 Redis 标志开头，则该 AOF 文件使用混合持久化方式生成，调用 rdbLoadRio 函数加载 RDB 内容。

【4】从这里开始处理 AOF 文件中的命令。这里的 while 循环会处理所有的命令。

【5】按照 RESP 协议格式，读取命令参数数量。

【6】读取每一个参数。

【7】查找命令 redisCommand。

【8】调用 redisCommand.proc 函数，执行命令。

12.5 AOF 文件分析示例

启动一个 Redis 服务器，内容为空，执行以下命令：

```
SETEX MyKEY  60 HelloWorld
```

生成的 AOF 文件的内容如下：

```
*2\r\n$6\r\nSELECT\r\n$1\r\n0\r\n
*3\r\n$3\r\nSET\r\n$5\r\nMyKEY\r\n$10\r\nHelloWorld\r\n
*3\r\n$9\r\nPEXPIREAT\r\n$5\r\nMyKEY\r\n$13\r\n1613994070512\r\n
```

提示：为了直观展示，每条命令单独一行显示，实际在 AOF 文件中并不会另起一行。

从 AOF 文件可以看到，SETEX 命令被转换为 SET 命令和 PEXPIREAT 命令，AOF 文件一共有 3 条命令：

```
SELECT 0
SET MyKEY HelloWorld
PEXPIREAT MyKEY 1613994070512
```

12.6 AOF 配置

AOF 机制中常用配置如下：

- appendonly：默认为 no，配置为 yes 才能启用 AOF 机制。
- appendfilename：默认为 appendonly.aof，AOF 文件名，AOF 文件保存目录同样使用 dir 配置。
- appendfsync：默认为 everysec，代表每秒执行一次 AOF 缓冲区数据磁盘同步操作。
- no-appendfsync-on-rewrite：默认为 no，代表存在 RDB 或 AOF 子进程时，仍允许 AOF 缓冲区数据磁盘同步。
- auto-aof-rewrite-percentage、auto-aof-rewrite-min-size：默认为 100、64MB，代表上次 AOF 重写后，AOF 文件大小的增长率超过 100 并且当前 AOF 文件大于 64MB，执行 AOF 重写操作。
- aof-use-rdb-preamble：默认为 yes，开启 AOF 混合持久化。

总结：

- AOF 文件是文本格式，以 RESP 协议格式存储 Redis 执行的写命令。
- Redis 将写命令写入 AOF 缓冲区，并定时刷新 AOF 缓冲区到文件。
- Redis 将定时重写 AOF 文件，由子进程将当前 Redis 数据保存一份到文件中，替换原来的 AOF 文件，默认使用 AOF 混合持久化。

第 13 章 主从复制

Redis 主从复制机制中有两个角色：主节点与从节点。主节点处理用户请求，并将数据复制给从节点。主从复制机制主要有以下作用：

（1）数据冗余，将数据热备份到从节点，即使主节点由于磁盘损坏丢失数据，从节点依然保留数据副本。

（2）读/写分离，可以由主节点提供写服务，从节点提供读服务，提高 Redis 服务整体吞吐量。

（3）故障恢复，主节点故障下线后，可以手动将从节点切换为主节点，继续提供服务。

（4）高可用基础，主从复制机制是 Sentinel 和 Cluster 机制的基础，Sentinel 和 Cluster 都实现了故障转移，即主节点故障停止后，Redis 负责选择一个从节点切换为主节点，继续提供服务。

本章分析 Redis 主从复制的实现原理。

13.1 流程概述

本书将主从复制流程分为三个阶段。

（1）握手阶段：主从连接成功后，从节点需要将自身信息（如 IP 地址、端口等）发送给主节点，以便主节点能认识自己。

（2）同步阶段：从节点连接主节点后，需要先同步数据，数据达到一致（或者只有最新的变更不一致）后才进入复制阶段。

Redis 支持两种同步机制：

- 全量同步：从节点发送命令 `PSYNC ? -1`，要求进行全量同步，主节点返回响应 `+FULLRESYNC`，表明同意全量同步。随后，主节点生成 RDB 数据并发送给从节点。这种方式常用于新的从节点首次同步数据。
- 部分同步：从节点发送命令 `PSYNC replid offset`，要求进行部分同步，主节点响应 `+CONTINUE`，表明同意部分同步。主节点只需要把复制积压区中 offset 偏移量之后的命令发送给从节点即可（主节点会将最新执行的写命令都写入复制积压区）。这种方式常用于主从连接断开重连时同步数据。如果 offset 不在复制积压区中（从节点落后过多），那么主节点也会返回`+FULLRESYNC`，要求进行全量同步。

（3）复制阶段：主节点在运行期间，将执行的写命令传播给从节点，从节点接收并执行这些命令，从而达到复制数据的效果。Redis 使用的是异步复制，主节点传播命令后，并不会等待从节点返回 ACK 确认。异步复制的优点是低延迟和高性能，缺点是可能在短期内主从节点数据不一致。

本章中指的命令，包含命令名及执行命令的参数。

PSYNC 命令涉及以下属性：

- server.master_repl_offset：记录当前服务器已执行命令的偏移量。
- server.replid：40 位十六进制的随机字符串，在主节点中是自身 ID，在从节点中记录的是主节点 ID。
- server.replid2：用于实现 PSYNC2 协议，后面分析。
- server.repl_backlog：复制积压区，主节点将最近执行的写命令写入复制积压区，用于实现部分同步。

13.2 主从握手流程

主从复制的机制是由从节点发起流程，我们可以发送 REPLICAOF 命令到某个服务器，要求它成为指定服务器的从节点：

```
REPLICAOF <masterip> <masterport>
```

或者在配置文件中添加配置 `REPLICAOF <masterip> <masterport>`，这样 Redis 服务器启动后将成为指定服务器的从节点。

提示： 从 Redis 5 开始为 SLAVEOF 命令提供别名 REPLICAOF，这两个命令的作用一样。

下面以从节点的视角，分析主从握手的过程。

从节点握手阶段涉及以下属性。

- server.repl_state：用于从节点，标志从节点当前复制状态。有如下值：
  - REPL_STATE_NONE：无主从复制关系。
  - REPL_STATE_CONNECT：待连接。
  - REPL_STATE_CONNECTING：正在连接。
  - …（部分握手状态并没有列出）
  - REPL_STATE_TRANSFER：从节点正在接收 RDB 数据。
  - REPL_STATE_CONNECTED：已连接，主从同步完成。

13.2.1　处理 REPLICAOF 命令

从节点使用 replicaofCommand 函数处理 REPLICAOF 命令。该函数执行如下逻辑：

（1）如果处理的命令是 REPLICAOF NO ONE，则将当前服务器转换为主节点，取消原来的主从复制关系，退出函数。

（2）调用 replicationSetMaster 函数，与给定服务器建立主从复制关系。

replicationSetMaster 函数非常重要，它负责建立主从复制关系，Cluster 等机制也会调用该函数为集群节点建立主从复制关系，后面会分析。

```
void replicationSetMaster(char *ip, int port) {
    int was_master = server.masterhost == NULL;

    sdsfree(server.masterhost);
    server.masterhost = sdsnew(ip);
    server.masterport = port;
    // [1]
    if (server.master) {
        freeClient(server.master);
    }
    disconnectAllBlockedClients();

    setOOMScoreAdj(-1);

    // [2]
    disconnectSlaves();
```

```
    cancelReplicationHandshake();

    ...
    // [3]
    server.repl_state = REPL_STATE_CONNECT;
}
```

【1】如果当前已连接了主节点，则断开原来的主从连接。

【2】断开当前服务器所有从节点的连接，使这些从节点重新发起同步流程。

【3】将 server.repl_state 设置为 REPL_STATE_CONNECT 状态。

提示： Redis 支持从节点存在子从节点，如图 13-1 所示。

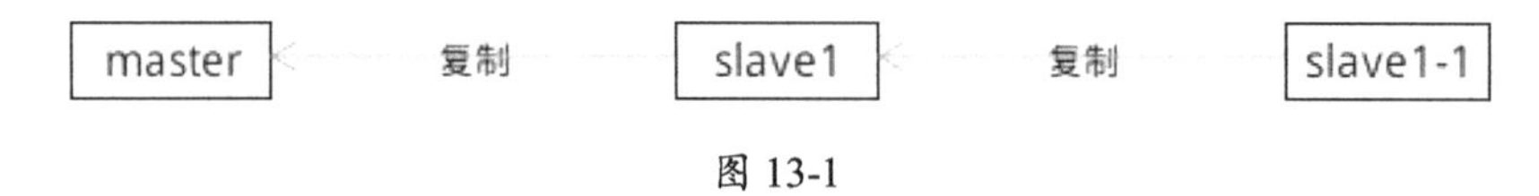

图 13-1

另外，我们在配置文件中配置 `REPLICAOF <masterip> <masterport>`，Redis 加载该配置，也会将 server.repl_state 设置为 REPL_STATE_CONNECT 状态（可查看 config.c）。

13.2.2 主从连接

从节点 server.repl_state 进入 REPL_STATE_CONNECT 状态后，主从复制流程已经开始。

serverCron 时间事件负责对 REPL_STATE_CONNECT 状态进行处理：

```
int serverCron(struct aeEventLoop *eventLoop, long long id, void *clientData) {
    ...
    if (server.repl_state == REPL_STATE_CONNECT) {
        if (connectWithMaster() == C_OK) {
            serverLog(LL_NOTICE,"MASTER <-> REPLICA sync started");
        }
    }
}
```

调用 connectWithMaster 函数进行处理，该函数负责建立主从网络连接：

```
int connectWithMaster(void) {
    // [1]
```

```
    server.repl_transfer_s = server.tls_replication ? connCreateTLS() : connCreateSocket();
    // [2]
    if (connConnect(server.repl_transfer_s, server.masterhost, server.masterport,
                NET_FIRST_BIND_ADDR, syncWithMaster) == C_ERR) {
        ...
        return C_ERR;
    }

    // [3]
    server.repl_transfer_lastio = server.unixtime;
    server.repl_state = REPL_STATE_CONNECTING;
    return C_OK;
}
```

【1】创建一个 Socket 套接字。connCreateTLS 函数创建 TLS 连接，connCreateSocket 函数创建 TCP 连接，它们都返回套接字文件描述符。该连接是主从节点网络通信的连接，本书称之为主从连接。

【2】connConnect 函数负责连接到主节点，并且在连接成功后调用 syncWithMaster 函数。

【3】从节点 server.repl_state 进入 REPL_STATE_CONNECTING 状态。

13.2.3　握手流程

网络连接成功后，从节点调用 syncWithMaster 函数，进入握手阶段：

```
void syncWithMaster(connection *conn) {
    char tmpfile[256], *err = NULL;
    int dfd = -1, maxtries = 5;
    int psync_result;
    ...
    // [1]
    if (server.repl_state == REPL_STATE_CONNECTING) {
        connSetReadHandler(conn, syncWithMaster);
        connSetWriteHandler(conn, NULL);
        server.repl_state = REPL_STATE_RECEIVE_PONG;
        err = sendSynchronousCommand(SYNC_CMD_WRITE,conn,"PING",NULL);
        if (err) goto write_error;
        return;
```

```
    }
    ...
    // [2]
    if (server.repl_state != REPL_STATE_RECEIVE_PSYNC) {
        goto error;
    }
    // more
}
```

【1】根据 server.repl_state 状态，执行对应操作。

代码逻辑总结如表 13-1 所示。

表 13-1

状态	操作
REPL_STATE_CONNECTING	注册监听 READ 类型的文件事件，事件回调函数为 syncWithMaster，并发送 PING 命令，进入 REPL_STATE_RECEIVE_PONG 状态，退出函数（这里使用 Redis 事件机制处理主从连接）
REPL_STATE_RECEIVE_PONG	由于上一步已经注册 syncWithMaster 为主从连接 READ 事件回调函数，当主节点返回 PING 命令响应时，从节点将再次调用 syncWithMaster 函数。这里读取主节点的响应，进入 REPL_STATE_SEND_AUTH 状态
REPL_STATE_SEND_AUTH	如果开启了主从认证，则发送 AUTH 命令及认证密码，进入 REPL_STATE_RECEIVE_AUTH 状态，否则直接进入 REPL_STATE_SEND_PORT 状态
REPL_STATE_RECEIVE_AUTH	读取主节点的响应数据，无错误则进入 REPL_STATE_SEND_PORT 状态
REPL_STATE_SEND_PORT	发送从节点端口信息给主节点，进入 REPL_STATE_RECEIVE_PORT 状态
REPL_STATE_RECEIVE_PORT	读取主节点的响应数据，无错误则进入 REPL_STATE_SEND_IP 状态
REPL_STATE_SEND_IP	发送从节点 IP 地址给主节点，进入 REPL_STATE_RECEIVE_IP 状态
REPL_STATE_RECEIVE_IP	读取主节点的响应数据，无错误则进入 REPL_STATE_SEND_CAPA 状态
REPL_STATE_SEND_CAPA	发送 CAPA 信息，进入 REPL_STATE_RECEIVE_CAPA 状态
REPL_STATE_RECEIVE_CAPA	读取主节点的响应数据，无错误则进入 REPL_STATE_SEND_PSYNC 状态
REPL_STATE_SEND_PSYNC	调用 slaveTryPartialResynchronization 函数，发送 PSYNC 命令到主节点，发起同步流程，进入 REPL_STATE_RECEIVE_PSYNC 状态

提示：CAPA 的全称是 capabilities，代表从节点支持的复制协议，Redis 4 开始支持 EOF 和 PSYNC2 协议。本书只关注 SYNC2 的实现原理。

从节点发送给主节点的信息，主节点会记录在从节点客户端，并在 INFO 命令中输出这些信息。另外，Sentinel 模块需要从主节点 INFO 命令响应中获取这些从节点信息。具体内容在 Sentinel 章节中会详细说明。

【2】执行到这里，主从握手阶段已经完成。server.repl_state 必须处于 REPL_STATE_RECEIVE_PSYNC 状态，否则报错。

提示：syncWithMaster 函数还有一部分全量同步的处理逻辑，13.3.3 节会继续分析该函数。

下面使用 Linux tcpdump 工具抓取主从连接报文，分析主从节点握手阶段的通信内容（主节点端口为 6000）：

```
tcpdump tcp  -i lo  -nn   port  6000 -T RESP
```

tcpdump 支持 RESP 协议，最后一个选项-T RESP 要求 tcpdump 以 RESP 协议格式解析报文。

输出如下：

```
127.0.0.1.60374 > 127.0.0.1.6000: length 14: RESP "PING"
127.0.0.1.6000 > 127.0.0.1.60374: length 34: RESP "NOAUTH Authentication required."
127.0.0.1.60374 > 127.0.0.1.6000: length 25: RESP "AUTH" "16357"
127.0.0.1.6000 > 127.0.0.1.60374: length 5: RESP "OK"
127.0.0.1.60374 > 127.0.0.1.6000: length 49: RESP "REPLCONF" "listening-port" "6001"
127.0.0.1.6000 > 127.0.0.1.60374: length 5: RESP "OK"
127.0.0.1.60374 > 127.0.0.1.6000: length 55: RESP "REPLCONF" "ip-address"
"192.168.0.113"
127.0.0.1.6000 > 127.0.0.1.60374: length 5: RESP "OK"
127.0.0.1.60374 > 127.0.0.1.6000: length 59: RESP "REPLCONF" "capa" "eof" "capa"
"psync2"
127.0.0.1.6000 > 127.0.0.1.60374: length 5: RESP "OK"
```

其中 6000 端口为主节点端口，60374 端口为从节点通信端口。从 tcpdump 的输出可以清晰地看到主从节点在握手阶段的通信内容。

提示：tcpdump 解析后的 RESP 内容并不会展示数据类型的标志符，如主节点对从节点 PING 命令的响应实际上是“-NOAUTH Authentication required.”，请读者阅读源码时注意。

以主节点视角分析握手阶段，主节点会将从节点当作一个普通的客户端，不断处理来自从节点的命令（包括 PING、AUTH、REPLCONF），这部分命令处理本书不关注，感兴趣的读者可自行阅读代码。

13.3 从节点同步流程

下面以从节点视角分析从节点同步流程。

从节点同步流程涉及以下属性：

- server.master：主节点客户端，记录当前服务器的主节点客户端。
- server.cached_master：主节点客户端缓存，主从连接断开后用于缓存主节点客户端。

13.3.1 发送 PSYNC 命令

当从节点 server.repl_state 进入 REPL_STATE_SEND_PSYNC 状态后，会调用 slaveTryPartialResynchronization 函数。它是一个很重要的函数，负责发送 PSYNC 命令及处理主节点对 PSYNC 命令的响应。该函数包含两部分不同的代码逻辑，由 read_reply 参数指定函数执行的代码逻辑。当 read_reply 为 0 时，slaveTryPartialResynchronization 函数负责发送 PSYNC 命令：

```
int slaveTryPartialResynchronization(connection *conn, int read_reply) {
    char *psync_replid;
    char psync_offset[32];
    sds reply;

    // [1]
    if (!read_reply) {
        server.master_initial_offset = -1;

        if (server.cached_master) {
            // [2]
            psync_replid = server.cached_master->replid;
            snprintf(psync_offset,sizeof(psync_offset),"%lld",
server.cached_master-> reploff+1);
        } else {
            // [3]
            psync_replid = "?";
            memcpy(psync_offset,"-1",3);
```

```
        }

        // [4]
        reply = sendSynchronousCommand(SYNC_CMD_WRITE,conn,"PSYNC",psync_replid,
psync_offset,NULL);
        ...
        return PSYNC_WAIT_REPLY;
    }

    // more
}
```

【1】read_reply 参数为 0，发送 PSYNC 命令。

【2】server.cached_master 不为空，使用 server.cached_master 信息发送 PSYNC 命令，这时尝试发起部分同步流程。

- PSYNC 命令的 replid 参数：使用 server.cached_master.replid。
- PSYNC 命令的 offset 参数：使用 server.cached_master.reploff。

【3】server.cached_master 不存在，只能使用全量同步机制，发送 `PSYNC ? -1` 命令。

【4】调用 sendSynchronousCommand 函数发送 PSYNC 命令，最后退出函数，返回 PSYNC_WAIT_REPLY。

13.3.2　部分同步

当 read_reply 参数为 1 时，slaveTryPartialResynchronization 函数处理主节点对 PSYNC 命令的响应。如果主节点同意进行部分同步，则在该函数中完成部分同步的逻辑处理。

```
int slaveTryPartialResynchronization(connection *conn, int read_reply) {
    ...

    // [5]
    reply = sendSynchronousCommand(SYNC_CMD_READ,conn,NULL);
    // [6]
    if (sdslen(reply) == 0) {
        sdsfree(reply);
        return PSYNC_WAIT_REPLY;
    }
```

```
    connSetReadHandler(conn, NULL);

    if (!strncmp(reply,"+FULLRESYNC",11)) {
        char *replid = NULL, *offset = NULL;

        // [7]
        ...
        memcpy(server.master_replid, replid, offset-replid-1);
        server.master_replid[CONFIG_RUN_ID_SIZE] = '\0';
        server.master_initial_offset = strtoll(offset,NULL,10);

        replicationDiscardCachedMaster();
        sdsfree(reply);
        return PSYNC_FULLRESYNC;
    }

    if (!strncmp(reply,"+CONTINUE",9)) {
        // [8]
        ...

        sdsfree(reply);
        // [9]
        replicationResurrectCachedMaster(conn);

        if (server.repl_backlog == NULL) createReplicationBacklog();
        return PSYNC_CONTINUE;
    }
    // [10]
    ...
    return PSYNC_NOT_SUPPORTED;
}
```

【5】执行到这里，说明 read_reply 不为 0，读取主节点对 PSYNC 命令的响应数据。

【6】主节点并没有返回有效数据，退出函数，返回 PSYNC_WAIT_REPLY。

【7】主节点返回`+FULLRESYNC replid offset`，代表主节点要求进行全量同步，退出函数，返回 PSYNC_FULLRESYNC。这里关注从节点对响应中 replid、offset 两个参数的处理：

- replid：保存在 server.master_replid 中。
- offset：保存在 server.master_initial_offset 中。

【8】主节点返回+CONTINUE newReplid，可以进行部分同步，这里也关注一下从节点对 newReplid 参数的处理：使用 newReplid 参数更新 server.replid 及 server.cached_master.replid。

【9】这里完成部分同步的逻辑处理，调用 replicationResurrectCachedMaster 函数将 server.cached_master 转化为 server.master。

replicationResurrectCachedMaster 函数执行如下逻辑：

（1）使用当前主从连接，将 server.cached_master 转化为 server.master。

（2）为主从连接注册监听 READ 类型的文件事件，事件回调函数为 readQueryFromClient，负责接收并处理主节点传播的命令。

（3）server.repl_state 进入 REPL_STATE_CONNECTED 状态。

最后，初始化从节点复制积压区，返回 PSYNC_CONTINUE。至此，从节点部分同步完成，进入复制阶段。

【10】执行到这里，说明主节点不支持 psync 命令，返回 PSYNC_NOT_SUPPORTED。

PSYNC 是 Redis 2.8 开始提供的功能，如果主节点低于该版本，则只能使用 SYNC 命令。

提示： *sendSynchronousCommand 函数可以执行读逻辑或写逻辑，由第一个参数指定执行逻辑。读者不要被函数名混淆。*

另外，从节点会将它们从主节点接收的命令复制到复制积压区（不管它们自身是否存在从节点），以便它们在故障转移后成为主节点时能正常工作（可回顾 commandProcessed 函数）。

13.3.3 全量同步

回到负责握手过程的 syncWithMaster 函数，该函数在 server.repl_state 进入 REPL_STATE_RECEIVE_PSYNC 状态后需要处理全量同步的逻辑：

```
void syncWithMaster(connection *conn) {
    ...

    // [3]
    psync_result = slaveTryPartialResynchronization(conn,1);
    if (psync_result == PSYNC_WAIT_REPLY) return;
    if (psync_result == PSYNC_TRY_LATER) goto error;
```

```
    if (psync_result == PSYNC_CONTINUE) {
        ...
        return;
    }
    ...

    // [4]
    if (connSetReadHandler(conn, readSyncBulkPayload)
            == C_ERR)
    {
        ...
        goto error;
    }

    server.repl_state = REPL_STATE_TRANSFER;
    server.repl_transfer_size = -1;
    server.repl_transfer_read = 0;
    server.repl_transfer_last_fsync_off = 0;
    server.repl_transfer_lastio = server.unixtime;
    return;
}
```

【3】前面已经说了，当 server.repl_state 进入 REPL_STATE_SEND_PSYNC 状态，从节点会调用 slaveTryPartialResynchronization 函数发送 PSYNC 命令。这里再次调用 slaveTryPartial-Resynchronization 函数读取主节点对 PSYNC 命令的响应数据（read_reply 参数为 1），并根据该函数的返回值执行相关逻辑，如表 13-2 所示。

表 13-2

返回值	执行逻辑
PSYNC_WAIT_REPLY	主节点未返回有效数据，退出函数，主节点返回数据后 Redis 将再次调用 syncWithMaster 函数
PSYNC_TRY_LATER	进入异常处理逻辑(将 server.repl_state 设置为 REPL_STATE_CONNECT，重新发起同步流程）
PSYNC_CONTINUE	主节点同意部分同步，这时 slaveTryPartialResynchronization 函数已经完成部分同步流程，直接退出函数
PSYNC_NOT_SUPPORTED	主节点不支持 PSYNC 命令，重新发送 SYNC 命令，退出函数

【4】执行到这里，代表需要进行全量同步。为主从连接注册监听 READ 类型的文件事件，

事件回调函数为readSyncBulkPayload。该函数负责接收主节点发送的RDB数据。server.repl_state进入REPL_ STATE_TRANSFER状态。

使用tcpdump观察全量同步时主从节点的通信内容：

```
127.0.0.1.60374 > 127.0.0.1.6000: length 30: RESP "PSYNC" "?" "-1"
127.0.0.1.6000 > 127.0.0.1.60374: length 56: RESP "FULLRESYNC
c569e5a58e68a086bcc6a3aca79e82bf2738f5e1 110"
```

使用tcpdump观察部分同步时主从节点的通信内容：

```
127.0.0.1.32880 > 127.0.0.1.6000: length 72: RESP "PSYNC"
"c569e5a58e68a086bcc6a3aca79e82bf2738f5e1" "2871"
127.0.0.1.6000 > 127.0.0.1.32880: length 52: RESP "CONTINUE
c569e5a58e68a086bcc6a3aca79e82bf2738f5e1"
```

最后看一下readSyncBulkPayload函数如何接收主节点发送的RDB数据。

我们先了解一下主节点发送RDB数据的格式。主节点发送RDB数据有以下两种格式（<RDB数据>代表真正的RDB数据）：

- 定长格式：`$<length>\r\n<RDB数据>`，在发送RDB数据前先发送RDB数据长度。
- 不定长格式：`$EOF:\r\n<bytesDelimiter><RDB数据><bytesDelimiter>`，在RDB数据前后分别添加40字节长度的定界符。

readSyncBulkPayload函数在接收RDB数据时，也有两种处理方式：

- 磁盘加载：将读取到的RDB数据保存到磁盘文件中，再从文件中加载数据。
- 无磁盘加载：直接从Socket中读取并加载数据。

```
void readSyncBulkPayload(connection *conn) {
    // [1]
    ...

    // [2]
    replicationCreateMasterClient(server.repl_transfer_s,rsi.repl_stream_db);
    server.repl_state = REPL_STATE_CONNECTED;
    server.repl_down_since = 0;

    memcpy(server.replid,server.master->replid,sizeof(server.replid));
    server.master_repl_offset = server.master->reploff;
```

```
    clearReplicationId2();

    if (server.repl_backlog == NULL) createReplicationBacklog();

    ...
    return;
}
```

【1】接收并处理 RDB 数据，代码较烦琐，此处不展示，执行逻辑如下：

（1）判断主节点发送 RDB 数据的格式。以`$EOF`开头为不定长格式，否则为定长格式。

（2）读取并处理 RDB 数据。这里会根据配置使用不同的加载机制：

- 磁盘加载：不断读取 Socket 数据并保存到临时文件中。等所有 RDB 数据都保存至临时文件后，将临时文件重命名为 RDB 文件，并调用 rdbLoad 函数加载 RDB 文件。
- 无磁盘加载：使用 rio.c/rioConnIO 变量直接读取 Socket 数据，并调用 rdbLoadRio 函数加载数据。

【2】执行到这里，全量同步已完成，在进入复制阶段之前，完成以下操作：

（1）调用 replicationCreateMasterClient 函数创建 server.master 客户端，并为主从连接注册监听 READ 类型的文件事件，事件回调函数为 readQueryFromClient，该函数负责接收并执行主节点传播的命令。

（2）server.repl_state 进入 REPL_STATE_CONNECTED 状态。

（3）给 server.replid、server.master_repl_offset 两个属性赋值。

- server.master_replid 赋值给 server.replid、server.master.replid 属性。
- server.master_initial_offset 赋值给 server.master_repl_offset、server.master.reploff 属性。

（4）初始化复制积压区。

13.4 主节点同步流程

主节点同步流程涉及以下属性：

- server.slaves：从节点客户端列表，记录当前服务器下所有的从节点客户端。
- client.replstate：记录每个从节点客户端当前状态，存在以下值。

- SLAVE_STATE_WAIT_BGSAVE_START：等待生成 RDB 数据的操作开始，用于全量同步。
- SLAVE_STATE_WAIT_BGSAVE_END：等待生成 RDB 数据的操作完成，用于全量同步。
- SLAVE_STATE_SEND_BULK：正在发送 RDB 数据，用于全量同步。
- SLAVE_STATE_ONLINE：同步完成，从节点在线。

13.4.1　处理 PSYNC 命令

下面分析主节点对 PSYNC 命令的处理。syncCommand 函数负责处理 PSYNC 命令和 SYNC 命令（Redis 2.8 以下版本使用 SYNC 命令同步数据）：

```
void syncCommand(client *c) {
    // [1]
    if (!strcasecmp(c->argv[0]->ptr,"psync")) {
        if (masterTryPartialResynchronization(c) == C_OK) {
            server.stat_sync_partial_ok++;
            return;
        } ...
    }

    // [2]
    server.stat_sync_full++;
    c->replstate = SLAVE_STATE_WAIT_BGSAVE_START;

    ...
    // [3]
    c->repldbfd = -1;
    c->flags |= CLIENT_SLAVE;
    listAddNodeTail(server.slaves,c);


    // [4]
    if (listLength(server.slaves) == 1 && server.repl_backlog == NULL) {
        changeReplicationId();
        clearReplicationId2();
```

```
        createReplicationBacklog();
    }

    // [5]
    ...
}
```

【1】如果处理的是 PSYNC 命令，则调用 masterTryPartialResynchronization 函数尝试进行部分同步操作，部分同步成功则退出函数，否则函数继续执行。

【2】执行到这里，代表无法进行部分同步操作，主从节点需要进行全量同步。更新 client.replstate，进入 SLAVE_STATE_WAIT_BGSAVE_START 状态。

【3】将该客户端添加到 server.slaves。

【4】如果主节点的复制积压区未创建，则创建复制积压区。这时需要初始化 server.replid，置空 server.replid2。

【5】执行到这里，主节点需要生成一个 RDB 文件，并发送到从节点。这里针对以下 3 种情况进行处理。

（1）主节点正在生成 RBD 数据，并保存到磁盘中。如果当前从节点列表中存在其他处于 SLAVE_STATE_WAIT_BGSAVE_END 状态的从节点客户端，则说明当前生成的 RDB 文件也可以被当前从节点客户端使用，这时将当前从节点客户端 client.replstate 设置为 SLAVE_STATE_WAIT_BGSAVE_END 状态，直接使用当前生成的 RDB 文件。

（2）主节点正在生成 RBD 数据，并直接发送到 Socket（无磁盘同步）。这时需要等待该 RDB 操作完成后，再生成一个新的 RDB 文件。

Redis 提供了主节点无磁盘同步功能（类似于从节点无磁盘加载），开启该功能后，主节点生成的 RDB 数据并不会保存到磁盘中，而是直接发送到 Socket 中，适用于磁盘性能较低而网络带宽较充足的场景。

（3）当前程序中不存在子进程，调用 startBgsaveForReplication 函数生成 RDB 文件。

13.4.2 全量同步

startBgsaveForReplication 函数负责生成 RDB 文件并发送给从节点：

```
int startBgsaveForReplication(int mincapa) {
    ...
```

```
    rdbSaveInfo rsi, *rsiptr;
    rsiptr = rdbPopulateSaveInfo(&rsi);
    // [1]
    if (rsiptr) {
        if (socket_target)
            retval = rdbSaveToSlavesSockets(rsiptr);
        else
            retval = rdbSaveBackground(server.rdb_filename,rsiptr);
    }...

    // [2]
    if (!socket_target) {
        listRewind(server.slaves,&li);
        while((ln = listNext(&li))) {
            client *slave = ln->value;

            if (slave->replstate == SLAVE_STATE_WAIT_BGSAVE_START) {
                    replicationSetupSlaveForFullResync(slave,
                            getPsyncInitialOffset());
            }
        }
    }

    if (retval == C_OK) replicationScriptCacheFlush();
    return retval;
}
```

【1】如果开启了无磁盘同步功能，则调用 rdbSaveToSlavesSockets 函数生成 RDB 数据并直接发送到 Socket 中。否则，调用 rdbSaveBackground 函数生成一个 RDB 文件。

【2】如果未开启无磁盘同步功能，则遍历所有的从节点，调用 replicationSetupSlaveForFullResync 函数处理所有 SLAVE_STATE_WAIT_BGSAVE_START 状态的从节点客户端（这些客户端都可以使用这次生成的 RDB 文件进行全量同步）。

replicationSetupSlaveForFullResync 函数执行以下逻辑：

（1）将从节点客户端 client.replstate 切换到 SLAVE_STATE_WAIT_BGSAVE_END 状态。

（2）发送`+FULLRESYNC <replid> <offset>`给从节点。

注意：这里发送的 replid、offset 参数分别是 server.replid、server.master_repl_offset。

生成 RDB 文件后，还需要将 RDB 数据发送给从节点。前面说过，serverCron 中会调用 checkChildrenDone 在子进程结束后执行收尾工作。

checkChildrenDone 会依次调用以下函数：checkChildrenDone→backgroundSaveDoneHandler→updateSlavesWaitingBgsave。

updateSlavesWaitingBgsave 函数负责发送 RDB 数据：

```
void updateSlavesWaitingBgsave(int bgsaveerr, int type) {
    listNode *ln;
    int startbgsave = 0;
    int mincapa = -1;
    listIter li;

    listRewind(server.slaves,&li);
    while((ln = listNext(&li))) {
        client *slave = ln->value;

        if (slave->replstate == SLAVE_STATE_WAIT_BGSAVE_START) {
            // [1]
            startbgsave = 1;
            mincapa = (mincapa == -1) ? slave->slave_capa :
                                        (mincapa & slave->slave_capa);
        } else if (slave->replstate == SLAVE_STATE_WAIT_BGSAVE_END) {
            struct redis_stat buf;

            ...

            if (type == RDB_CHILD_TYPE_SOCKET) {
                // [2]
                ...
            } else {
                // [3]
                ...
                slave->repldboff = 0;
                slave->repldbsize = buf.st_size;
```

```
                slave->replstate = SLAVE_STATE_SEND_BULK;
                slave->replpreamble = sdscatprintf(sdsempty(),"$%lld\r\n",
                    (unsigned long long) slave->repldbsize);

                connSetWriteHandler(slave->conn,NULL);
                if (connSetWriteHandler(slave->conn,sendBulkToSlave) == C_ERR) {
                    freeClient(slave);
                    continue;
                }
            }
        }
    }
    // [4]
    if (startbgsave) startBgsaveForReplication(mincapa);
}
```

【1】记录当前是否存在 SLAVE_STATE_WAIT_BGSAVE_START 状态的从节点客户端。

【2】这里实现了无磁盘同步功能的具体逻辑，本书不关注这部分内容。

【3】这里实现磁盘同步功能的逻辑，为所有 SLAVE_STATE_WAIT_BGSAVE_END 状态的从节点客户端执行如下操作：

（1）为主从连接注册监听 WRITE 类型的文件事件，事件回调函数为 sendBulkToSlave，该函数负责将 RDB 数据发送给从节点。

（2）从节点客户端 client.replstate 进入 SLAVE_STATE_SEND_BULK 状态。

【4】如果当前存在 SLAVE_STATE_WAIT_BGSAVE_START 状态的从节点客户端，则调用 startBgsaveForReplication 函数再次生成 RDB 文件。

全量同步的最后一步，由 sendBulkToSlave 函数将 RBD 文件发送给从节点：

```
void sendBulkToSlave(connection *conn) {
    client *slave = connGetPrivateData(conn);
    char buf[PROTO_IOBUF_LEN];
    ssize_t nwritten, buflen;

    // [1]
    if (slave->replpreamble) {
```

```
        nwritten = connWrite(conn,slave->replpreamble,sdslen(slave->replpreamble));
        ...
    }

    // [2]
    lseek(slave->repldbfd,slave->repldboff,SEEK_SET);
    buflen = read(slave->repldbfd,buf,PROTO_IOBUF_LEN);
    ...
    if ((nwritten = connWrite(conn,buf,buflen)) == -1) {
        ...
        return;
    }
    slave->repldboff += nwritten;
    server.stat_net_output_bytes += nwritten;
    // [3]
    if (slave->repldboff == slave->repldbsize) {
        close(slave->repldbfd);
        slave->repldbfd = -1;
        connSetWriteHandler(slave->conn,NULL);
        putSlaveOnline(slave);
    }
}
```

【1】使用磁盘同步功能时，使用定长格式发送 RDB 数据，这里先发送 RDB 数据长度 slave.replpreamble。

【2】发送 RDB 内容。

【3】发送完成后，删除主从连接的 WRITE 事件的回调函数，并调用 putSlaveOnline 函数。putSlaveOnline 函数执行如下逻辑：

（1）设置从节点客户端 client.replstate 进入 SLAVE_STATE_ONLINE 状态。

（2）为主从连接注册监听 WREIT 类型的文件事件，事件回调函数为 sendReplyToClient，该函数负责将该从节点客户端回复缓冲区的内容发送给从节点。

全量同步的流程如图 13-2 所示。

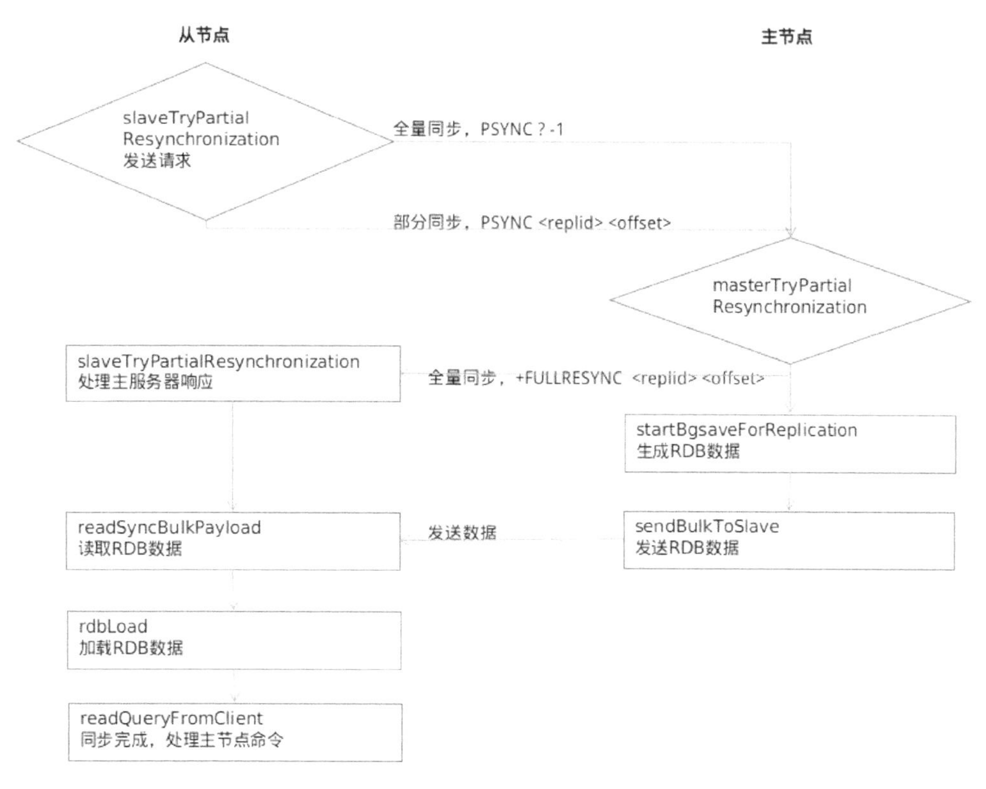

图 13-2

13.4.3　部分同步

下面看一下主节点中部分同步机制的实现原理。

为了支持部分同步，主节点定义了复制积压区 server.repl_backlog。Redis 每执行一条写命令，都会调用 feedReplicationBacklog 函数将命令写入复制积压区。部分同步只需要将复制积压区中待同步的命令发送给从节点即可。

主节点收到PSYNC命令后，会调用masterTryPartialResynchronization函数尝试进行部分同步：

```
int masterTryPartialResynchronization(client *c) {
    long long psync_offset, psync_len;
    char *master_replid = c->argv[1]->ptr;
    char buf[128];
    int buflen;

    // [1]
```

```
if (getLongLongFromObjectOrReply(c,c->argv[2],&psync_offset,NULL) !=
   C_OK) goto need_full_resync;

// [2]
if (strcasecmp(master_replid, server.replid) &&
    (strcasecmp(master_replid, server.replid2) ||
     psync_offset > server.second_replid_offset))
{
    ...
    goto need_full_resync;
}

// [3]
if (!server.repl_backlog ||
    psync_offset < server.repl_backlog_off ||
    psync_offset > (server.repl_backlog_off + server.repl_backlog_histlen))
{
    ...
    goto need_full_resync;
}

// [4]
c->flags |= CLIENT_SLAVE;
c->replstate = SLAVE_STATE_ONLINE;
c->repl_ack_time = server.unixtime;
c->repl_put_online_on_ack = 0;
listAddNodeTail(server.slaves,c);

 // [5]
if (c->slave_capa & SLAVE_CAPA_PSYNC2) {
    buflen = snprintf(buf,sizeof(buf),"+CONTINUE %s\r\n", server.replid);
} else {
    buflen = snprintf(buf,sizeof(buf),"+CONTINUE\r\n");
}
if (connWrite(c->conn,buf,buflen) != buflen) {
    freeClientAsync(c);
    return C_OK;
}
// [6]
```

```
    psync_len = addReplyReplicationBacklog(c,psync_offset);
    ...

    return C_OK;

...
}
```

【1】读取 PSYNC replid offset 命令中的 offset 参数。

【2】PSYNC replid offset 命令中的 replid 参数需要等于 server.replid 或 server.replid2，否则只能使用全量同步机制。主节点中存放了 server.replid 和 server.replid2 两个 replid，用于实现 PSYNC2 协议。

【3】检查 offset 偏移量是否在复制积压区范围内。如果 offset 偏移量不在复制积压区范围内，则说明从节点复制进度已经落后太多，这时只能使用全量同步机制。

【4】客户端添加 CLIENT_SLAVE 标志，并且设置 client.replstate 为 SLAVE_STATE_ONLINE 状态，代表该客户端已进入在线状态。最后将该客户端添加到 server.slaves 中。

【5】发送+CONTINUE 响应，告诉从节点可以进行部分同步。这时需要发送最新的 replid 给从节点，同样是为了实现 PSYNC2 协议。

【6】addReplyReplicationBacklog 函数负责将复制积压区的内容复制到客户端回复缓冲区。

部分同步的流程如图 13-3 所示。

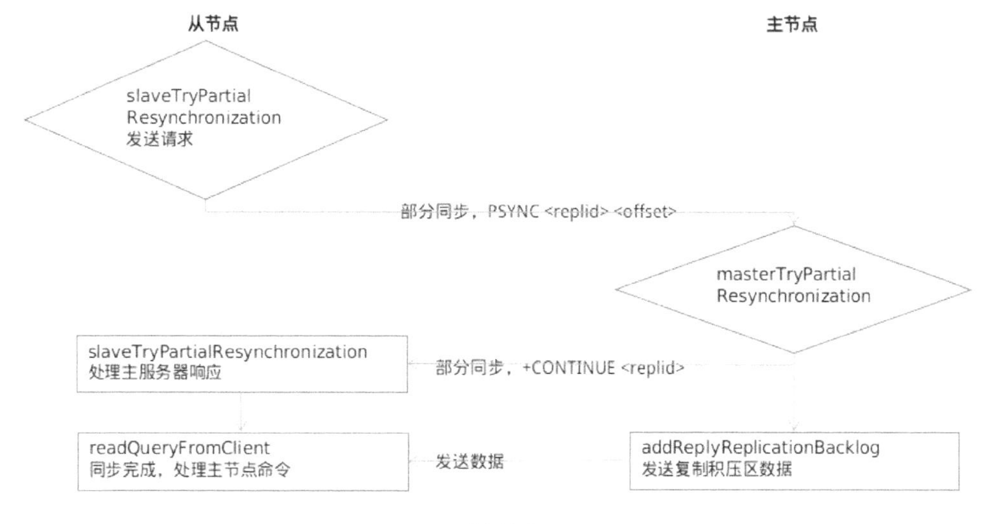

图 13-3

13.4.4 部分同步的实现细节

1. 维护 replid、offset 参数

PSYNC 命令需要使用 replid、offset 参数，这两个参数存放在主从节点的 server.replid、server.master_repl_offset 属性中，另外，从节点的 server.master.replid、server.master.reploff 属性中也保存了一份相同的数据。

为了使部分同步正常工作，主从节点需要维护这两个关键参数对应的属性保持一致。

首先，全量同步时，主节点发送+FULLRESYNC 响应给从节点时，会将 server.master_repl_offset、server.replid 发送给从节点（replicationSetupSlaveForFullResync 函数），从节点处理+FULLRESYNC 响应时，会将 replid、offset 记录在 server.master_replid、server.master_initial_offset 这两个初始属性（slaveTryPartialResynchronization 函数）中。

当从节点 readSyncBulkPayload 函数接收完 RDB 数据后，进入复制阶段之前，将这两个初始属性赋值给 server.replid、server.master_repl_offset，并且在创建主节点客户端时，从节点将这两个属性赋值给 server.master.replid、server.master.reploff。

这些属性数据的传递过程如图 13-4 所示。

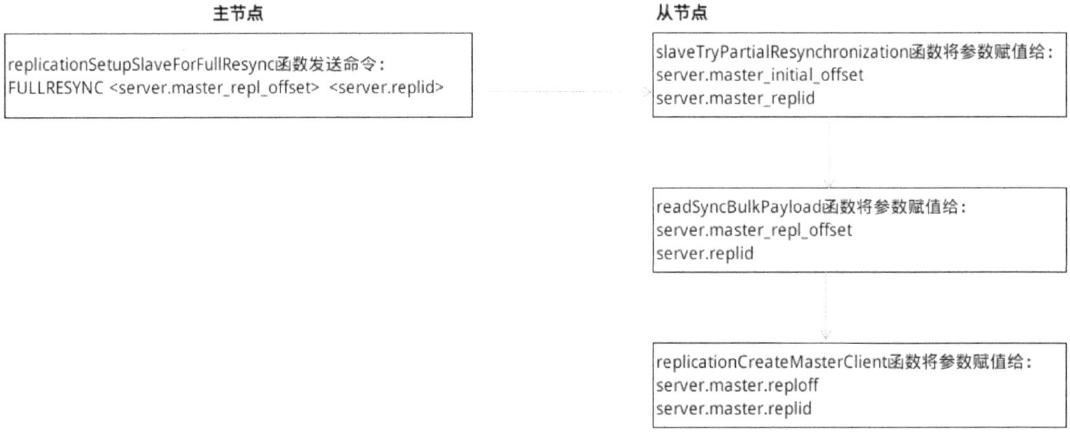

主节点

replicationSetupSlaveForFullResync函数发送命令：
FULLRESYNC <server.master_repl_offset> <server.replid>

从节点

slaveTryPartialResynchronization函数将参数赋值给：
server.master_initial_offset
server.master_replid

readSyncBulkPayload函数将参数赋值给：
server.master_repl_offset
server.replid

replicationCreateMasterClient函数将参数赋值给：
server.master.reploff
server.master.replid

图 13-4

至此，主从节点的关键属性初次达成一致。

此后，每当主节点执行一条写命令，主节点的 server.master_repl_offset 就增加该命令请求长度（feedReplicationBacklog 函数）。而从节点每接收并执行一条（主节点传播的）命令，其 server.master.reploff、server.master_repl_offset 也增加该命令请求长度。

提示：从节点的 server.master.reploff 属性由 commandProcessed 函数更新，而 server.master_repl_offset 属性由 replicationFeedSlavesFromMasterStream 函数调用的 feedReplicationBacklog 函数更新。

假设当前主节点的属性如下：

```
server.replid：XXXXXXXXX
server.master_repl_offset：110
```

全量同步时，主节点将返回+FULLRESYNC XXXXXXXXX 110 给从节点，全量同步完成后，从节点的属性如下：

```
server.replid、server.master.replid：XXXXXXXXX
server.master_repl_offset、server.master.reploff：110
```

随后，主节点执行一条命令，命令请求长度为20，此时主节点的属性如下：

```
server.replid：XXXXXXXXX
server.master_repl_offset：130
```

该命令传输给从节点执行后，此时从节点的属性如下：

```
server.replid、server.master.replid：XXXXXXXXX
erver.master_repl_offset、server.master.reploff：130
```

使用 INFO 命令，我们可以看到 replid、offset 这两个关键属性。

```
role:master
connected_slaves:1
slave0:ip=127.0.0.1,port=6001,state=online,offset=535,lag=1
master_replid:043bf32c780cafe3d9f6f9304fa82efa554f1d0a
master_replid2:0000000000000000000000000000000000000000
master_repl_offset:535
```

2. 缓存 server.master

主从节点连接断开后，从节点会调用 replicationCacheMaster 函数（由 freeClient 函数触发）执行如下逻辑：

（1）缓存主节点客户端，将 server.master 赋值给 server.cached_master。

（2）调用 replicationHandleMasterDisconnection 函数，将 server.repl_state 设置为 REPL_STATE_CONNECT 状态。这样 serverCron 时间事件会不断尝试重新连接主节点，并且使用部分同步机制同步数据。

server.master 与 server.cached_master 两个属性的关系如下：

（1）主从连接断开，server.master 缓存到 server.cached_master 中，这时 server.cached_master.replid 为主节点 ID，server.cached_master.reploff 为从节点当前已复制命令偏移量。这时，从节点调用 slaveTryPartialResynchronization 函数使用这两个属性发送 PSYNC 命令，发起部分同步流程。

由于主从连接已断开，server.cached_master 中并没有连接消息。

（2）部分同步成功后，server.cached_master 再次转化为 server.master。

13.5 PSYNC2

在 Redis 4 之前，主从部分同步使用的 PSYNC 协议。当主从连接由于网络抖动等原因断开重连后，使用 PSYNC 协议可以快速地同步数据。但 PSYNC 协议还有两个场景没有考虑到：

（1）从节点重启后，丢失了 replid 和 offset 参数，导致主从节点只能进行全量同步。

（2）在 Cluster 集群中，故障转移导致主节点变更，从而使主节点的 replid 发生变化，这时主从节点也只能进行全量同步。对此，Redis 4.0 提供了 PSYNC2 协议。

下面看一下 PSYNC2 如何优化这两个场景。

13.5.1 从节点重启

Redis 服务停止前，会将数据保存到 RDB 文件中。在 RDB 章节中说过，rdbSaveInfoAuxFields 函数会保存服务器辅助字段，该函数会将 server.replid、server.master_repl_offset 作为 repl-id、repl-offset 辅助字段存入 RDB 文件。

从节点启动后，调用 loadDataFromDisk 函数加载数据：

```
void loadDataFromDisk(void) {
    ... {
        rdbSaveInfo rsi = RDB_SAVE_INFO_INIT;
        errno = 0;
        // [1]
        if (rdbLoad(server.rdb_filename,&rsi,RDBFLAGS_NONE) == C_OK) {
            // [2]
```

```
            if ((server.masterhost ||
                (server.cluster_enabled &&
                nodeIsSlave(server.cluster->myself))) &&
                rsi.repl_id_is_set &&
                rsi.repl_offset != -1 &&
                rsi.repl_stream_db != -1)
            {
                memcpy(server.replid,rsi.repl_id,sizeof(server.replid));
                server.master_repl_offset = rsi.repl_offset;
                replicationCacheMasterUsingMyself();
                selectDb(server.cached_master,rsi.repl_stream_db);
            }
        } ...
    }
}
```

【1】调用 rdbLoad 函数加载 RDB 数据，会将 RDB 文件中的 repl-id、repl-offset 字段赋值给 rsi.repl_id、rsi.repl_id。

【2】如果当前服务器是从节点，则将 rsi.repl_id、rsi.repl_id 赋值给 server.replid、server.master_repl_offset，并调用 replicationCacheMasterUsingMyself 函数执行如下逻辑：

（1）调用 replicationCreateMasterClient 函数创建 server.master，并将 server.master_repl_offset、server.replid 赋值给 server.master.reploff、server.master.replid。

（2）将 server.master 赋值给 server.cached_master，并将 server.master 设置为 NULL。

到这里，server.cached_master 就准备好了，从节点可以使用它发起部分同步流程了。

提示：如果要支持从节点重启后使用 PSYNC2 协议，目前的 Redis（当前最新版本为 Redis 6）必须使用 RDB 持久化。

13.5.2 Cluster 故障转移

Cluster 集群需要使用主从复制机制，Cluster 的内容将在后面的章节中详细分析，这里只需要知道 Cluster 集群中故障转移导致集群的主节点变更，从而导致主节点的 replid 变化即可。例如，在 Cluster 集群中，主节点 nodeA 的 replid 为“XXXXXXXX1”，它有两个从节点 nodeB、nodeC。主节点 nodeA 下线后，从节点 nodeB 升级为主节点，它的 replid 为“XXXXXXXX2”，但从节点 nodeC 中的 server.cached_master.replid 还是“XXXXXXXX1”。当从节点 nodeC 尝试与

nodeB 部分同步时，将发送命令“`PSYNC XXXXXXXX1 ...`”。该 PSYNC 命令中的 replid 参数与 nodeB 的 server.replid 并不一致。

PSYNC2 处理方案如下：

当 nodeB 从节点切换为主节点时会调用 shiftReplicationId 函数，将原来主节点 nodeA 的 server.replid 保存到 server.replid2 中，并生成一个新的 server.replid。也就是 nodeB 从节点切换为主节点后，两个 replid 如下：

```
server.replid：XXXXXXXX2
server.replid2：XXXXXXXX1
```

主节点在 masterTryPartialResynchronization 函数中实现部分同步，只要 PSYNC 命令中的 replid 参数等于 server.replid 或 server.replid2，就同意进行部分同步。并且，主节点会返回 `+CONTINUE replid` 响应，将主节点最新的 replid 发送给从节点，从节点收到该 replid 后，将其赋值给 server.replid、server.cached_master.replid。这样，主从节点的 replid 再次达成一致。

13.6 主从复制流程

Redis 主从复制机制通过传播命令实现复制数据的功能。主从同步完成后，进入复制阶段。这时，主节点每执行一条写命令，都会调用 replicationFeedSlaves 函数将命令传播给从节点（由 server.c/propagate 函数触发）：

```
void replicationFeedSlaves(list *slaves, int dictid, robj **argv, int argc) {
    listNode *ln;
    listIter li;
    int j, len;
    char llstr[LONG_STR_SIZE];

    // [1]
    if (server.repl_backlog) {
        char aux[LONG_STR_SIZE+3];

        aux[0] = '*';
        len = ll2string(aux+1,sizeof(aux)-1,argc);
        aux[len+1] = '\r';
        aux[len+2] = '\n';
        feedReplicationBacklog(aux,len+3);
```

```
        for (j = 0; j < argc; j++) {
            ...
        }
    }

    // [2]
    listRewind(slaves,&li);
    while((ln = listNext(&li))) {
        client *slave = ln->value;

        if (slave->replstate == SLAVE_STATE_WAIT_BGSAVE_START) continue;

        addReplyArrayLen(slave,argc);

        for (j = 0; j < argc; j++)
            addReplyBulk(slave,argv[j]);
    }
}
```

【1】调用 feedReplicationBacklog 函数将命令写入复制积压区，用于支持部分同步机制。

【2】将命令写入所有从节点客户端的回复缓冲区，后续 Redis 会将回复缓冲区的内容发送给从节点。注意，如果从节点处于 SLAVE_STATE_WAIT_BGSAVE_START 状态，则命令不需要写入回复缓冲区。该命令的变更会写入 RDB 数据，通过全量同步机制发送给从节点。

前面说过，addReplyBulk 等函数写入数据到客户端回复缓冲区时，会调用 prepareClientToWrite 函数将客户端添加到 server.clients_pending_write 中。实际上，prepareClientToWrite 函数会执行如下判断：如果该客户端是从节点客户端，那么只有处于 SLAVE_STATE_ONLINE 状态，才会将客户端加入 server.clients_pending_write。所以处于 SLAVE_STATE_WAIT_BGSAVE_END、SLAVE_STATE_SEND_BULK 状态的从节点客户端，传播命令会暂存在回复缓冲区，直到客户端切换到 SLAVE_STATE_ONLINE 状态，才能将这些命令发送给从节点。

13.7　定时逻辑

replicationCron 函数执行复制机制的定时逻辑，该函数由 serverCron 时间事件间隔 1000 毫秒触发一次。

replicationCron 函数主要执行以下逻辑（包含主节点、从节点的逻辑）：

（1）如果从节点在握手阶段或接收 RDB 数据时连接超时，则中断同步流程，server.repl_state 回到 REPL_STATE_CONNECT 状态。

（2）如果从节点处于 REPL_STATE_CONNECTED（已连接）状态，并且上次与主节点通信（server.master.lastinteraction）后已过去时间超出了 server.repl_timeout，则判断为主从连接超时，并断开连接。提示：从节点每次收到主节点发送的数据后都会更新 server.master.lastinteraction（readQueryFromClient 函数）。

（3）如果从节点处于 REPL_STATE_CONNECT（待连接）状态，则调用 connectWithMaster 函数连接到主节点（与 serverCron 时间事件处理 REPL_STATE_CONNECT 状态的逻辑相同）。

（4）从节点定时发送命令 `REPLCONF ACK offset`，频率为 1000 毫秒发送一次，将从节点的 server.master.reploff 发送给主节点。主节点收到该数据后将更新 client.repl_ack_time、client.repl_ack_off。

提示： client.repl_ack_off 属性代表从节点已确认偏移量。由于 Redis 使用的是异步复制机制，所以主节点传播命令时并不等待从节点返回 ACK 确认，而是在这里同步从节点 ACK 信息。

（5）主节点定时发送 PING 给所有的从节点，维持主从连接活跃。

（6）主节点会给处于 SLAVE_STATE_WAIT_BGSAVE_START 或 SLAVE_STATE_WAIT_BGSAVE_END 状态的从节点发送空行，避免从节点在等待 RDB 数据过程中连接超时。

（7）主节点检查从节点连接，如果从节点连接超时（当前时间减去 client.repl_ack_time 超过了 server.repl_timeout），那么关闭连接。

（8）如果从节点数量为 0，并且无从节点状态持续时间超过了 server.repl_backlog_time_limit 配置，则主节点会删除复制积压区，并且重新生成 replid，置空 replid2。

（9）如果主节点中不存在子进程，则遍历所有的从节点客户端，如果存在 SLAVE_STATE_WAIT_BGSAVE_START 状态的从节点客户端，则调用 startBgsaveForReplication 函数开始生成 RDB 数据。

前面分析 syncCommand 函数时说过，如果主节点正在生成发送到 Socket 的 RBD 数据，则需要等待该 RDB 操作完成后再生成新的 RDB。该场景下正是在这里生成新的 RDB 文件。

（10）主节点维护了 server.repl_good_slaves_count 属性，用于记录正常从节点数量，这里检查所有的从节点客户端是否在线并更新该属性。

从 replicationCron 函数可以看到，主从节点都会定时发送报文：

- 从节点定时发送 `REPLCONF ACK offset`，通知主节点自己已复制命令偏移量。
- 主节点发送 PING 命令，保证主从连接不会超时断开。

主从节点定时发送的消息如图 13-5 所示。

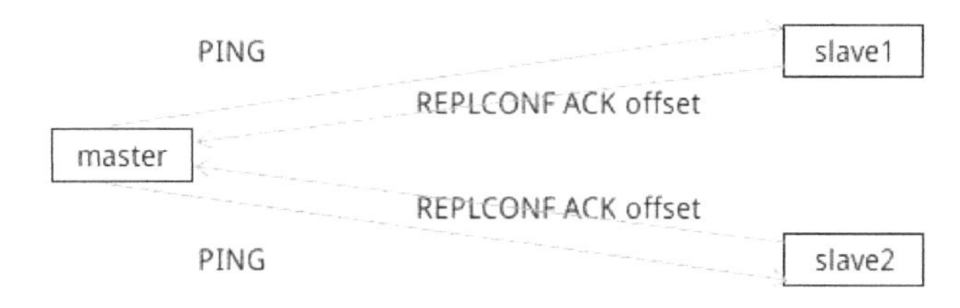

图 13-5

13.8 主从复制配置

下面列举一些主从复制机制中常用的配置。

用于从节点的配置：

- replicaof：设置启动服务器为指定服务器的从节点。
- masterauth：用于主从节点认证的密码。
- masteruser：指定可以执行 PSYNC 命令或其他复制命令的用户，Redis 6 开始提供。
- replica-serve-stale-data：默认为 yes，代表在主从连接断开或同步阶段，允许从节点继续处理用户查询请求，返回过期数据或空数据。
- replica-read-only：默认为 yes，代表从节点只处理用户查询请求，不能修改数据。
- repl-diskless-load：默认为 disabled，代表不使用无磁盘加载功能。开启无磁盘加载功能后，从节点将直接从 Socket 中读取并加载数据。这时可能还没有接收完整 RDB 数据就开始解析 RDB 数据了。
- replica-announce-ip、replica-announce-port：配置从节点的 IP 地址、端口，从节点在握手阶段会将该信息发送给主节点。

用于主节点的配置：

- repl-diskless-sync：默认为 no，即不使用无磁盘同步功能。开启无磁盘同步功能后，主节点会将生成的 RDB 数据直接发送到 Socket 中，适用于磁盘性能较低但网络宽带较充足的场景。
- repl-ping-replica-period：默认为 10，单位为秒，主节点发送 PING 的时间间隔。
- repl-backlog-size：默认为 1MB，设置复制积压区大小。

- repl-backlog-ttl：默认为 3600，单位为秒，主节点处于无从节点状态的时间超过该配置，将释放复制积压区。
- min-replicas-max-lag：如果从节点超过该配置没有返回 ACK 信息，则判定从节点不正常，默认为 10，单位为秒。
- min-replicas-to-write：如果（根据 min-replicas-max-lag 配置判断的）正常从节点数量少于该配置，则主节点拒接执行命令，默认为 0。

用于主从节点的配置：

- repl-timeout：默认为 60，单位为秒，主从连接超时时间。
  - 用于主节点，如果从节点超过该配置时间没有发送 ACK 信息，则连接超时。
  - 用于从节点，作用于以下 3 个场景：

    （1）如果处于握手阶段并且主节点超过该配置时间没有返回从节点命令响应，则连接超时。

    （2）如果处于同步阶段并且主节点超过该配置时间没有发送新的 RDB 数据，则连接超时。

    （3）如果处于复制阶段并且主节点超过该配置时间没有发送 PING 命令，则连接超时。

另外，如果主节点没有持久化，则应当禁止主节点自动重启。否则，主节点崩溃并自动重启后其数据集合为空，这时从节点与主节点同步数据，从节点将清除原来的数据副本，从而导致所有的数据都丢失了。

总结：

- Redis 提供主从复制机制，主节点将数据复制给从节点实现数据热备份。
- 主从握手阶段，从节点将自身信息发送给主节点。
- Redis 支持全量同步和部分同步。全量同步时主节点生成 RDB 数据并发送给从节点，部分同步时主节点将复制积压区的命令发送给从节点。
- 主节点将执行的写命令传播给从节点，从而达到数据复制的效果。

第 4 部分 分布式架构

第 14 章 Raft 算法

Redis Sentinel 和 Cluster 机制中都用到了一致性算法 Raft。Raft 算法在分布式存储系统中的应用越来越广泛，学习 Raft 算法，对我们理解分布式存储系统有很大的帮助。本章主要讨论 Raft 算法的设计。

14.1 分布式一致性的难点

Raft 是一种易于理解的一致性算法，一致性算法即在分布式系统中，保证数据一致性的算法。分布式系统通常由多个节点组成，多个节点保持数据一致涉及很多问题，下面通过一个例子进行分析。

假设集群中存在节点 S1、S2、S3、S4、S5，并且当前维护的数据 X=0。节点 S1 收到请求，修改 X 为 1：X <- 1；节点 S2 收到请求，修改 X 为 2：X <- 2。

首先，集群中的每个节点都需要将自己收到的修改请求广播给其他节点，其他节点接收后再执行相同的操作，以保持集群内所有节点的数据一致。这样，节点 S1、S2 都会将自己收到的修改请求广播给其他节点。而节点 S3、S4、S5 都收到两个修改请求：X <- 1、X <- 2。

下面是分布式系统保证数据一致时常遇到的问题。

1. 时钟不同步

由于网络延迟等原因，节点 S3、S4、S5 收到这两个修改请求的前后顺序不一致，可能 S3 收到的请求顺序为 X <- 1、X <- 2，最终结果为 X=2，而 S4 收到的请求顺序为 X <-2、X <- 1，

最终结果为 X=1。最终集群中 X 的值就不一致了。

在一个节点上，可以通过时间（或序列号）区分操作的先后顺序，而在多个节点上，由于不同机器上的物理时钟难以同步，所以我们无法在分布式系统中直接使用物理时钟区分事件时序。

这是一致性算法首先要解决的问题，通常有两个解决方案：去中心化架构与中心化架构。

中心化架构即选举一个 leader 节点（中心节点），并由 leader 节点负责所有的写操作。该方案更易于理解与实现，Raft 算法采用了该方案。而去中心化架构即集群中所有节点都可以处理写操作，但每个写操作执行前都需要集群内对该操作达成共识，如 Paxos 算法。该方案可以达到更高的性能，但往往非常难以理解与实现。

Paxos 算法同样是非常优秀的分布式一致性算法，Raft 算法中的很多思想正是来自 Paxos 算法，但 Paxos 算法过于晦涩难懂，因此本书也不会过多地介绍 Paxos 算法。

2. 网络不可靠

由于网络不可靠，某些节点可能由于网络阻塞等原因，没有收到其他节点广播的修改请求，导致部分修改丢失，最终导致数据不一致。

3. 节点崩溃

集群中的每个节点随时可能崩溃重启或者运行缓慢，导致它在某一段时间内没有收到其他节点广播的修改请求，最终导致数据不一致。

14.2 CAP 理论

关于分布式系统有一个著名的 CAP 理论——在一个分布式系统中，不可能同时实现以下三点：

- Partition tolerance：分区容错性，正常情况下一个集群内所有节点网络应该是互通的。但由于网络不可靠，可能导致一些节点之间网络不通，整个网络就分成了几块区域。如果一个数据只在一个节点中保存，出现网络分区后，其他不连通的分区就访问不到这个数据了。通常将数据复制到集群的所有节点，保证即使出现网络分区后，不同网络分区都可以访问到数据。这样实现了分区容错，但也引入了数据一致性问题。
- Consistency：一致性，即集群中所有节点的数据保持一致。
- Availability：可用性，即集群一直处于可用状态，能正常处理用户请求并返回响应。

由于网络不可靠，并且分布式存储系统都使用多个节点存储数据，所以分布式存储系统必须实现分区容错性。我们只能选择优先追求一致性或可用性。如果追求可用性，当数据不一致时分布式系统仍提供服务，但可能返回不一致的数据（可能某一段时间内集群数据不一致，但集群内的数据最终会达成一致，这种一致性称为“最终一致性”）。而追求一致性，当集群数据无法达成一致时，集群就应该停止服务。

> **提示：** CAP 理论于 1998 年提出，也曾一度遭到质疑，后来作者对其进行了部分调整和修正，现在它仍然可以作为分布式系统设计的一个指导理论。

14.3 Raft 算法的设计

Raft 算法实现的是强一致性，即优先追求数据一致，当集群无法达到数据一致时将停止服务。但 Raft 中使用了“Quorum 机制”，只要集群中超过半数节点正常运行，集群就可以正常提供服务。

另外，共识协议是一致性算法中很重要的一部分，共识协议即集群中的节点如何对某个提议达成共识，提议即执行某个操作的请求，如选择某个节点成为 leader 节点。

Raft 算法使用“Quorum 机制”达成共识，当集群中超过半数节点接受某个提议后，集群内就达成共识——该操作可以被集群执行。

Raft 算法会选举一个 leader 节点（其余节点称为 follower 节点），由 leader 节点处理所有写请求，从而解决“时钟不同步导致无法确认操作顺序”的问题。另外，leader 会将自己收到的请求广播给集群内其他 follower 节点，从而达成数据一致。

通过 leader 节点，Raft 算法将一致性问题简化为 3 个子问题：

- 领导选举：当前 leader 节点崩溃下线或集群刚启动时，需要选举一个新的 leader。
- 日志复制：leader 节点将自己接收的请求记录到日志中，并将日志广播给其他节点，从而保证集群数据达到一致。
- 数据安全：如果某个日志已经被集群提交，那么该日志不能再被覆盖或者修改。

Raft 算法中通过日志存储所有的修改操作，保证了已提交的日志安全，即保证了对应的修改操作不能被抛弃或篡改（日志提交：当某个日志被复制给集群一半以上节点，leader 节点就会提交该日志，并执行真正的修改操作。）。

下面详细分析 Raft 算法。

Raft 算法中定义了任期（Term）的概念，将时间切分为一个个 Term，可以认为是逻辑上的时间。

每一任期开始时都需要选举 Leader，该 Leader 将在该任期内一直完成 Leader 的工作。如果 Leader 故障下线，则需要开启一个新的任期，并选举新的 Leader。

在 Raft 算法中，每个节点都需要维护如表 14-1 所示的属性。

表 14-1

属性	说明
currentTerm	服务器当前任期（节点首次启动的时候初始化为 0，单调递增）
votedFor	当前任期获得该节点选票的 candidate 节点的 ID，如果当前节点没有投给任何 candidate 则为空，用于 Leader 选举
log[]	本地日志集，每个条目包含日志索引、操作内容，以及 Leader 收到该日志时的任期
commitIndex	已提交的最大的日志条目索引（初始值为 0，单调递增）
lastApplied	已执行真正的修改操作的最大的日志条目索引（初始值为 0，单调递增）

14.3.1 Leader 选举

Raft 算法中的每个节点都可以有 3 种状态：leader、follower、candidate。正常情况下，leader 节点会定时向所有 follower 节点发送心跳请求，以维护 leader 地位。如果某个 follower 节点超过指定时间没有收到 leader 心跳（该超时时间称为选举超时时间），那么它就认为 leader 节点已下线，将转化为 candidate（候选）节点，并发起选举流程。

另外，集群刚启动后，每个节点都是 follower 节点，直到某个节点转化为 candidate 节点，将发起选举流程。

follower 节点成为 candidate 节点后，执行如下逻辑：

（1）增加任期，更新 currentTerm 为 currentTerm+1。

（2）给自己投票。

（3）向集群其他节点发送投票报文，要求它们给自己投票。

报文内容如表 14-2 所示。

表 14-2

属性	说明
term	发送节点的当前任期号
candidateId	发送节点 ID
lastLogIndex	发送节点最后一条日志条目的索引值
lastLogTerm	发送节点最后一条日志条目的任期号

其他节点收到该报文后，执行如下逻辑：

（1）如果 request.term<receiver.currentTerm，则拒绝投票（使用 request 指代请求数据，receiver 指代接收节点的数据，下同）。

（2）如果 request.lastLogTerm<receiver.lastLogterm 或 request.lastLogIndex<receiver.lastLogindex，

则拒绝投票（receiver.lastLogterm、receiver.lastLogindex 指接收节点最后一条日志条目任期号、索引值）。

（3）如果 request.term==receiver.currentTerm，并且接收节点 votedFor 不为空，则说明该任期内接收节点已经给其他节点投过票，拒绝投票。

（4）到这里，说明可以给请求节点投票，更新 receiver.currentTerm 为 request.term，重置选举超时时间，并返回投票响应。

在以下场景中，candidate 节点会转化为其他状态：

（1）超过半数节点给自己投票（包括自己的选票），当前节点当选为 leader 节点。

由于使用了“Quorum 机制”，Raft 算法保证如果某次选举成功，那么只能选举出唯一的 leader 节点。

（2）收到其他节点的心跳报文，并且任期不小于自己当前任期，说明其他节点已成为 leader 节点，当前节点转化为 follower 节点。

（3）等待一段时间，直到超过选举超时时间仍没有当选或收到其他 leader 节点的心跳报文，则开始新一轮选举。

如图 14-1 所示，leader 节点将最新的日志（lastLogIndex 为 12）复制给 S2 节点后就崩溃下线。随后，S5 节点发起选举流程。

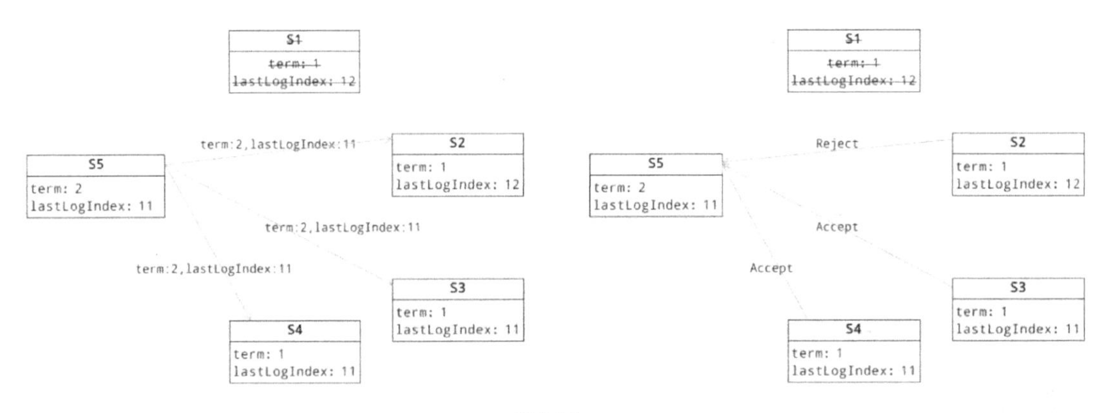

图 14-1

S5 获得 3 票（加上自己给自己投的一票）成为 leader 节点。S5 成为 leader 节点后，S5 节点需要定时发送心跳报文以维持自己的 leader 地位，如图 14-2 所示。

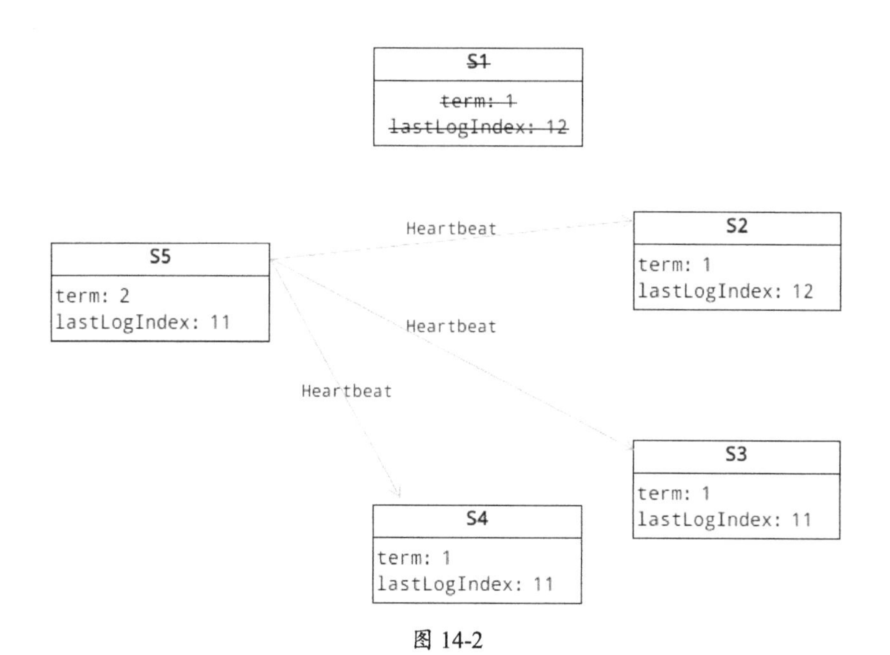

图 14-2

如果一个任期内同时有多个节点发起选举，则该任期的选票可能被多个节点瓜分，导致该任期最终没有任何一个节点能成为leader节点，投票失败。

如图14-3所示，S2、S5节点同时发起选举流程。

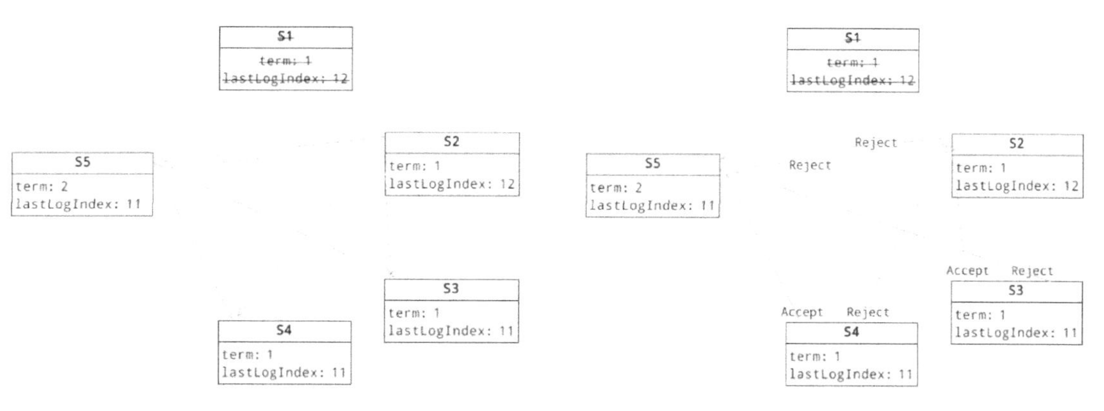

图 14-3

S2、S5节点都只是收到两个投票（包括自己的投票），最终本轮投票没有leader节点当选。

为了避免这种情况，Raft算法要求每个节点都在一个固定的区间（例如，150～300毫秒）内选择一个随机时间作为选举超时时间。当leader下线后，最先超时的节点会先发起选举，这时它通常可以获得多数选票（其他节点未超时或发起选举时间比它晚）。然后该节点赢得选举并在其他节点选举超时之前发送心跳包，从而成为 leader 节点。

> **提示：** 每个节点在发送投票报文或者给其他节点投票后，都需要将当前节点选举超时时间重置为一个新的随机时间。

14.3.2 日志复制

一致性算法是在复制状态机的背景下产生的。复制状态机是指多个节点以相同的初始状态开始，以相同顺序接收相同输入并产生相同的最终状态。复制状态机通常使用复制日志实现，集群中的每个节点都存储了一系列包含操作的日志（即输入），并按照日志的顺序执行操作。由于每个操作都产生相同的结果，所以只要集群内所有节点日志的内容和顺序保持一致，那么每个节点执行日志后生成的数据也保持一致（即相同的最终状态）。通过复制状态机，我们可以将数据一致性问题简化为日志一致性问题。

回到 Raft 算法，leader 节点被选举出来后，就开始为客户端提供服务。它将每个请求记录为一条新的日志条目并附加到本地日志集中，然后通过心跳报文（心跳报文可以附加日志条目）发送给集群中的其他 follower 节点，让它们复制这条日志条目。

当集群中超过半数节点（包括 leader 节点）都收到该日志后，leader 节点（在收到这些节点接收日志条目成功的确认信息后）就认为该日志已经安全，将它提交到状态机并执行真正的修改操作，最后把操作结果返回客户端。

如果网络丢包，或者 follower 节点崩溃、运行缓慢，导致某些节点没有收到日志，那么 leader 节点会不断地重复发送日志条目，直到所有的 follower 节点都存储了全部日志条目。

心跳报文也可以称为附加日志报文，由 leader 节点发送，负责维持 leader 地位或发送日志条目。心跳报文的内容如表 14-3 所示。

表 14-3

属性	说明
term	leader 节点的任期
leaderId	leader 节点的 ID，用于 follower 节点通知客户端进行重定向
prevLogIndex	新日志条目前一条日志条目的索引
prevLogTerm	新日志条目前一条日志条目的任期
entries[]	需要被 follower 节点保存的新日志条目（为了提高效率，可能一次性发送多条，单纯的心跳报文则为空）
leaderCommit	leader 节点中已提交的最大的日志条目的索引

follower 节点收到心跳报文后执行以下逻辑：

（1）request.term<local.currentTerm，无效报文，拒接处理。

（2）执行日志一致性检查操作，如果不通过，则拒绝接收请求中的新日志。

（3）将请求中的新日志条目添加到本地日志集并返回结果。如果本地已经存在的日志条目和请求中的新日志条目冲突（索引值相同但是任期号不同），则删除本地日志集中该索引及后续的所有日志条目，将心跳报文中的新日志条目添加到本地日志集中。

1. 日志一致性检查

由于网络不稳定或者节点运行缓慢，leader 节点和 follower 节点的日志可能不一致，如图 14-4 所示。

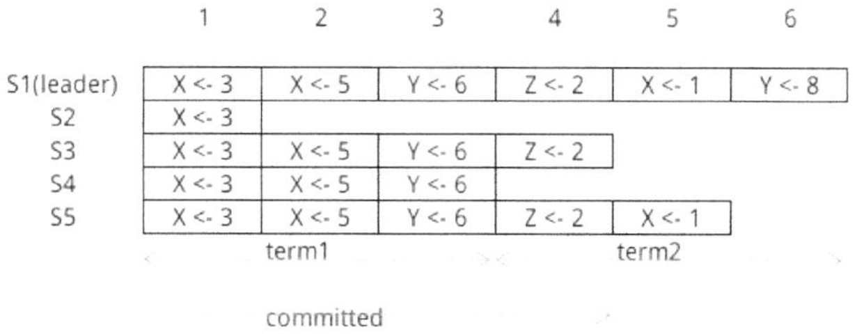

	1	2	3	4	5	6
S1(leader)	X <- 3	X <- 5	Y <- 6	Z <- 2	X <- 1	Y <- 8
S2	X <- 3					
S3	X <- 3	X <- 5	Y <- 6	Z <- 2		
S4	X <- 3	X <- 5	Y <- 6			
S5	X <- 3	X <- 5	Y <- 6	Z <- 2	X <- 1	
	term1			term2		

committed

图 14-4

对于日志不一致的 follower 节点，leader 节点需要将自己的日志复制给它们。

leader 会为每个 follower 节点记录一个 nextIndex，代表 follower 节点在该索引位的日志与 leader 节点不一致，并将该索引位的日志作为下一次心跳报文中发送的日志条目。在图 14-4 中，S2 节点的 nextIndex 为 2，S3 节点的 nextIndex 为 5。

那么如何确认这个 nextIndex 呢？

当一个节点刚成为 leader 节点时，它会将所有 follower 节点的 nextIndex 值初始化为自己最新的日志索引加 1（在图 14-4 中，term2 中的 S1 成为 leader 节点后所有的 follower 节点的 nextIndex 都是 4）。

在发送心跳报文时，leader 会给每个 follower 节点发送其 nextIndex 索引的日志条目，并将 nextIndex 索引的前一条日志的索引和任期包含在报文中（心跳报文中的 prevLogIndex、prevLogTerm 属性），如果 follower 节点在它的日志集中找不到包含相同 prevLogIndex、prevLogTerm 的日志条目（日志一致性检查），就会拒绝心跳报文中的日志条目。这时 leader 节点会将该 follower 节点的 nextIndex 减 1 并重新发送心跳报文，直到找到合适的 nextIndex 索引。

通过日志一致性检查，Raft 算法保证了以下日志匹配特性：

- 如果在不同节点中有两个日志条目有相同的索引和任期号，则它们的内容一定相同；
- 如果在不同节点中有两个日志条目有相同的索引和任期号，则它们之前的所有日志一定相同。

2. 覆盖日志

由于 leader 节点变更等原因，可能导致某些 follower 节点中出现冲突的日志条目，这些日志条目需要被覆盖。在图 14-4 中，如果 S1 节点崩溃，S3 节点成为新的 leader 节点，则这时 S5 中索引 5 上的日志需要被覆盖，结果如图 14-5 所示。

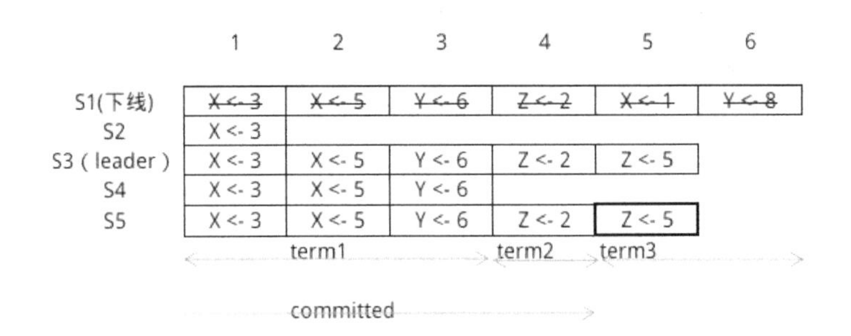

图 14-5

3. 提交日志

Raft 中通过 commitIndex 索引维护状态机已提交的日志索引。当 leader 节点收到多数节点接收某个日志的成功响应后，将修改 commitIndex 索引。

注意，这时 leader 节点才真正执行修改数据的操作并修改 lastApplied 索引。随后，leader 通过心跳报文将最新的 commitIndex 索引发送给其他 follower 节点（commitIndex、lastApplied 索引可参考表 14-1）。

follower 节点根据最新的 commitIndex 索引执行如下操作：

（1）如果 request.leaderCommit>receiver.commitIndex，则令 receiver.commitIndex 等于 request.leaderCommit 和新日志条目索引中较小的一个值。

（2）如果接收节点中 commitIndex>lastApplied，则使 lastApplied 加 1，并执行 lastApplied 位置的日志操作，直到 lastApplied == commitIndex。

14.3.3 安全性

Raft 算法保证已提交的日志条目不会被覆盖或者修改。下面讨论 Raft 算法如何实现该机制。

1. 投票限制

在投票选举中，如果某个节点不包含所有已提交日志，则不能当选为 leader 节点，否则，最新提交的日志条目必然在新 leader 节点中被覆盖。

由于一个日志被提交的前提条件是它被多数节点接收，所以如果一个节点拥有比多数节点更新（或同样新）的日志条目，则说明它必然包含所有的已提交日志。

于是 Raft 算法采用了一种很简单的处理方式，在投票时，只有当请求投票节点的日志条目至少和接收节点一样新时，接收节点才给请求节点投票，否则拒绝为该节点投票。

由于一个节点当选 leader 节点要求得到多数节点的投票，所以最终选出来的节点的日志条目必然比多数节点更新（或同样新），也必然包含已提交的日志。

Raft 算法通过比较两个节点的最后一条日志条目的索引值和任期来判断哪个节点日志更新。如果两个节点最后的日志条目的任期不同，那么任期大的日志更新；如果两个日志条目任期号相同，那么日志索引值大的就更新。

2. 前一任期的日志的处理

新上任的 leader 节点不能直接抛弃前一任期中未提交的日志，而是要继续处理这些日志。但对于前一任期的日志需要做一个特殊的处理：即使前一任期的日志被多数节点接收，也不能提交该日志（因为这时这些日志并不安全），而要等到当前任期的日志被多数节点接收后才能提交日志。

如图 14-6 所示，S1 节点下线后，S5 节点当选为 leader 节点。

	1	2	3	4	5	6
S1(下线)	X <- 3	X <- 5	Y <- 6	Z <- 2	X <- 1	Y <- 8
S2	X <- 3					
S3	X <- 3	X <- 5	Y <- 6	Z <- 2	X <- 1	
S4	X <- 3	X <- 5	Y <- 6	Z <- 2	X <- 1	
S5 (leader)	X <- 3	X <- 5	Y <- 6	Z <- 2	X <- 1	

term1 term2

committed

	1	2	3	4	5	6
S1(下线)	X <- 3	X <- 5	Y <- 6	Z <- 2	X <- 1	Y <- 8
S2	X <- 3					
S3	X <- 3	X <- 5	Y <- 6	Z <- 2	X <- 1	Z <- 2
S4	X <- 3	X <- 5	Y <- 6	X <- 1	X <- 1	Z <- 2
S5 (leader)	X <- 3	X <- 5	Y <- 6	Z <- 2	X <- 1	Z <- 2

term1 term2 term3

committed

图 14-6

S1 节点下线后，S5 节点当选为 leader 节点，并将索引 5 的（任期 2）的日志复制给其他节点，但不能提交该日志。直到索引 6（当前任期）的日志被复制到多数节点后，才可以提交日志，这时索引 6 之前的日志也会一并被提交。

为什么前一任期的日志即使被复制到多数节点仍不安全，我们通过 Raft 论文中的例子说明，如图 14-7 所示。

(a)

	1	2
S1	1	2
S2	1	
S3	1	
S4	1	
S5	1	

(b)

	1	2
S1	1	2
S2	1	
S3	1	
S4	1	
S5	1	3

(c)

	1	2	3
S1	1	2	4
S2	1	2	
S3	1	2	
S4	1		
S5	1	3	

(d)

	1	2	3
S1	1	3	4
S2	1	3	
S3	1	3	
S4	1	3	
S5	1	3	

(e)

	1	2	3
S1	1	2	4
S2	1	2	4
S3	1	2	4
S4	1		
S5	1	3	

提示: 2 代表该日志的任期号为2

图 14-7

（a）：S1 为 leader 节点，当前任期为 2，最新日志为 2-2 日志（为了描述方便，使用 2-2 日志代表 2 索引上任期为 2 的日志），但还没将 2-2 日志复制到其他节点。

（b）：S1 崩溃，S5 当选为 leader 节点，当前任期为 3，最新日志为 2-3 日志，但还没将 2-3 日志复制到其他节点。

（c）：S5 崩溃，S1 当选为 leader 节点，当前任期为 4，将 2-2 日志复制到其他节点，并记录了最新的 3-4 日志。

（d）：S1 崩溃，S5 当选为 leader 节点（S5 可以获得 S2、S3、S4 选票），当前任期为 5，将 2-3 日志复制到其他节点，覆盖了 2-2 日志。

可以看到，对于前一任期的日志，即使被复制到多数节点，也可能被覆盖，所以并不安全，不能提交到状态机。

只有当前任期的日志被复制到多数节点后，才可以提交。比如在图 14-4（e）中，如果在 3-4 日志被复制到多数节点后，即使 S1 崩溃，S5 也无法当选 leader 节点（无法获得 S1、S2、S3 选票），所以 3-4 日志是不会被覆盖的。而当我们提交了 3-4 日志后，2-2 日志也就被提交了。

再考虑一个场景，如果 leader 节点已经回复客户端某个操作处理成功，但还没有将该操作日志的 commitIndex 广播给其他 follower 节点就崩溃了，这时会发生什么？结果是由于选举投票限制，新的 leader 节点必然包含该日志，并将该日志提交到状态机，所以该操作并不会丢失。

14.4 Redis 中的 Raft 算法

Redis 利用了 Raft 算法的 Leader 选举机制，在 Redis Sentinel 和 Cluster 机制中，如果某个主节点崩溃下线，那么 Redis 将利用 Raft 算法选举一个 leader 节点，并由 leader 节点完成故障转移。

后面章节会详细分析 Redis 中的 Raft 算法及故障转移机制。

Redis 并没有使用 Raft 算法的日志复制机制。因为 Redis 使用的是异步复制机制，从而保证低延迟和高性能。所以 Redis 实现的是数据最终一致性，即在复制过程中，从节点数据可能会落后于主节点。如果我们需要数据保持强一致，那么使用 Redis 读/写分离机制（主节点写，从节点读）可能就不太合适了。

本章概述了 Raft 算法的整体设计思想，Raft 算法还有很多处理细节，如日志压缩、集群成员变化等，本章不再一一讨论。如果读者希望详细了解 Raft 算法，则可以自行阅读 Raft 作者的论文等资料。

Raft 算法有很多成熟的实现程序，如百度的 braft、蚂蚁金服的 SOFAJRaft 等，感兴趣的读者可以自行了解。

另外，Raft 算法也有一些缺点，例如，如果集群中有一个节点网络不稳定，经常与主节点断开连接，那么它会不断发起选举并可能导致集群任期上升，最终迫使原来的 leader 节点失效。

总结：

- Raft 算法是一种易于理解、实现的一致性算法。
- Raft 算法使用“Quorum 机制”选举 leader 节点，并由 leader 节点完成所有写操作。
- Raft 算法通过日志复制保证数据一致性。

第 15 章 Redis Sentinel

我们前面分析了 Redis 主从复制机制，利用主从复制机制，可以使用多个 Redis 节点组成一个主从集群。在主从集群中，当主节点崩溃下线后，运维人员可以手动将某一个从节点切换为主节点，从而继续提供服务。但这样需要运维人员随时监控主节点运行状态，并在主节点下线后迅速处理，导致运维成本非常高。

为此，Redis 提供了高可用（HA）解决方案——Sentinel 机制，用于解决主从机制的单点故障问题。Redis Sentinel 可以监控主节点的运行状态，并且在主节点下线后进行故障转移——选择合适的从节点晋升为主节点并继续提供服务（该节点称为晋升节点），这个过程不需要人工介入。

Redis Sentinel 是一个独立运行的进程，它能监控多个主从集群。Redis Sentinel 也是一个分布式系统，使用多个 Sentinel 节点可以组成一个集群，避免因为 Sentinel 单点故障导致客户端无法正常访问 Redis 服务。

一个常见的 Redis Sentinel 集群如图 15-1 所示。

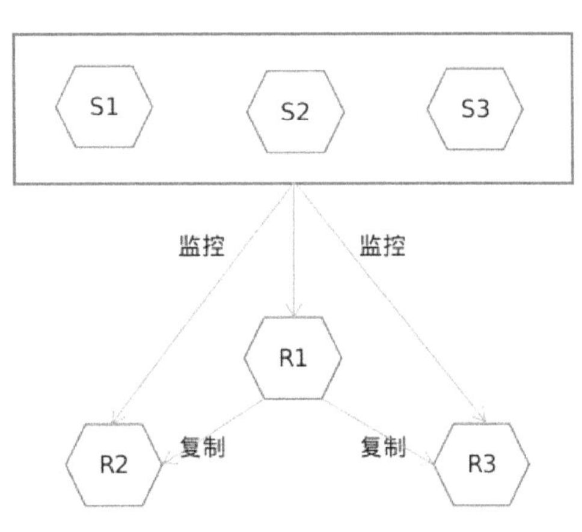

图 15-1

本章分析 Redis Sentinel 的实现原理。

15.1 Redis Sentinel的应用示例

如果要使用 Sentinel，则需准备一个 Sentinel 配置文件，内容如下：

```
port 26379
sentinel monitor mymaster 127.0.0.1 6379 2
sentinel down-after-milliseconds mymaster 60000
sentinel failover-timeout mymaster 180000
sentinel parallel-syncs mymaster 1
```

配置解释如下：

- port：Sentinel 节点端口，默认为 26379，如果在一台机器上部署多个 Sentinel 节点，则需要为每个节点指定不同的端口。
- monitor：主节点信息，格式为<master-group-name> <ip> <port> <quorum>。
  - master-group-name：主从集群名称，由用户定义，Sentinel 使用该名称标志该主从集群。
  - ip、port：主节点 IP 地址与端口信息，上例配置文件中指定 Sentinel 节点监控主节点 127.0.0.1:6379。
  - quorum：Sentinel 集群中必须存在不小于该数量的 Sentinel 节点接受某个提议（主要是判断节点是否客观下线的场景），Sentinel 集群才能达成共识。该配置称为法定节点数。
- down-after-milliseconds：节点超出该配置时间未响应则判定该节点主观下线。
- failover-timeout：Sentinel 节点必须在该配置时间内完成故障转移。
- parallel-syncs：故障转移过程中，最多有多少个从节点同时与晋升节点建立主从关系。

准备 3 个这样的配置文件，分别启动 3 个 Sentinel 节点，这样一个 Sentinel 集群就搭建完成了。这时可以连接到其中一个 Sentinel 节点，查看 Sentinel 集群信息：

```
> INFO Sentinel
# Sentinel
sentinel_masters:1
sentinel_tilt:0
sentinel_running_scripts:0
sentinel_scripts_queue_length:0
```

```
sentinel_simulate_failure_flags:0
master0:name=mymaster,status=ok,address=127.0.0.1:6379,slaves=2,sentinels=3
```

启动 Sentinel 服务有以下两种方式，作用一样：

（1）redis-sentinel /path/to/sentinel.conf。

（2）redis-server /path/to/sentinel.conf --sentinel。

另外，当某个被监控的 Redis 节点出现问题（如崩溃下线）时，Sentinel 可以执行指定脚本，完成发送邮件、切换 VIP 等操作。本书不关注这部分内容。

15.2 Redis Sentinel 的实现原理

下面分析 Redis Sentinel 机制的实现原理。

提示：本章代码无特殊说明，均在 sentinel.c 中。

15.2.1 定义

每个 Sentinel 节点都维护一份自己视角下的当前 Sentinel 集群的状态，该状态信息存储在 sentinelState 结构体中：

```
struct sentinelState {
    char myid[CONFIG_RUN_ID_SIZE+1];
    uint64_t current_epoch;
    dict *masters;
    int tilt;
    ...
} sentinel;
```

- myid：标志 ID，用于区分不同的 Sentinel 节点。
- current_epoch：Sentinel 集群当前的任期号，用于故障转移时使用 Raft 算法选举 leader 节点。
- masters：监控的主节点字典。 Sentinel 可以监控多个主从集群，并将每个主从集群的主节点存储在该字典中（每个主节点对应一个主从集群）。
- tilt：是否处于 TILT 模式。

提示：sentinel.c 在定义 sentinelState 结构体的同时定义了一个全局变量 sentinel，本章所说的 sentinel 变量都是指该变量。

sentinel.masters 记录了当前 sentinel 节点监控的所有主节点，键是主从集群名称，值指向 sentinelRedisInstance 变量。

sentinelRedisInstance 结构体负责存储当前节点视图下其他节点的实例数据，包括其监控的主从节点，以及 Sentinel 集群中其他 Sentinel 节点：

```
typedef struct sentinelRedisInstance {
    int flags;
    char *name;
    char *runid;
    uint64_t config_epoch;
    sentinelAddr *addr;
    instanceLink *link;
    ...
} sentinelRedisInstance;
```

- flags：节点标志，存储了该节点的状态、属性等信息，本书关注以下标志：
  - SRI_MASTER：该节点是主节点。
  - SRI_SLAVE：该节点是从节点。
  - SRI_SENTINEL：该节点是 Sentinel 节点。
  - SRI_S_DOWN：该节点已主观下线。
  - SRI_O_DOWN：该节点已客观下线。
  - SRI_FAILOVER_IN_PROGRESS：该主节点正进行故障迁移。
  - SRI_PROMOTED：该节点被选为故障迁移中的晋升节点。
- name：节点名称，也是 sentinels 字典或 slaves 字典的键。在主节点中它是主从集群名称，在从节点中它是"IP:PORT"，在 Sentinel 节点中它是 myid 属性。
- runid：作为节点唯一标识的随机字符串，Sentinel 节点使用 myid 属性。主从节点从 INFO 响应中获取 runid 属性作为该值，每个节点都会在启动时初始化 redisServer.runid 属性作为节点标识（initServerConfig 函数），并在 INFO 响应中返回该属性。
- addr：节点网络地址信息，包括 IP 地址与端口信息。
- link：instanceLink 结构体，存储该节点与当前 Sentinel 节点的连接信息。

- quorum：存储 `sentinel monitor` 配置的最后一个选项，即法定节点数。
- down_after_period：存储 `sentinel down-after-milliseconds` 配置，用于判断节点是否已主观下线。
- parallel_syncs：存储 `sentinel parallel-syncs` 配置，用于指定故障转移过程中最多有多少个从节点同时与晋升节点建立主从关系。

下面是主节点实例专用字段：

- sentinels：sentinels 字典，存放集群中其他 Sentinel 节点实例，注意该字典并不包含当前 Sentinel 节点实例。
- slaves：slaves 字典，存放该主节点下所有的从节点。

前面说过，Sentinel 可以监控多个主从集群，即 sentinelState.masters 中存在多个主节点实例，并且每个主节点实例都存在 sentinels 字典、slaves 字典。本章下面说的 sentinels 字典、slaves 字典、sentinel 实例、从节点实例等对象，都是指当前讨论的主节点实例下的 sentinels 字典、slaves 字典、sentinel 实例、从节点实例，请读者不要混淆

下面是从节点实例专用字段：

- slave_priority：从节点优先级，用于故障转移时选择从节点。
- slave_master_link_status：主从连接状态，记录 INFO 响应的 master_link_status 属性。
- slave_repl_offset：主从复制偏移量，记录 INFO 响应的 slave_repl_offset 属性。

下面是故障转移专用字段：

- leader：获得该节点最新投票的节点的 myid 属性。
- leader_epoch：获得该节点最新投票的节点的任期号。
- failover_timeout：存储 `sentinel failover-timeout` 配置，指定故障转移最长时间。
- failover_state：故障转移状态，故障转移过程中需要根据不同的状态执行不同的逻辑，下面会详细分析故障转移过程。
- failover_epoch：该主节点最新执行故障转移的任期。
- config_epoch：写入配置的任期号，可以理解为故障转移已成功的任期号。

当 Sentinel 集群没有执行故障转移时，集群中所有 Sentinel 节点都是平等的。而在 Sentinel 集群执行故障转移时，会选出一个 leader 节点，由 leader 节点完成故障转移。Sentinel 集群选举 leader 节点使用了 Raft 算法，所以 sentinel 变量和节点实例中都记录了相关任期号。

在上面的例子中，S1 节点的 sentinel 变量如图 15-2 所示。

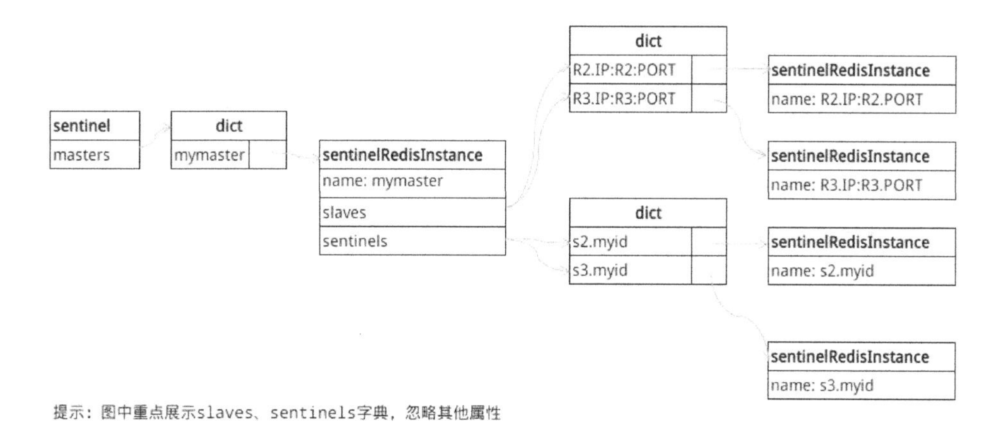

图 15-2

sentinelRedisInstance.link 指向 instanceLink 变量。instanceLink 结构体存储该节点与当前 Sentinel 节点的连接信息，定义如下：

```
typedef struct instanceLink {
    ...
    redisAsyncContext *cc;
    redisAsyncContext *pc;
    ...
} instanceLink;
```

- cc：命令连接。Sentinel 节点需要与监控的主从节点、集群其他 Sentinel 节点建立命令连接，以便给这些节点发送命令。
- pc：订阅连接，Sentinel 节点只与主从节点建立订阅连接，并从特定频道中接收其他 Sentinel 节点发送的数据。
- pc_last_activity：上次收到该节点频道数据的时间。
- last_avail_time：上次收到该节点 PING 命令响应的时间。
- last_ping_time：上次给该节点发送 PING 命令的时间。
- act_ping_time：上次给该节点发送（但未收到响应的）PING 命令的时间，当收到响应时会重置为 0。

提示：Redis 提供了频道订阅功能，该功能可以实现一个简单的消息队列。客户端可以订阅某个指定频道，当其他客户发送内容到该频道后，所有订阅该频道的客户端都会收到这些发布的内容。本书不深入该功能具体实现，请读者自行了解。

Sentinel 利用了频道订阅功能，每个 Sentinel 节点都订阅了主从节点的一个特定频道 `__sentinel__:hello`，并将自身节点信息发送到该频道。这样每个 Sentinel 节点自身信息就会被广播给集群其他 Sentinel 节点。本书将`__sentinel__:hello` 频道称为 Sentinel 频道。

15.2.2 Sentinel 节点启动

如果 Redis 服务器以 Sentinel 模式启动，则 main 函数会调用 initSentinelConfig、initSentinel、sentinelIsRunning 函数初始化并启动 Sentinel 机制。

initSentinelConfig 函数执行如下逻辑：

（1）将 TCP 端口修改为 26379，Sentinel 节点默认使用 26379 端口作为服务端口，该端口属性可以被配置选项覆盖。

（2）关闭保护模式。

initSentinel 函数执行如下逻辑：

（1）清空命令字典 server.commands，加载 Sentinel 节点支持的特定命令，如 PING、SENTINEL、SUBSCRIBE、INFO、AUTH 等。

（2）初始化全局变量 sentinel。

sentinelIsRunning 函数执行如下逻辑：

（1）检查应用是否有配置文件的写权限，Sentinel 节点运行过程中，需要将部分运行数据写入配置文件。

（2）如果配置文件没有指定 sentinel.myid，则初始化 sentinel.myid。

Sentinel 节点在运行过程中会不断将部分运行时数据写入配置文件，以使 Sentinel 节点重启后不丢失数据。这些运行时数据包括 config-epoch、leader-epoch 属性、主从节点网络信息、集群其他 Sentinel 节点网络信息等。

另外，Redis 服务启动过程中，sentinelHandleConfiguration 函数（由 config.c/loadServerConfigFromString 函数触发）会解析 sentinel 配置。当解析到 `sentinel monitor` 配置时，会调用 createSentinelRedisInstance 函数，构建一个 sentinelRedisInstance 实例，存储主节点信息并添加到 sentinel.masters 字典中。

提示： Sentinel 节点刚启动时，只有主节点信息。

15.2.3 Sentinel 机制的主逻辑

serverCron 时间事件会检查服务器是否运行在 Sentinel 模式下，如果是，则调用 Sentinel 机制的定时逻辑函数 sentinelTimer。

```
void sentinelTimer(void) {
    // [1]
    sentinelCheckTiltCondition();
    // [2]
    sentinelHandleDictOfRedisInstances(sentinel.masters);
    // [3]
    sentinelRunPendingScripts();
    sentinelCollectTerminatedScripts();
    sentinelKillTimedoutScripts();

    // [4]
    server.hz = CONFIG_DEFAULT_HZ + rand() % CONFIG_DEFAULT_HZ;
}
```

【1】检查是否需要进入 TILT 模式。

【2】调用 Sentinel 机制的主逻辑触发函数。

【3】定时执行 Sentinel 脚本。

【4】随机化 sentinelTimer 下次执行时间，该操作是为了避免故障转移中使用 Raft 算法选举 leader 节点时有多个节点同时发送投票请求。

Sentinel 机制非常依赖系统时间，例如，基于某个节点上次响应 PING 命令的时间与当前系统时间之差来判断该节点是否下线。如果系统时间被修改或者进程由于繁忙而阻塞，那么 Sentinel 机制可能出现运行不正常的情况。为此，Sentinel 机制中定义了 TILT 模式——每次执行 sentinelTimer 函数都会检查上次执行 sentinelTimer 函数的时间与当前系统时间之差，如果出现负数或时间差特别大，则 Sentinel 节点进入 TILT 模式。TILT 模式是一种保护模式，该模式下的 Sentinel 节点会继续监视所有目标，但是有以下区别：

（1）它不再执行任何操作，比如故障转移。

（2）当其他 Sentinel 节点询问它对于某个主节点主观下线的判定结果时，它将返回节点未下线的判定结果，因为它执行的下线判断已经不再准确。下面会详细分析该过程。

如果 TILT 模式下 Sentinel 机制可以正常运行 30 秒，那么 Sentinel 节点将退出 TILT 模式。

下面看一下 sentinelHandleDictOfRedisInstances 函数：

```
void sentinelHandleDictOfRedisInstances(dict *instances) {
    dictIterator *di;
    dictEntry *de;
    sentinelRedisInstance *switch_to_promoted = NULL;
    // [1]
    di = dictGetIterator(instances);
    while((de = dictNext(di)) != NULL) {
        sentinelRedisInstance *ri = dictGetVal(de);
        // [2]
        sentinelHandleRedisInstance(ri);
        // [3]
        if (ri->flags & SRI_MASTER) {
            sentinelHandleDictOfRedisInstances(ri->slaves);
            sentinelHandleDictOfRedisInstances(ri->sentinels);
            if (ri->failover_state == SENTINEL_FAILOVER_STATE_UPDATE_CONFIG) {
                switch_to_promoted = ri;
            }
        }
    }
    // [4]
    if (switch_to_promoted)
        sentinelFailoverSwitchToPromotedSlave(switch_to_promoted);
    dictReleaseIterator(di);
}
```

参数说明：

- instances：节点字典，可以 sentinel.masters 字典，或者某个主节点实例的 slaves 字典、sentinel 节点字典。

【1】遍历处理 instances 参数中的所有节点实例。

【2】针对每个节点实例调用主逻辑函数 sentinelHandleRedisInstance。

【3】如果当前处理的是主节点，那么还需要递归调用 sentinelHandleDictOfRedisInstances 函数处理该主节点实例下的 slaves 字典和 sentinel 节点字典。

【4】switch_to_promoted 变量不为空，代表 Sentinel 对该节点执行了故障转移，这里完成故障转移最后一步，后面会详细分析。

sentinelHandleDictOfRedisInstances 函数负责触发主逻辑函数，本书称该函数为主逻辑触发函数。

Sentinel 机制的代码很清晰，sentinelHandleRedisInstance 函数封装了对某个节点实例执行的所有核心逻辑，本书将该函数称为主逻辑函数。

提示：本章下面分析的函数基本都存在一个 sentinelRedisInstance（节点实例）类型的参数，该节点实例正是主逻辑函数中所有核心逻辑针对的 Redis 节点实例。下面将该节点实例称为目标实例，而目标实例属性专指该实例的属性，目标节点专指该实例对应的 Redis 节点。

```
void sentinelHandleRedisInstance(sentinelRedisInstance *ri) {
    // [1]
    sentinelReconnectInstance(ri);
    sentinelSendPeriodicCommands(ri);
    ...

    // [2]
    sentinelCheckSubjectivelyDown(ri);

    ...
    if (ri->flags & SRI_MASTER) {
        // [3]
        sentinelCheckObjectivelyDown(ri);
        // [4]
        if (sentinelStartFailoverIfNeeded(ri))
            sentinelAskMasterStateToOtherSentinels(ri,SENTINEL_ASK_FORCED);
        // [5]
        sentinelFailoverStateMachine(ri);
        // [6]
        sentinelAskMasterStateToOtherSentinels(ri,SENTINEL_NO_FLAGS);
    }
}
```

【1】sentinelReconnectInstance 函数负责建立当前节点与目标节点的网络连接，sentinelSendPeriodicCommands 函数负责给目标节点发送定时消息。

【2】检查是否存在主观下线的节点。

【3】检查是否存在客观下线的节点。

【4】调用 sentinelStartFailoverIfNeeded 函数判断是否可以进行故障转移，如果返回是，则

调用 sentinelAskMasterStateToOtherSentinels 函数发送投票请求。

【5】sentinelFailoverStateMachine 函数实现了一个故障转移状态机，实现故障转移逻辑。

【6】调用 sentinelAskMasterStateToOtherSentinels 函数发送询问请求，询问其他 Sentinel 节点对该主节点主观下线的判定结果。

提示：3～6 步只对主节点执行，它们是 Sentinel 核心功能，负责实现故障转移。

这里调用了两次 sentinelAskMasterStateToOtherSentinels 函数，但它们执行的逻辑不同。第 4 步只有在故障转移开始后才调用 sentinelAskMasterStateToOtherSentinels 函数，负责发送投票请求，要求其他 Sentinel 节点给当前节点投票。第 6 步则是定时调用 sentinelAskMasterStateToOtherSentinels 函数，负责发送询问请求，询问其他 Sentinel 节点对某个主节点主观下线的判定结果，以实现客观下线的判定，后面会详细分析。

下面分析 Sentinel 机制主逻辑中的具体逻辑。

15.2.4 Sentinel 节点建立网络连接

sentinelReconnectInstance 函数负责建立当前 Sentinel 节点与其他节点的网络连接，包括首次建立连接，以及连接断开后重建连接：

```
void sentinelReconnectInstance(sentinelRedisInstance *ri) {
    ...

    // [1]
    if (link->cc == NULL) {
        link->cc =
redisAsyncConnectBind(ri->addr->ip,ri->addr->port,NET_FIRST_BIND_ADDR);
        ...
    }

    // [2]
    if ((ri->flags & (SRI_MASTER|SRI_SLAVE)) && link->pc == NULL) {
        link->pc =
redisAsyncConnectBind(ri->addr->ip,ri->addr->port,NET_FIRST_BIND_ADDR);
        ...
        // [3]
        retval = redisAsyncCommand(link->pc,
                sentinelReceiveHelloMessages, ri, "%s %s",
```

```
            sentinelInstanceMapCommand(ri,"SUBSCRIBE"),
    }
    ...
}
```

【1】创建命令连接。

【2】如果目标节点是主从节点，则创建订阅连接。

【3】为订阅连接注册回调函数 sentinelReceiveHelloMessages，负责处理 Sentinel 频道收到的数据。

每个 Sentinel 节点都与所有监控的主从节点建立命令连接、订阅连接，并与集群其他 Sentinel 节点建立命令连接。在图 15-1 所示的 Sentinel 集群中，S1 节点与其他节点的连接如图 15-3 所示。

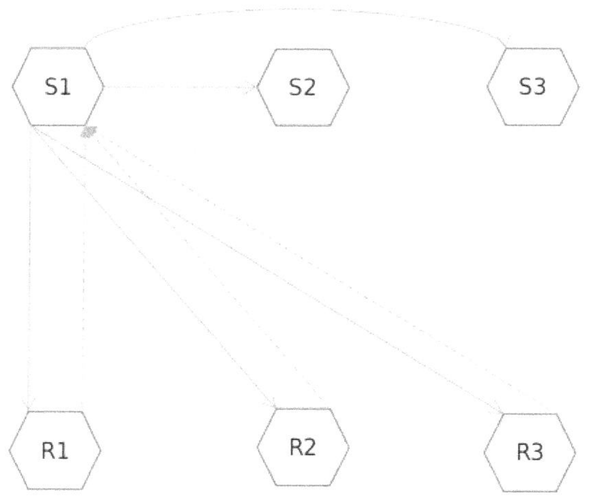

图 15-3

提示： redisAsyncConnectBind、redisAsyncCommand 函数来自 hiredis 库，它是 Redis 提供的一个轻量的 C 语言客户端库。这两个函数负责建立异步连接及发送异步请求。

这里说明一下 redisAsyncCommand 函数，该函数原型为

```
int redisAsyncCommand(redisAsyncContext *ac, redisCallbackFn *fn, void *privdata,
const char *format, ...)。
```

参数说明：

- ac：连接上下文；

- fn：回调函数；
- privdata：用于回调函数的附加参数。

下面分析的代码中多处使用了redisAsyncCommand函数，请读者留意其回调函数及附加参数。

15.2.5 Sentinel 机制的定时消息

sentinelSendPeriodicCommands 函数负责发送定时消息给主从节点和其他 Sentinel 节点：

```
void sentinelSendPeriodicCommands(sentinelRedisInstance *ri) {
    mstime_t info_period, ping_period;
    int retval;

    ...

    // [1]
    if ((ri->flags & SRI_SENTINEL) == 0 &&
        (ri->info_refresh == 0 ||
        (now - ri->info_refresh) > info_period))
    {
        retval = redisAsyncCommand(ri->link->cc,
            sentinelInfoReplyCallback, ri, "%s",
            sentinelInstanceMapCommand(ri,"INFO"));
        if (retval == C_OK) ri->link->pending_commands++;
    }

    // [2]
    if ((now - ri->link->last_pong_time) > ping_period &&
               (now - ri->link->last_ping_time) > ping_period/2) {
        sentinelSendPing(ri);
    }

    // [3]
    if ((now - ri->last_pub_time) > SENTINEL_PUBLISH_PERIOD) {
        sentinelSendHello(ri);
    }
}
```

【1】如果目标节点为主从节点，则发送 INFO 命令，并注册 sentinelInfoReplyCallback 为回调函数。Sentinel 节点会给其监控的主从节点发送 INFO 命令，发送间隔默认为 1 秒，如果目标节点为从节点，而且已经下线或其主节点正在执行故障转移，则将时间间隔调整为 10 秒。

【2】发送 PING 命令，Sentinel 节点会给所有的节点发送 PING 命令检测其下线状态，发送间隔为 1 秒。

【3】发送 Sentinel 频道消息。Sentinel 节点会给所有的节点发送 Sentinel 频道信息，发送间隔为 2 秒。

INFO 响应中会返回主从集群信息（包括主从节点连接信息、节点主从同步状态、复制偏移量），Sentinel 节点会从中获取主从集群的最新信息。

sentinelInfoReplyCallback 函数会调用 sentinelRefreshInstanceInfo 函数解析 INFO 响应数据。该函数如果发现 INFO 响应中返回了不存在于 slaves 字典中的从节点实例，则调用 createSentinelRedisInstance 函数创建一个从节点实例，并添加到主节点实例的 slaves 字典中。

下面看一下 Sentinel 频道消息。Sentinel 频道消息包含如下内容：

- Sentinel 节点自身信息：announce_ip、announce_port、myid、current_epoch；
- 主节点信息：name、ip、port、config_epoch。

前面说了，sentinelReconnectInstance 函数创建订阅连接时，为订阅连接注册了回调函数 sentinelReceiveHelloMessages。该函数调用 sentinelProcessHelloMessage 函数处理其他节点发送的频道数据（如果收到自己发送的频道消息，则直接抛弃）。sentinelProcessHelloMessage 函数如果发现发送节点不存在于 sentinels 字典中，则调用 createSentinelRedisInstance 函数创建一个 sentinel 节点实例，并添加到主节点实例的 sentinels 字典中。

可以看到，虽然我们在配置文件中只配置了主节点信息，但 Sentinel 节点可以从 INFO 响应中获取从节点信息，从 Sentinel 频道中获取其他 Sentinel 节点信息。这样，每个 Sentinel 节点最终都拥有其监控的主从集群信息及集群其他 Sentinel 节点信息。

在图 15-1 所示的 Sentinel 集群中，S1 节点发送消息如图 15-4 所示。

提示：*在 Sentinel 机制中使用频道订阅功能是为了实现 Sentinel 节点之间的相互认识。*

如图 15-4 所示，由于 S1、S2、S3 节点都订阅了主节点 R1 的 Sentinel 频道，S1 节点将自身信息发送到 Sentinel 频道后，R1 节点会将这些频道消息推送给 S2、S3 节点。这样 S2、S3 节点都认识 S1 节点了。

另外，Sentinel 节点也会发送频道消息给集群其他 Sentinel 节点，不过其他 Sentinel 节点并不会处理这些信息。我们可以通过订阅 Sentinel 节点上的 Sentinel 频道来获取这些消息。

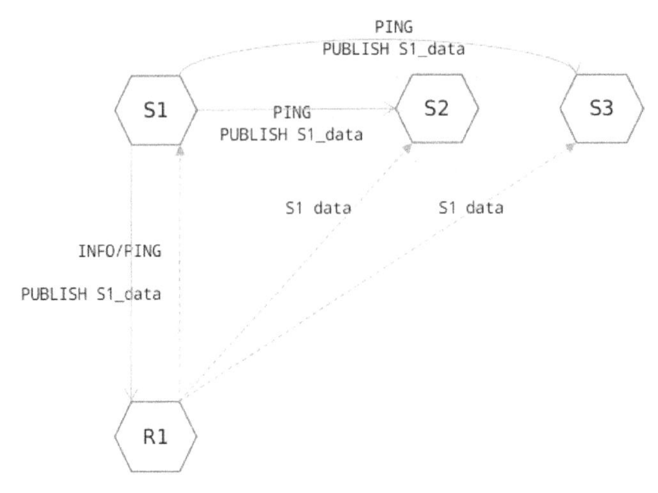

图 15-4

15.3 Redis Sentinel 的故障转移

故障转移是 Sentinel 机制中主要功能，本节分析 Sentinel 中故障转移的实现原理。

在执行故障转移前，需要先判断节点是否下线。如果是单个 Sentinel 节点，则可以通过检查某个节点是否及时响应请求来判断该节点是否下线。但在 Sentinel 集群中，还需要使用“Quorum 机制”，使 Sentinel 集群内达成共识——该节点已经下线。所以在 Sentinel 集群中判定节点是否下线需要两步：

（1）主观下线——如果某个节点超时未响应请求，则 Sentinel 节点可判定该节点主观下线，代表该 Sentinel 节点认为该节点已下线。

（2）客观下线——如果集群判定该节点主观下线的 Sentinel 节点数量不少于法定节点数（quorum 配置），则可以判定该节点客观下线，代表集群达成了“该节点已下线”的共识。

15.3.1 主观下线

主逻辑函数定时调用 sentinelCheckSubjectivelyDown 函数，检测目标节点是否主观下线：

```
void sentinelCheckSubjectivelyDown(sentinelRedisInstance *ri) {
    mstime_t elapsed = 0;
    // [1]
    if (ri->link->act_ping_time)
```

```
        elapsed = mstime() - ri->link->act_ping_time;
    else if (ri->link->disconnected)
        elapsed = mstime() - ri->link->last_avail_time;

    ...

    // [2]
    if (elapsed > ri->down_after_period ||
        (ri->flags & SRI_MASTER &&
         ri->role_reported == SRI_SLAVE &&
         mstime() - ri->role_reported_time >
          (ri->down_after_period+SENTINEL_INFO_PERIOD*2)))
    {
        if ((ri->flags & SRI_S_DOWN) == 0) {
            sentinelEvent(LL_WARNING,"+sdown",ri,"%@");
            ri->s_down_since_time = mstime();
            ri->flags |= SRI_S_DOWN;
        }
    } ...
}
```

【1】计算目标节点上次响应后过去的时间。

如果上次给目标节点发送 PING 命令后未收到响应（目标实例属性 act_ping_time 不为 0），则取目标实例属性 act_ping_time 与当前时间之差。如果上次 PING 命令已收到响应但当前连接已断开，则取目标实例属性 last_avail_time 与当前时间之差。

【2】满足以下条件之一则判定目标节点主观下线，给目标节点实例添加 SRI_S_DOWN 标志，如果条件都不满足则清除 SRI_S_DOWN 标志：

（1）节点上次响应后过去的时间已超过目标实例属性 down_after_period 指定时间。

（2）当前 Sentinel 节点认为目标节点是主节点，但它在 INOF 响应中报告自己是从节点，而且目标节点上次响应 INFO 命令已过去很久（上次返回 INFO 响应已过去时间超过了目标实例属性 down_after_period 指定时间加上两个 SENTINEL_INFO_PERIOD 时间，SENTINEL_INFO_PERIOD 时间即发送 INFO 命令的间隔时间）。

15.3.2 客观下线

主逻辑函数会定时针对主节点调用 sentinelAskMasterStateToOtherSentinels 函数（见主逻辑

函数第 6 步，该操作只针对主节点执行）。当某个主节点已主观下线后，该函数会询问其他 Sentinel 节点对该主节点主观下线的判定结果。其他 Sentinel 节点会回复一个标志 isdown，该标志为 1 代表它也判定该主节点主观下线。而当前 Sentinel 节点收到该标志后，会在当前节点视图中找到返回该标志的 Sentinel 节点的实例，并给该实例添加 SRI_MASTER_DOWN 标志，代表 Sentinel 节点也判定主节点下线。

sentinelAskMasterStateToOtherSentinels 函数还有选举逻辑，在分析投票过程时再分析这个函数。

最后，主逻辑函数会调用 sentinelCheckObjectivelyDown 函数，检查每个主节点是否已客观下线：

```
void sentinelCheckObjectivelyDown(sentinelRedisInstance *master) {
    dictIterator *di;
    dictEntry *de;
    unsigned int quorum = 0, odown = 0;

    if (master->flags & SRI_S_DOWN) {
        // [1]
        quorum = 1;
        di = dictGetIterator(master->sentinels);
        while((de = dictNext(di)) != NULL) {
            sentinelRedisInstance *ri = dictGetVal(de);
            if (ri->flags & SRI_MASTER_DOWN) quorum++;
        }
        dictReleaseIterator(di);
        if (quorum >= master->quorum) odown = 1;
    }

    // [2]
    if (odown) {
        if ((master->flags & SRI_O_DOWN) == 0) {
            ...
            master->flags |= SRI_O_DOWN;
            master->o_down_since_time = mstime();
        }
    } ...
}
```

【1】如果目标节点已主观下线，则遍历其 sentinels 字典，统计集群中其他判定目标节点主观下线（即实例中存在 SRI_MASTER_DOWN 标志）的 Sentinel 节点的数量。由于当前 Sentinel 节点已经判定目标节点主观下线，所以统计数量 quorum 从 1 开始。如果统计数量 quorum 不少于目标实例属性 quorum（法定节点数），便可以判定目标节点已客观下线。

【2】根据判定结果，给目标节点实例添加或清除 SRI_O_DOWN 标志。

例如，在图 15-1 所示的 Sentinel 集群中，如果 R1 主节点下线，那么将发生如图 15-5 所示的过程。

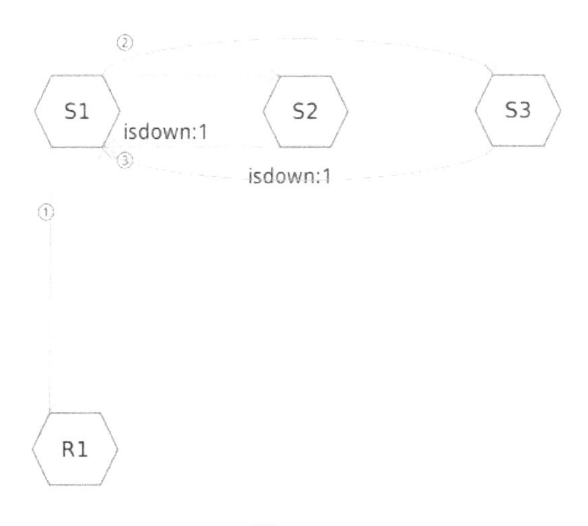

图 15-5

①：连接断开，S1 节点判定 R1 节点主观下线（S2、S3 节点也会判定 R1 节点主观下线，图 15-5 中未展示）。

②：S1 节点询问其他 Sentinel 节点对 R1 节点主观下线的判定结果。

③：S1 节点收到其他 Sentinel 节点返回的 isdown 为 1 的标志数量（加上自身判定结果）不少于法定节点数，则判定 R1 节点客观下线。

15.3.3 开始故障转移

判定主节点客观下线后，就可以开始故障转移流程。主逻辑函数 sentinelHandleRedisInstance 调用 sentinelStartFailoverIfNeeded 函数检查当前 Sentinel 节点是否可以对目标节点执行故障转移（该操作只针对主节点执行）。如果可以，则开启故障转移流程。

```
int sentinelStartFailoverIfNeeded(sentinelRedisInstance *master) {
    // [1]
```

```
    if (!(master->flags & SRI_O_DOWN)) return 0;

    if (master->flags & SRI_FAILOVER_IN_PROGRESS) return 0;

    // [2]
    if (mstime() - master->failover_start_time <
        master->failover_timeout*2)
    {
        ...
        return 0;
    }
    // [3]
    sentinelStartFailover(master);
    return 1;
}
```

【1】如果目标节点非客观下线状态，则不允许故障转移并退出函数。如果当前 Sentinel 节点正在执行故障转移，则不允许故障转移并退出函数。

【2】目标实例属性 failover_start_time 记录了当前 Sentinel 节点上次故障转移开始时间或者上次给其他 Sentinel 节点投票的时间，可以认为该属性是 Sentinel 集群上次故障转移的开始时间。如果该属性与当前系统时间之差小于目标实例属性 failover_timeout 指定时间的 2 倍，则不允许执行故障转移。

【3】调用 sentinelStartFailover 函数，该函数启动故障转移处理流程。

目标实例属性 failover_start_time 可以理解为一个锁，当集群中某个 Sentinel 节点抢先开始了故障转移，那么将占有这个锁。而其他 Sentinel 节点暂时不能执行故障转移，直到上次故障转移开始后过去的时间超过 failover_timeout 属性的 2 倍，才可以开始新一次故障转移。目标实例属性 failover_timeout 指定了对主节点执行故障转移最多的花费时间，默认为 180000，单位为秒，即 3 分钟。也就是说，当 Sentinel 节点开始故障转移后，需要在 3 分钟内完成故障转移操作。如果 Sentinel 节点故障转移失败了（例如，该 Sentinel 节点也因为故障而下线），则需要等到 6 分钟后，其他 Sentinel 节点才可以开始新一次故障转移。

```
void sentinelStartFailover(sentinelRedisInstance *master) {
    master->failover_state = SENTINEL_FAILOVER_STATE_WAIT_START;
    master->flags |= SRI_FAILOVER_IN_PROGRESS;
    master->failover_epoch = ++sentinel.current_epoch;
    ...
```

```
    master->failover_start_time = mstime()+rand()%SENTINEL_MAX_DESYNC;
    master->failover_state_change_time = mstime();
}
```

sentinel.current_epoch 加 1（进入新的任期）并赋值给目标实例属性 failover_epoch，代表新任期正在执行故障转移。目标实例属性 flags 添加 SRI_FAILOVER_IN_PROGRESS，代表正对目标节点执行故障转移操作。目标实例属性 failover_state 进入 SENTINEL_FAILOVER_STATE_WAIT_START 状态，代表已经开始对该主节点执行故障转移。

注意，这里更新了目标实例属性 failover_start_time。在当前 Sentinel 节点开始故障转移或投票给其他 Sentinel 节点时，都要更新该属性。

15.3.4 选举 Leader 节点

接下来，当前 Sentinel 节点需要发送投票请求，尝试选举为 Leader 节点（最终由 Leader 节点对下线主节点执行故障转移操作）。

1. 发送请求

前面说过，sentinelAskMasterStateToOtherSentinels 函数执行两个逻辑：

（1）询问其他 Sentinel 节点对目标节点主观下线的判定结果（主逻辑函数第 6 步）。

（2）发送选举请求，要求其他 Sentinel 节点给自己投票（主逻辑函数第 4 步）。

下面看一下该函数：

```
void sentinelAskMasterStateToOtherSentinels(sentinelRedisInstance *master, int flags) {
    dictIterator *di;
    dictEntry *de;
    // [1]
    di = dictGetIterator(master->sentinels);
    while((de = dictNext(di)) != NULL) {
        sentinelRedisInstance *ri = dictGetVal(de);
        ...

        // [2]
        if ((master->flags & SRI_S_DOWN) == 0) continue;
        ...

        // [3]
```

```
        ll2string(port,sizeof(port),master->addr->port);
        retval = redisAsyncCommand(ri->link->cc,
                    sentinelReceiveIsMasterDownReply, ri,
                    "%s is-master-down-by-addr %s %s %llu %s",
                    sentinelInstanceMapCommand(ri,"SENTINEL"),
                    master->addr->ip, port,
                    sentinel.current_epoch,
                    (master->failover_state > SENTINEL_FAILOVER_STATE_NONE) ?
                    sentinel.myid : "*");
        if (retval == C_OK) ri->link->pending_commands++;
    }
    dictReleaseIterator(di);
}
```

【1】遍历主节点实例的 sentinels 字典。

【2】仅当目标节点处于主观下线状态时才发送请求。

【3】如果目标节点已经开始故障转移流程，该函数将发送投票请求。否则发送询问请求。请求内容为 `SENTINEL is-master-down-by-addr master.ip master.port sentinel.current_epoch sentinel.myid/*`。`master.ip`、`master.port` 参数给出了目标节点的 IP 地址、端口信息。如果是询问请求，则最后一个参数为*，如果是投票请求，那么最后一个参数为当前 Sentinel 节点的 myid 属性。

这里使用 Raft 算法选举 leader 节点。由于每个节点的主逻辑函数的运行时间的间隙不同，通常会有一个节点先发送投票请求，并当选为 leader 节点。

2. 投票

下面以集群中其他 Sentinel 节点的视角，看一下这些节点如何处理 `SENTINEL is-master-down-by-addr` 请求。

SENTINEL 命令都是由 sentinelCommand 函数处理的，我们只关注 `SENTINEL is-master-down-by-addr` 子命令的处理逻辑：

```
void sentinelCommand(client *c) {
    ...
    else if (!strcasecmp(c->argv[1]->ptr,"is-master-down-by-addr")) {
        ...
        // [1]
        ri = getSentinelRedisInstanceByAddrAndRunID(sentinel.masters,
```

```
            c->argv[2]->ptr,port,NULL);
        ...
        // [2]
        if (!sentinel.tilt && ri && (ri->flags & SRI_S_DOWN) &&
                                    (ri->flags & SRI_MASTER))
            isdown = 1;

        //  [3]
        if (ri && ri->flags & SRI_MASTER && strcasecmp(c->argv[5]->ptr,"*")) {
            leader = sentinelVoteLeader(ri,(uint64_t)req_epoch,
                                            c->argv[5]->ptr,
                                            &leader_epoch);
        }

        // [4]
        ...
    }
}
```

【1】使用 SENTINEL is-master-down-by-addr 命令的中 master.ip、master.port 参数获取目标实例（接收节点视图下）并存放在 ri 变量中。

【2】判断目标节点（接收节点视图下）是否为主观下线状态。如果接收节点处于 TILT 模式，那么并不会判断目标节点下线状态，本章前面已经说明原因。

【3】如果发送节点发送的是选举请求，则调用 sentinelVoteLeader 函数尝试给发送节点投票。

【4】返回结果给发送节点。返回内容为 isdown leader leader_epoch。

- isdown：判定结果标志，如果目标节点在接收节点中已被判定为主观下线，则 isdown 为 1，否则为 0。
- leader：获得接收节点最新投票的节点的 myid 属性，*代表空。
- leader_epoch：获得接收节点最新投票的节点的任期。

sentinelVoteLeader 函数负责判断是否可以给发送节点投票：

```
char *sentinelVoteLeader(sentinelRedisInstance *master, uint64_t req_epoch, char
*req_runid, uint64_t *leader_epoch) {
    // [1]
```

```
    if (req_epoch > sentinel.current_epoch) {
        sentinel.current_epoch = req_epoch;
        sentinelFlushConfig();
        ...
    }

    // [2]
    if (master->leader_epoch < req_epoch && sentinel.current_epoch <= req_epoch)
    {
        sdsfree(master->leader);
        master->leader = sdsnew(req_runid);
        master->leader_epoch = sentinel.current_epoch;
        sentinelFlushConfig();
        ...
        if (strcasecmp(master->leader,sentinel.myid))
            master->failover_start_time = mstime()+rand()%SENTINEL_MAX_DESYNC;
    }

    *leader_epoch = master->leader_epoch;
    return master->leader ? sdsnew(master->leader) : NULL;
}
```

参数说明：

- master：目标实例（接收节点视图下）。
- req_epoch、req_runid：SENTINEL is-master-down-by-addr 子命令的 sentinel.current_epoch、sentinel.myid 参数，即发送节点的任期号 current_epoch、myid。
- leader_epoch：用于记录获得接收节点最新投票的节点的任期。

【1】如果发送节点 current_epoch 比接收节点 sentinel.current_epoch 大，则更新接收节点的 sentinel.current_epoch 属性，并写到配置文件中。

【2】如果发送节点 current_epoch 比目标实例属性 leader_epoch 大（并且不小于接收节点 sentinel.current_epoch），则可以给发送节点投票，执行如下操作：

（1）更新目标实例属性 leader、leader_epoch。

（2）更新目标实例属性 failover_start_time，防止接收节点重复发起故障转移。

（3）设置 leader_epoch 参数，并返回目标实例属性 leader。

目标实例属性 leader_epoch 记录了接收节点最新投票的任期，所以发送节点要赢得接收节点投票，其任期号必须大于（接收节点视图下）目标实例属性 leader_epoch 及接收节点 sentinel.current_epoch。由于 Sentinel 并没有使用 Raft 日志复制的机制，所以投票时只需要比较任期号即可。

3. 统计投票结果

下面再回到发送（投票请求）节点的视角，sentinelReceiveIsMasterDownReply 函数负责处理其他节点对 SENTINEL is-master-down-by-addr 子命令返回的响应数据（发送节点在发送 SENTINEL is-master-down-by-addr 子命令时设置了该函数为回调函数）：

```
void sentinelReceiveIsMasterDownReply(redisAsyncContext *c, void *reply, void
*privdata) {
    sentinelRedisInstance *ri = privdata;
    r = reply;
    ...
        ri->last_master_down_reply_time = mstime();
        // [1]
        if (r->element[0]->integer == 1) {
            ri->flags |= SRI_MASTER_DOWN;
        } else {
            ri->flags &= ~SRI_MASTER_DOWN;
        }
        // [2]
        if (strcmp(r->element[1]->str,"*")) {
            sdsfree(ri->leader);
            ...
            ri->leader = sdsnew(r->element[1]->str);
            ri->leader_epoch = r->element[2]->integer;
        }

}
```

参数说明：

- privdata：sentinelAskMasterStateToOtherSentinels 函数中给 redisAsyncCommand 回调函数设置的附加参数，即 SENTINEL is-master-down-by-addr 命令的接收节点实例（发送节点视图下）。

【1】如果返回内容的第一个值 isdown 为 1，则代表接收（SENTINEL is-master-down- by-addr 命令的）节点认为目标节点已下线，这时给接收节点实例添加 SRI_MASTER_DOWN 标志，用

于客观下线的统计，否则清除 SRI_MASTER_DOWN 标志。

【2】如果返回内容的第二个值不为*（代表接收节点完成了投票操作，第 2、第 3 个值记录了获得接收节点最新投票的节点的 myid，任期号），则将返回内容的第 2、第 3 个值赋值给接收节点实例的 leader、leader_epoch 属性，用于统计该任期投票结果。

15.3.5 故障转移状态机

经过前面一系列投票操作后，Sentinel 集群应该已经在当前任期下选举出唯一一个 Leader 节点。该 Leader 节点负责完成故障转移操作。下面来到主逻辑函数的第 5 步，sentinelFailoverStateMachine 函数实现了一个状态机，负责对下线的主节点完成故障转移操作：

```
void sentinelFailoverStateMachine(sentinelRedisInstance *ri) {
    if (!(ri->flags & SRI_FAILOVER_IN_PROGRESS)) return;

    switch(ri->failover_state) {
        case SENTINEL_FAILOVER_STATE_WAIT_START:
            sentinelFailoverWaitStart(ri);
            break;
        case SENTINEL_FAILOVER_STATE_SELECT_SLAVE:
            sentinelFailoverSelectSlave(ri);
            break;
        case SENTINEL_FAILOVER_STATE_SEND_SLAVEOF_NOONE:
            sentinelFailoverSendSlaveOfNoOne(ri);
            break;
        case SENTINEL_FAILOVER_STATE_WAIT_PROMOTION:
            sentinelFailoverWaitPromotion(ri);
            break;
        case SENTINEL_FAILOVER_STATE_RECONF_SLAVES:
            sentinelFailoverReconfNextSlave(ri);
            break;
    }
}
```

如果目标节点未进行故障转移操作，则直接退出函数，否则，状态机针对不同故障转移状态执行不同的逻辑处理，如表 15-1 所示。

表 15-1

状态	处理
SENTINEL_FAILOVER_STATE_WAIT_START	统计选举投票结果
SENTINEL_FAILOVER_STATE_SELECT_SLAVE	选择晋升的从节点
SENTINEL_FAILOVER_STATE_SEND_SLAVEOF_NOONE	将选择的从节点晋升为主节点
SENTINEL_FAILOVER_STATE_WAIT_PROMOTION	等待上一步完成
SENTINEL_FAILOVER_STATE_RECONF_SLAVES	使其他从节点与晋升从节点建立主从关系

1. 统计选举投票结果

在 SENTINEL_FAILOVER_STATE_WAIT_START 状态下，sentinelFailoverWaitStart 函数负责统计当前任期的选举投票结果，如果当前节点获得超过半数 Sentinel 节点的投票，则成为当前故障转移的 leader 节点，负责完成当前故障转移。

```
void sentinelFailoverWaitStart(sentinelRedisInstance *ri) {
    char *leader;
    int isleader;

    // [1]
    leader = sentinelGetLeader(ri, ri->failover_epoch);
    isleader = leader && strcasecmp(leader,sentinel.myid) == 0;
    sdsfree(leader);

    // [2]
    if (!isleader && !(ri->flags & SRI_FORCE_FAILOVER)) {
        int election_timeout = SENTINEL_ELECTION_TIMEOUT;

        if (election_timeout > ri->failover_timeout)
            election_timeout = ri->failover_timeout;
        if (mstime() - ri->failover_start_time > election_timeout) {
            sentinelEvent(LL_WARNING,"-failover-abort-not-elected",ri,"%@");
            sentinelAbortFailover(ri);
        }
        return;
    }

    // [3]
    ...
```

```
    ri->failover_state = SENTINEL_FAILOVER_STATE_SELECT_SLAVE;
    ri->failover_state_change_time = mstime();
    sentinelEvent(LL_WARNING,"+failover-state-select-slave",ri,"%@");
}
```

【1】sentinelGetLeader 函数统计当前任期的投票结果，返回当选 leader 节点的 myid 属性。

【2】如果当前 Sentinel 节点非 leader 节点，则说明当前节点没有赢得选举或选举流程还没有完成（可能部分 Sentinel 节点未返回投票响应），退出函数。如果故障转移开始后过去的时间超过选举超时时间（election_timeout），则本次选举可能发生了选票瓜分，这时需要终止当前故障转移。选举超时时间（election_timeout）取目标实例属性 failover_timeout 与常量 SENTINEL_ELECTION_TIMEOUT（10 秒）这两个值中的较小值。

注意，这里并没有更新目标实例属性 failover_start_time，所以下一次开始故障转移时仍需要等待本次故障转移开始后过去时间超过目标实例属性 failover_timeout 指定时间的 2 倍。

【3】如果当前 Sentinel 节点是 leader 节点，则进入 SENTINEL_FAILOVER_STATE_SELECT_SLAVE 状态。

下面看一下 sentinelGetLeader 函数如何统计投票结果：

```
char *sentinelGetLeader(sentinelRedisInstance *master, uint64_t epoch) {
    ...
    char *winner = NULL;
    counters = dictCreate(&leaderVotesDictType,NULL);

    voters = dictSize(master->sentinels)+1;

    // [1]
    di = dictGetIterator(master->sentinels);
    while((de = dictNext(di)) != NULL) {
        sentinelRedisInstance *ri = dictGetVal(de);
        if (ri->leader != NULL && ri->leader_epoch == sentinel.current_epoch)
            sentinelLeaderIncr(counters,ri->leader);
    }
    dictReleaseIterator(di);
    // [2]
    ...

    // [3]
```

```
    if (winner)
        myvote = sentinelVoteLeader(master,epoch,winner,&leader_epoch);
    else
        myvote = sentinelVoteLeader(master,epoch,sentinel.myid,&leader_epoch);
    ...
    // [4]
    voters_quorum = voters/2+1;
    if (winner && (max_votes < voters_quorum || max_votes < master->quorum))
        winner = NULL;

    ...
    return winner;
}
```

【1】遍历目标实例的 sentinels 字典，调用 sentinelLeaderIncr 函数，使用 counters 字典统计每个 Sentinel 节点当前任期获得票数。前面说过，每个 Sentinel 实例的 leader、leader_epoch 属性都存放了获得该 Sentinel 节点最新投票的节点的 myid 属性、任期。

【2】将 counters 字典获得最多票数的节点赋值给 winner 变量。

【3】如果当前 Sentinel 节点现在未投票，则投给获票最多的节点。如果没有选出最多的节点，则投给自己，并将当前 Sentinel 节点赋值给 winner 变量（sentinelVoteLeader 函数前面已经分析过，该函数尝试给指定节点投票，并返回获得投票的节点的 myid 属性）。

【4】获票最多的 Sentinel 节点（winner 变量）其获票数如果不少于集群 Sentinel 节点数量的一半，并且不小于目标实例属性 quorum，那么该 Sentinel 节点将赢得选举，成为 Leader 节点。

2. 选择从节点

在 SENTINEL_FAILOVER_STATE_SELECT_SLAVE 状态下，sentinelFailoverSelectSlave 函数会调用 sentinelSelectSlave 函数选择一个从节点，该从节点将成为晋升节点。

按以下规则选择晋升的从节点：

（1）按以下规则进行过滤：

- 过滤主观下线和客观下线的节点。
- 过滤命令连接或订阅连接已断开的节点。
- 过滤超过 5 秒没有响应 PING 命令的节点。
- 过滤优先级 slave_priority 为 0 的节点。

- 过滤太久没有响应 INFO 命令的节点。
- 过滤主从连接已断开太久的节点。

（2）使用上面过滤后剩余的从节点，调用 compareSlavesForPromotion 函数按以下规则进行排序：

- 按 slave_priority 排序。
- 如果 slave_priority 相同，则按 slave_repl_offset 排序。
- 如果 slave_repl_offset 相同，按 runid 排序。

最后取优先级最高的节点成为晋升节点，给晋升节点实例添加 SRI_PROMOTED 标志，并记录在目标实例属性 promoted_slave 中。

选择晋升节点后，故障转移进入 SENTINEL_FAILOVER_STATE_SEND_SLAVEOF_NOONE 状态。

3. 晋升节点

在 SENTINEL_FAILOVER_STATE_SEND_SLAVEOF_NOONE 状态下，sentinelFailoverSendSlaveOfNoOne 函数会给晋升的从节点发送 `SLAVEOF NO ONE` 命令，取消该节点之前的主从关系，将该节点晋升成为主节点。

4. 等待晋升完成

在 SENTINEL_FAILOVER_STATE_WAIT_PROMOTION 状态下，sentinelFailoverWaitPromotion 函数除了检查本次故障转移时间是否超过目标实例属性 failover_timeout 指定时间（超过则中断故障转移），没有其他操作。

sentinelRefreshInstanceInfo 函数在 INFO 响应中发现晋升节点已切换到主节点角色，会切换故障转移状态到下一个状态：

```
void sentinelRefreshInstanceInfo(sentinelRedisInstance *ri, const char *info) {
    ...
    // [1]
    if ((ri->flags & SRI_SLAVE) && role == SRI_MASTER) {
        if ((ri->flags & SRI_PROMOTED) &&
            (ri->master->flags & SRI_FAILOVER_IN_PROGRESS) &&
            (ri->master->failover_state ==
                SENTINEL_FAILOVER_STATE_WAIT_PROMOTION))
        {
```

```
            ri->master->config_epoch = ri->master->failover_epoch;
            ri->master->failover_state = SENTINEL_FAILOVER_STATE_RECONF_SLAVES;
            ri->master->failover_state_change_time = mstime();
            sentinelFlushConfig();
            ...
        } ...
    }
}
```

【1】如果当前 Sentinel 节点认为某个节点是从节点，但该节点报告自己为主节点，则说明该节点由从节点切换为主节点。如果该从节点是晋升节点，并且其主节点正在执行故障转移，状态为 SENTINEL_FAILOVER_STATE_WAIT_PROMOTION，则说明该从节点已晋升完成，这时更新其主节点实例属性 config_epoch、failover_state，并写入配置文件。这里故障转移进入 SENTINEL_FAILOVER_STATE_RECONF_SLAVES 状态。

5. 建立主从关系

在 SENTINEL_FAILOVER_STATE_RECONF_SLAVES 状态下，下线节点原来的从节点需要与晋升节点建立主从关系。

针对该步骤中主从节点建立关系过程中的不同状态，Sentinel 机制在目标实例属性 flags 中定义了不同的标志，本书称之为主从状态标志：

- SRI_RECONF_SENT：已发送 SALVEOF 命令给从节点。
- SRI_RECONF_INPROG：正在建立主从关系。
- SRI_RECONF_DONE：主从关系建立完成。

sentinelFailoverReconfNextSlave 函数给下线节点的从节点发送 `SALVEOF newmasterid newmasterport` 命令，使它们成为晋升节点的从节点：

```
void sentinelFailoverReconfNextSlave(sentinelRedisInstance *master) {
    dictIterator *di;
    dictEntry *de;
    int in_progress = 0;

    di = dictGetIterator(master->slaves);
    // [1]
    while((de = dictNext(di)) != NULL) {
        sentinelRedisInstance *slave = dictGetVal(de);
```

```
        if (slave->flags & (SRI_RECONF_SENT|SRI_RECONF_INPROG))
            in_progress++;
    }
    dictReleaseIterator(di);

    // [2]
    di = dictGetIterator(master->slaves);
    while(in_progress < master->parallel_syncs &&
          (de = dictNext(di)) != NULL)
    {
        sentinelRedisInstance *slave = dictGetVal(de);
        int retval;

        // [3]
        ...

        // [4]
        retval = sentinelSendSlaveOf(slave,
                master->promoted_slave->addr->ip,
                master->promoted_slave->addr->port);
        if (retval == C_OK) {
            slave->flags |= SRI_RECONF_SENT;
            slave->slave_reconf_sent_time = mstime();
            sentinelEvent(LL_NOTICE,"+slave-reconf-sent",slave,"%@");
            in_progress++;
        }
    }
    dictReleaseIterator(di);

    // [5]
    sentinelFailoverDetectEnd(master);
}
```

【1】统计当前正在建立主从关系的节点数量。

如果当前正在建立主从关系的节点数量不少于目标实例属性 parallel_syncs，则当前不允许再与新的从节点建立主从关系。

【2】遍历下线节点所有的从节点。

【3】过滤晋升节点及已经开始建立主从关系的节点。

【4】发送 SALVEOF 命令，并给从节点实例添加 SRI_RECONF_SENT 标志。

【5】统计所有从节点的主从状态，如果所有从节点（剔除下线节点）都存在 SRI_RECONF_DONE 标志，则故障转移状态切换到 SENTINEL_FAILOVER_STATE_UPDATE_CONFIG 状态。

当 sentinelRefreshInstanceInfo 函数在 INFO 响应中发现主从关系已建立完成时，将修改从节点实例的主从状态标志：

```
void sentinelRefreshInstanceInfo(sentinelRedisInstance *ri, const char *info) {
        ...
    if ((ri->flags & SRI_SLAVE) && role == SRI_SLAVE &&
        (ri->flags & (SRI_RECONF_SENT|SRI_RECONF_INPROG)))
    {
        // [1]
        if ((ri->flags & SRI_RECONF_SENT) &&
            ri->slave_master_host &&
            strcmp(ri->slave_master_host,
                    ri->master->promoted_slave->addr->ip) == 0 &&
            ri->slave_master_port == ri->master->promoted_slave->addr->port)
        {
            ri->flags &= ~SRI_RECONF_SENT;
            ri->flags |= SRI_RECONF_INPROG;
            sentinelEvent(LL_NOTICE,"+slave-reconf-inprog",ri,"%@");
        }
        // [2]
        if ((ri->flags & SRI_RECONF_INPROG) &&
            ri->slave_master_link_status == SENTINEL_MASTER_LINK_STATUS_UP)
        {
            ri->flags &= ~SRI_RECONF_INPROG;
            ri->flags |= SRI_RECONF_DONE;
            sentinelEvent(LL_NOTICE,"+slave-reconf-done",ri,"%@");
        }
    }
}
```

【1】如果返回 INFO 响应的节点的实例存在 SRI_RECONF_SENT 标志，并且该节点的主

节点已经是晋升节点，则将该节点实例的主从状态标志变更为 SRI_RECONF_INPROG，代表主从节点正在建立主从关系。

【2】如果返回 INFO 响应的节点的实例存在 SRI_RECONF_INPROG 标志，并且该节点的主从连接已处于在线状态，则将该节点实例的主从状态标志变更为 SRI_RECONF_DONE，代表主从关系建立完成。

6. 更新视图数据与配置文件

再回到主逻辑触发函数 sentinelHandleDictOfRedisInstances，当故障转移进入 SENTINEL_FAILOVER_STATE_UPDATE_CONFIG 状态时，该函数会调用 sentinelFailoverSwitchToPromotedSlave 函数，更新当前 Sentinel 节点的 sentinel.masters 字典和配置文件。

最后还需要通知集群的其他节点更新数据与配置文件。当前 Sentinel 节点会通过 Sentinel 频道发送最新的主节点信息给其他 Sentinel 节点，当其他 Sentinel 节点在 sentinelProcessHello-Message 函数中发现主节点已变更时，则更新自己的 sentinel.masters 字典和配置文件。

```
void sentinelProcessHelloMessage(char *hello, int hello_len) {
    ...
    // [1]
    master = sentinelGetMasterByName(token[4]);

    master_config_epoch = strtoull(token[7],NULL,10);
    ...
    // [2]
    if (si && master->config_epoch < master_config_epoch) {
        master->config_epoch = master_config_epoch;
        if (master_port != master->addr->port ||
            strcmp(master->addr->ip, token[5]))
        {
            ...
            sentinelResetMasterAndChangeAddress(master, token[5], master_port);
            ...
        }
    }
}
```

【1】通过主从集群名称，获得当前 Sentinel 节点视图中的主节点实例。

【2】如果频道消息中的主节点 config_epoch 大于当前节点视图中的主节点实例属性 config_epoch，说明发送节点对该主节点完成了新的故障转移，则更新当前节点的 sentinel.masters 字典与配置文件。

15.4 客户端交互

使用 Sentinel 机制搭建高可用的 Redis 集群后，由于故障转移可能导致主节点变更，客户端不能直接访问主节点，而要从 Sentinel 集群中获取最新主节点的地址信息。该操作通常有以下 3 个步骤：

（1）依次尝试连接 Sentinel 集群中的节点，直到找到一个连接成功的 Sentinel 节点。

（2）调用以下命令向 Sentinel 节点询问主节点的地址信息。

```
SENTINEL get-master-addr-by-name master-name
```

（3）客户端使用上一步获取的地址信息连接主节点。如果客户端与主节点连接断开，则从第 1 步开始重新执行。

现在很多 Redis 客户端都支持 Sentinel 模式，如 csredis（C#）、gore（Golang）、Lettuce（Java），感兴趣的读者可以自行了解。

总结：

- Sentinel 节点从主从节点的 INFO 响应中获取主从集群信息，并通过频道消息获取集群中其他 Sentinel 节点信息。
- Sentinel 节点判断某个节点下线，需要经过主观下线和客观下线两个阶段。
- 当主节点下线后，Sentinel 集群会选举 leader 节点，并由 leader 节点完成故障转移操作。

第 16 章 Redis Cluster

Redis Cluster（也称为 Redis 集群）是 Redis 提供的分布式数据库方案，通过数据分片，Redis Cluster 实现了 Redis 的分布式存储，并提供水平扩展能力。

Redis Cluster 主要包含以下三部分内容：

（1）数据分片。

Cluster 会对数据进行分片，并将不同分片的数据指派给集群不同的节点，从而将数据分散到集群多个节点中。Cluster 没有使用一致性 Hash 算法，而是引入了 Hash 槽位的概念。Cluster 有 16384 个 Hash 槽位，每个槽位只能指派给一个节点，每个键都映射到一个槽位。

为了描述方便，当某个槽位指派给某个节点时，我们便称该节点负责该槽位。

（2）主从复制模型。

Cluster 中使用 Redis 主从复制模型实现数据热备份。

图 16-1 展示了一个常见的 Cluster 集群。

官方推荐：集群部署至少要 3 个以上的主节点，最好部署 3 主 3 从 6 个节点。

（3）故障转移。

Cluster 集群实现了故障转移，保证集群高可用。当集群某个主节点下线后，Cluster 集群会选择合适的从节点晋升为主节点，继续提供服务。该功能与 Sentinel 类似，不过 Cluster 中重新实现了该功能。

本章分析 Redis Cluster 机制的实现原理。

图 16-1

16.1 Redis Cluster 的应用示例

16.1.1 搭建 Redis Cluster 集群

Redis Cluster 中的节点都需要开启 Cluster 模式，下面是一个简单 Cluster 节点配置文件：

```
port 6101
cluster-enabled yes
cluster-config-file nodes-6101.conf
```

- port：Redis 服务端口，如果在一台机器上部署多个 Redis 服务，则需要为每个服务指定不同的端口。
- cluster-enabled：当前节点开启 Cluster 模式。
- cluster-config-file：Cluster 配置文件。该文件内容不需要用户修改，它记录了 Cluster 节点运行时数据，保证 Cluster 节点重启后不丢失数据。如果在一台机器上部署多个 Redis 服务，则需要为每个服务指定不同的配置文件。

Sentinel 机制中会将节点运行时数据写入 Sentinel 配置文件，Cluster 对此进行了优化，将节点运行时数据单独写到一个文件中，避免污染原来的配置文件。为了与 Redis 配置文件区分，下面将该文件称为数据文件。

这里按官方推荐，部署了 3 主 3 从 6 个节点。准备 6 个这样的配置文件，用于启动 6 个 Cluster 节点。启动命令与启动正常 Redis 节点相同：

```
redis-server cluster.conf
```

当所有 Cluster 节点都启动成功后，可以使用 `redis-cli --cluster` 命令创建 Cluster 集群。

```
redis-cli --cluster create 127.0.0.1:6101 127.0.0.1:6102 127.0.0.1:6103 127.0.0.1:6104
127.0.0.1:6105 127.0.0.1:6106 --cluster-replicas 1
```

cluster-replicas 选项指定了在每个主节点下分配一个从节点。

Cluster 集群创建成功后，可以连接到其中一个节点，查看节点信息：

```
$ redis-cli -p 6101
127.0.0.1:6101> CLUSTER NODES
f8c6e94815f4f0c90299eb7cb0b5b528c9047a27 127.0.0.1:6101@16101 myself,master - 0 1618036665000 1
connected 0-5460
e9753d763d47f803c27da4539228b1a4a7ed7be4 127.0.0.1:6104@16104 slave
f8c6e94815f4f0c90299eb7cb0b5b528c9047a27 0 1618036667000 1 connected
...
```

`CLUSTER NODES` 命令会输出节点 ID、IP 地址/端口、flags 标志、主节点 ID（-代表当前节点即主节点）、...、负责槽位等信息（Cluster 节点运行过程中，正是将 CLUSTER NODES 命令响应的内容存储到 Cluster 数据文件中），可以看到，`redis-cli --cluster` 命令已经为我们分配好了主从节点，并将 16384 个槽位指派给了不同的主节点。

16.1.2 客户端重定向

Cluster 集群搭建成功后，我们可以使用客户端连接集群中的任一节点，并执行以下命令：

```
$ redis-cli  -p 6101
127.0.0.1:6101> set k1 1
(error) MOVED 12706 127.0.0.1:6103
```

MOVED 是 Cluster 中定义的重定向标志（类似的还有 ASK 标志），该标志告诉我们键“k1”对应的 Hash 槽位为 12706，负责该槽位的节点为 127.0.0.1:6103。

下面我们连接到 127.0.0.1:6103 节点：

```
$ redis-cli  -p 6103
127.0.0.1:6103> set k1 1
OK
```

在 127.0.0.1:6103 节点中可以正常地设置键“k1”的值。

使用-c 参数可以让 redis-cli 自动执行重定向操作：

```
$ redis-cli -c  -p 6101
127.0.0.1:6101> set k1 1
-> Redirected to slot [12706] located at 127.0.0.1:6103
OK
127.0.0.1:6103>
```

可以看到，虽然我们连接的是 127.0.0.1:6101 节点，但当服务器返回重定向标志后，redis-cli 会自动连接到 127.0.0.1:6103 节点，并将请求转发到 127.0.0.1:6103 节点。

Redis 要求支持 Cluster 模式的客户端必须实现客户端自动重定向功能，如 acl-redis（C++）、Radix（Golang）、lettuce（Java）等客户端，都会根据 Redis 服务器返回重定向标志重新发送请求到重定向节点。为了避免重复发送请求，很多客户端还会缓存每个节点负责的槽位信息。

16.1.3 槽位迁移案例

Redis Cluster 支持槽位迁移，如果某些槽位的数据量过大，则可以在集群中加入新的节点，并将这些槽位迁移到新的 Cluster 节点。下面使用 `redis-cli --cluster reshard` 命令将上面集群 127.0.0.1:6101 节点的 100 个槽位迁移到 127.0.0.1:6102 节点：

```
redis-cli --cluster reshard 127.0.0.1:6102 --cluster-from
f8c6e94815f4f0c90299eb7cb0b5b528c9047a27 --cluster-to
e35fdbeb214665ad8cce29bd84d50e2d66234380 --cluster-slots 100
```

- reshard 选项指定 `Cluster` 集群任一节点的 IP 地址与端口即可，`redis-cli` 会找到集群其他节点。
- cluster-from、cluster-to 选项指定槽位迁出节点 ID、迁入节点 ID。
- cluster-slots 选项指定迁移槽位数量。

redis-cli 会自动选择槽位并执行迁移操作，目前还不支持指定槽位。

通过槽位迁移，Cluster 集群支持在线添加、移除 Cluster 节点，这是一个强大的功能，可以给 Redis 运维带来极大的便利。

下面详细分析 Redis Cluster 集群的实现。

16.2 Redis Cluster 槽位管理

16.2.1 定义

提示：本章代码无特殊说明，均在 cluster.h、cluster.c 中。

server.h/redisServer 结构体中定义了 Cluster 机制的相关属性：

- redisServer.cluster_enabled：当前节点是否启动 Cluster 模式。
- redisServer.cluster：clusterState 变量，存储 Cluster 集群信息（本章下面说的 cluster 变量都是指该 clusterState 变量）。
- redisServer.cluster_configfile：Cluster 数据文件。
- redisServer.cluster_slave_no_failover：禁止该节点执行故障转移。
- redisServer.cluster_announce_ip：指定节点的 IP 地址。
- redisServer.cluster_announce_port：指定节点的端口。

Redis Cluster 中的每个节点都维护一份自己视角下的当前整个集群的状态，该状态的信息存储在 clusterState 结构体中：

```
typedef struct clusterState {
    clusterNode *myself;
    uint64_t currentEpoch;
    int state;
    int size;
    dict *nodes;
    dict *nodes_black_list;
    clusterNode *migrating_slots_to[CLUSTER_SLOTS];
    clusterNode *importing_slots_from[CLUSTER_SLOTS];
    clusterNode *slots[CLUSTER_SLOTS];
    uint64_t slots_keys_count[CLUSTER_SLOTS];
    ...
} clusterState;
```

- myself：自身节点实例。
- currentEpoch：集群当前任期号，用于实现 Raft 算法选举，Cluster 与 Sentinel 一样，通过选举 leader 节点完成故障转移工作。

- state：集群状态，Cluster 集群存在 CLUSTER_OK、CLUSTER_FAIL 等状态。
- nodes：集群节点实例字典。字典键为节点 ID，字典值指向 clusterNode 结构体。
- slots：槽位指派数组，数组索引对应槽位，数组元素指向 clusterNode 结构体，即该槽位的数据存储节点。
- migrating_slots_to：迁出槽位，数组元素指向 clusterNode 结构体，如果数组元素不为空，代表该槽位数据正从当前节点迁移到数组元素指定节点。
- importing_slots_from：迁入槽位，数组元素指向 clusterNode 结构体，如果数组元素不为空，代表该槽位数据正从数组元素指定节点迁入当前节点。
- slots_keys_count：每个槽位存储的键的数量。

clusterNode 结构体负责存放集群中 Cluster 节点实例的相关信息：

```
typedef struct clusterNode {
    mstime_t ctime;
    char name[CLUSTER_NAMELEN];
    int flags;
    uint64_t configEpoch;
    unsigned char slots[CLUSTER_SLOTS/8];
    int numslots;
    int numslaves;
    struct clusterNode **slaves;
    struct clusterNode *slaveof;
    ...
} clusterNode;
```

- flags：节点标志，存储节点的状态、属性等。本书关注以下标志：
  - CLUSTER_NODE_MASTER：该节点是主节点。
  - CLUSTER_NODE_SLAVE：该节点是从节点。
  - CLUSTER_NODE_PFAIL：该节点已主观下线。
  - CLUSTER_NODE_FAIL：该节点已客观下线。
  - CLUSTER_NODE_MEET：当前节点需要发送 CLUSTERMSG_TYPE_MEET 命令到该节点。
  - CLUSTER_NODE_HANDSHAKE：当前节点与该节点正处于握手阶段。
- name：节点名称，即节点 ID，每个节点启动时都将该属性初始化为 40 字节随机字符串，作为节点唯一标识（CLUSTER NODES 命令响应内容的第一列正是该属性）。

- configEpoch：最新写入数据文件的任期号，可以理解为最新执行故障转移成功的任期。
- slots：槽位位图，记录该节点负责的槽位。
- slaves：该节点的从节点实例列表。
- slaveof：该节点的主节点实例。
- fail_time：该节点下线时间。
- ip、port、cport：该节点的 IP 地址、端口、Cluster 端口。
- ping_sent：当前节点上次给该节点发送 PING 请求的时间。
- pong_received：当前节点上次收到该节点 PONG 响应的时间。
- data_received：当前节点上次收到该节点任何响应数据的时间。
- voted_time：该节点故障转移时，当前节点上一次的投票时间。
- link：当前节点与该节点连接。
- fail_reports：下线报告列表，记录所有判定该节点主观下线的主节点，用于客观下线的统计。

每个 Cluster 节点中的 cluster 变量数据如图 16-2 所示。

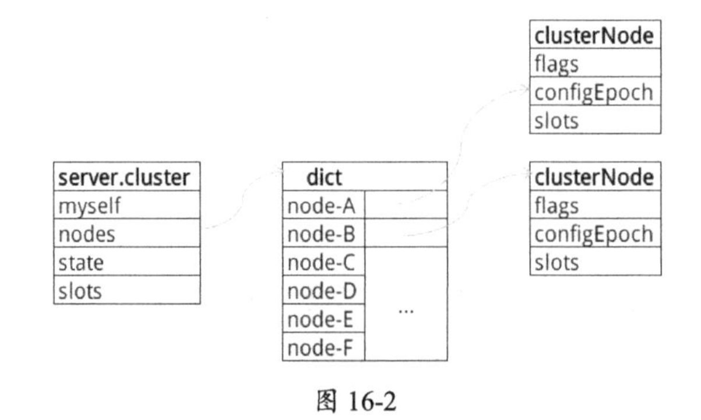

图 16-2

16.2.2 重定向的实现

如果 Cluster 节点收到客户端请求，但请求中查询的键不是由当前节点负责的，则它将通知客户端进行重定向，重定向即客户端重新发送请求给真正的数据存储节点。

当 Redis 节点运行在 Cluster 模式下的时候，server.c/processCommand 函数执行命令前会检查当前节点是不是键的存储节点。如果不是，则拒绝命令并通知客户端重定向。

```
int processCommand(client *c) {
    ...
    // [1]
    if (server.cluster_enabled &&
        !(c->flags & CLIENT_MASTER) &&
        !(c->flags & CLIENT_LUA &&
          server.lua_caller->flags & CLIENT_MASTER) &&
        !(c->cmd->getkeys_proc == NULL && c->cmd->firstkey == 0 &&
          c->cmd->proc != execCommand))
    {
        int hashslot;
        int error_code;
        // [2]
        clusterNode *n = getNodeByQuery(c,c->cmd,c->argv,c->argc,
                                        &hashslot,&error_code);
        if (n == NULL || n != server.cluster->myself) {
            if (c->cmd->proc == execCommand) {
                discardTransaction(c);
            } else {
                flagTransaction(c);
            }
            // [3]
            clusterRedirectClient(c,n,hashslot,error_code);
            return C_OK;
        }
    }

    ...
}
```

【1】如果满足以下条件则检查是否需要重定向:

（1）当前服务运行在 Cluster 模式下。

（2）该请求不是主节点发送的。

（3）该请求存在键参数。

【2】调用 getNodeByQuery 函数查找键真正的存储节点。

【3】返回 ASK 或 MOVED 转向标志及重定向目标节点，通知客户端重定向。

> **提示：**如果该键对应槽位数据正在迁出，则返回 ASK 转向标志，提示客户端仅在下一个命令中请求重定向目标节点，否则返回 MOVED 转向标志，提示客户端该槽位数据可以长期地请求重定向目标节点。

getNodeByQuery 函数负责查找键真正的数据存储节点：

```
clusterNode *getNodeByQuery(client *c, struct redisCommand *cmd, robj **argv, int argc,
int *hashslot, int *error_code) {
    ...

        // [1]
        numkeys = getKeysFromCommand(mcmd,margv,margc,&result);
        keyindex = result.keys;
        // [2]
        for (j = 0; j < numkeys; j++) {
            robj *thiskey = margv[keyindex[j]];
            // [3]
            int thisslot = keyHashSlot((char*)thiskey->ptr,
                                        sdslen(thiskey->ptr));
            // [4]
            if (firstkey == NULL) {
                firstkey = thiskey;
                slot = thisslot;
                n = server.cluster->slots[slot];

                ...
                // [5]
                if (n == myself &&
                    server.cluster->migrating_slots_to[slot] != NULL)
                {
                    migrating_slot = 1;
                } else if (server.cluster->importing_slots_from[slot] != NULL) {
                    importing_slot = 1;
                }
            } else {
                // [6]
                if (!equalStringObjects(firstkey,thiskey)) {
                    if (slot != thisslot) {
```

```
                ...
                return NULL;
            } else {
                multiple_keys = 1;
            }
        }
    }
    // [7]
    if ((migrating_slot || importing_slot) &&
        lookupKeyRead(&server.db[0],thiskey) == NULL)
    {
        missing_keys++;
    }
}

// more
}
```

【1】getKeysFromCommand 函数负责获取命令中真正的键，并将每个键在 client.argv 的索引存储在 result.keys 中。例如，在 `SET myKey "hello" EX 10000` 命令中，只有参数 `myKey` 才是真正的键。

获取命令的键有两种方式，

（1）如果 redisCommand.getkeys_proc 不为空，调用该函数获取命令的键。

（2）redisCommand.firstkey 指定命令的第一个键的索引，redisCommand.lastkey 指定命令的最后一个键的索引（负数代表反向索引），redisCommand.keystep 指定相邻两个键的索引差。利用上面 3 个属性可以获取命令的键。如 MSET key1 value1 key2 value2 .. keyN valueN 命令，上面 3 个属性分别为 1、-1、2。

【2】遍历命令中所有的键。

【3】计算键对应的槽位。槽位计算方式：计算键的 CRC16 校验值，再使用校验值对 16384 取模获得键对应的槽位。

【4】如果处理的是第一个键，则记录槽位、数据存储节点。

【5】判定数据是否正在迁入或迁出，设置对应迁入、迁出标志变量。migrating_slot 为 1 代表当前节点是存储节点，但槽位数据正在迁出。importing_slot 为 1 代表该槽位数据正在迁入当前节点。

【6】如果处理的不是第一个键，则该键对应的槽位必须和第一个键的槽位相同，否则报错。

【7】如果槽位数据正在迁入或迁出，那么还需要统计数据不存在于当前节点中的键的数量。

```
clusterNode *getNodeByQuery(client *c, struct redisCommand *cmd, robj **argv, int argc,
int *hashslot, int *error_code) {
    ...
    // [8]
    if (n == NULL) return myself;

    ...
    // [9]
    if (migrating_slot && missing_keys) {
        if (error_code) *error_code = CLUSTER_REDIR_ASK;
        return server.cluster->migrating_slots_to[slot];
    }

    // [10]
    if (importing_slot &&
        (c->flags & CLIENT_ASKING || cmd->flags & CMD_ASKING))
    {
        if (multiple_keys && missing_keys) {
            if (error_code) *error_code = CLUSTER_REDIR_UNSTABLE;
            return NULL;
        } else {
            return myself;
        }
    }
    ...
    // [11]
    if (n != myself && error_code) *error_code = CLUSTER_REDIR_MOVED;
    return n;
}
```

【8】如果命令中没有键，则可以在当前服务器中执行命令，返回当前节点。

【9】如果键对应的槽位数据正在迁出，而且该键的数据不存在于当前节点中，则将 ASK 转向标志赋值给变量 error_code（该标志会返回给客户端），并返回数据迁入节点作为重定向目标节点。

【10】如果键对应的槽位数据正在迁入，而且该客户端开启了 CLIENT_ASKING 标志或命令中存在 CMD_ASKING 标志，则返回当前节点。这时如果命令中有些键的数据仍不存在于当前节点中，则直接返回错误。

【11】将 MOVED 转向标志赋值给变量 error_code，并返回之前计算的键的存储节点，提示客户端重定向到该节点。

提示：如果槽位数据正在迁入当前节点，并且查询的键数据已经迁入当前节点，则这时要在当前节点中查询该键，先执行 ASKING 命令（该命令开启客户端 CLIENT_ASKING 标志），再查询该键数据，否则当前节点会提示客户端重定向到迁出节点（当前槽位指派数组还没有改变，该槽位的负责节点还是迁出节点）。

重定向的判断过程如图 16-3 所示。

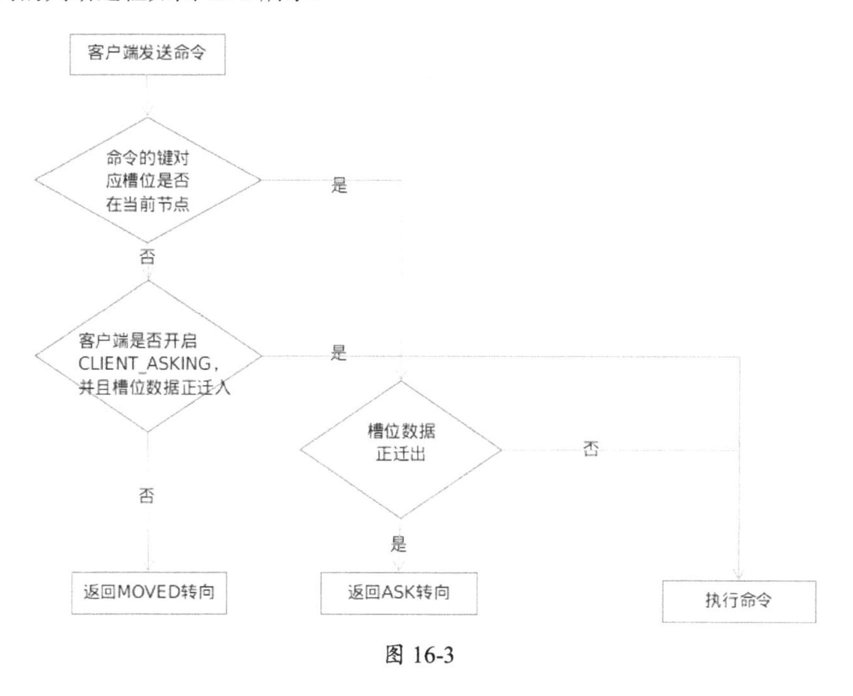

图 16-3

16.2.3 槽位迁移的实现

前面已经展示了如何使用 `redis-cli --cluster reshard` 命令迁移槽位。该命令的实现过程包括以下步骤：

（1）发送以下命令给迁入节点，指定迁移槽位的迁出节点。

```
CLUSTER SETSLOT <slot> IMPORTING <source-node-id>
```

迁入节点收到该命令后，会设置 server.cluster.importing_slots_from[slot]指向迁出节点，代表该槽位数据正从迁出节点迁入当前节点。

（2）发送以下命令给迁出节点，指定迁移槽位的迁入节点。

```
CLUSTER SETSLOT <slot> MIGRATING <destination-node-id>
```

迁出节点收到该命令后，会设置 server.cluster.migrating_slots_to[slot]指向迁入节点，代表该槽位数据正从当前节点迁移到迁入节点。

（3）发送以下命令给迁出节点，开始迁移数据。

```
MIGRATE host port key destination-db timeout [COPY] [REPLACE] [AUTH password] [AUTH2
username password]
```

host、port 参数即迁入节点的 IP 地址、端口。

如果要批量发送数据，则使用如下命令：

```
MIGRATE host port "" destination-db timeout [COPY] [REPLACE] [AUTH password] [AUTH2
username password] KEYS key1 key2 key3...
```

命令选项解释如下：

- COPY：复制数据，即不删除迁出节点中的键。
- REPLACE：替换数据，替换迁入节点中存在的键。
- KEYS：如果 key 参数是一个空字符串，则迁移 KEYS 选项后所有的键。
- AUTH：使用密码访问迁入节点。
- AUTH2：使用用户名和密码访问迁入节点（Redis 6 以上提供）。

（4）当槽位上所有的键都迁移到迁入节点后，给集群中的所有主节点发送 CLUSTER SETSLOT <slot> NODE <node-id>命令（该命令代表将 slot 槽位交给 node-id 节点负责），通知节点更新槽位信息。

当主节点收到该命令时，将执行如下操作：

- 如果当前节点为迁出节点，并且槽位数据已经全部迁出，则置空 cluster.migrating_slots_to[slot]，代表该槽位数据迁出完成。
- 如果当前节点为迁入节点，则置空 cluster.importing_slots_from[slot]，代表该槽位数据迁入完成。

- 更新槽位指派数组 cluster.slots 及节点实例的位图信息 clusterNode.slots。

下面分析 MIGRATE 命令的实现，其他命令的实现较简单，不详细分析代码。

当节点收到 MIGRATE 命令后，将调用 migrateCommand 函数迁移数据：

```
void migrateCommand(client *c) {
    ...
    ov = zrealloc(ov,sizeof(robj*)*num_keys);
    kv = zrealloc(kv,sizeof(robj*)*num_keys);
    int oi = 0;
    // [1]
    for (j = 0; j < num_keys; j++) {
        if ((ov[oi] = lookupKeyRead(c->db,c->argv[first_key+j])) != NULL) {
            kv[oi] = c->argv[first_key+j];
            oi++;
        }
    }
    ...

try_again:
    write_error = 0;

    // [2]
    cs = migrateGetSocket(c,c->argv[1],c->argv[2],timeout);
    ...
    rioInitWithBuffer(&cmd,sdsempty());
    ...

    // [3]
    for (j = 0; j < num_keys; j++) {
        ...
        serverAssertWithInfo(c,NULL,
            rioWriteBulkCount(&cmd,'*',replace ? 5 : 4));

        if (server.cluster_enabled)
            serverAssertWithInfo(c,NULL,
                rioWriteBulkString(&cmd,"RESTORE-ASKING",14));
        else
```

```
            serverAssertWithInfo(c,NULL,rioWriteBulkString(&cmd,"RESTORE",7));
        // [4]
        serverAssertWithInfo(c,NULL,sdsEncodedObject(kv[j]));
        serverAssertWithInfo(c,NULL,rioWriteBulkString(&cmd,kv[j]->ptr,
                sdslen(kv[j]->ptr)));
        serverAssertWithInfo(c,NULL,rioWriteBulkLongLong(&cmd,ttl));

        // [5]
        createDumpPayload(&payload,ov[j],kv[j]);
        serverAssertWithInfo(c,NULL,
            rioWriteBulkString(&cmd,payload.io.buffer.ptr,
                              sdslen(payload.io.buffer.ptr)));
        sdsfree(payload.io.buffer.ptr);
        // [6]
        if (replace)
            serverAssertWithInfo(c,NULL,rioWriteBulkString(&cmd,"REPLACE",7));
    }
    // [7]
    ...
}
```

【1】读取所有的键值对内容，分别存储在 kv、ov 数组中。

【2】获取目标节点的 Socket 连接。初始化 cmd 变量（cmd 是一个使用内存数组存储数据的 rio 结构体）。该变量作为数据输出的缓冲区。这里还会写入 `select db`、`auth` 等命令到缓冲区，代码不一一展示。

【3】写入所有的键值对内容到 cmd 缓冲区，每个键值对都需要写入一个 RESTORE/RESTORE-ASKING 命令（serverAssertWithInfo 负责打印 server 日志内容，真正执行写入操作的是其第 3 个参数指定的函数）。

【4】写入键内容、ttl。如果该键没有设置过期时间，则 ttl 为 0，否则 ttl 为大于 0 的数值。

【5】写入值内容，这里的值内容使用 DUMP 格式，即在值内容后紧跟 2 字节的 RDB 版本信息、8 字节的 CRC64 校验值，用于目标节点对值内容进行校检（createDumpPayload 函数将值内容写入到新的 payload 缓冲区中，最后 rioWriteBulkString 函数将 payload 缓冲区内容写入到 cmd 缓冲区中）。

【6】将 REPLACE 选项也写入缓冲区。

【7】将 cmd 缓冲区的内容写入 Socket，并读取每个命令的响应数据，执行对应的处理逻辑，如删除当前节点的数据。

目标节点收到 RESTORE-ASKING 或 RESTORE 命令后，调用 restoreCommand 函数进行处理，该函数将读取请求数据，并调用 dbAdd 函数将请求中的键值对存入数据库。这部分代码不展示。

16.3 Redis Cluster 启动过程

16.3.1 节点启动

首先看一下 Cluster 节点启动时如何初始化 Cluster 机制。当 Redis 服务以 Cluster 模式启动时，会调用 clusterInit 函数（由 initServer 函数触发）执行如下逻辑：

（1）初始化 cluster 变量。

（2）尝试锁住数据文件，确保只有当前节点可以修改数据文件。

（3）加载 Cluster 配置，创建自身节点实例 cluster.myself，并添加到实例字典 cluster.nodes 中。

这里会将自身实例的 name 属性初始化为 40 字节的随机字符串，该随机字符串即节点 ID，作为 Cluster 节点的唯一标志。

如果 Cluster 数据文件中存在集群节点信息，则这里会加载集群节点相关数据，创建节点实例并添加到实例字典中。

（4）将 server.port 数值加上 10000 作为 Clsuter 端口（默认 Redis 端口为 6379，Cluster 端口为 16379）。

（5）创建一个监听套接字，监控 Cluster 端口，等待连接请求。这些连接专用于 Cluster 节点之间发送 Cluster 消息，本书称为 Cluster 连接。这里会为套接字连接注册监听 AE_READABLE 类型的文件事件，事件回调函数为 clusterAcceptHandler，该函数负责处理新的 Cluster 连接请求的 accept 事件。当新的请求连接进来后，clusterAcceptHandler 函数会为 Cluster 连接注册监听 AE_READABLE 类型的文件事件，事件回调函数为 clusterReadHandler，clusterReadHandler 函数负责处理其他节点发送的 Cluster 消息。

前面说了，redis-cli --cluster create 可以创建一个 Cluster 集群，该命令执行了 3 个步骤完成创建 Cluster 集群的工作：节点握手、分配槽位和建立主从关系。

16.3.2 节点握手

使用 `CLUSTER MEET` 命令可以让两个节点执行握手操作，使它们相互认识：

```
CLUSTER MEET target-ip target-port
```

CLUSTER 命令都在 clusterCommand 函数中处理。CLUSTER MEET 的处理很简单，调用 clusterStartHandshake 函数，创建一个节点实例并添加到 cluster.nodes 实例字典中。

由于现在还不知道目标节点实例的 name，所以这里创建一个随机字符串，作为目标节点实例临时的 name 并添加到实例字典中。在当前节点与目标节点建立网络连接成功并相互通信后，当前节点会从目标节点的响应数据中获取目标节点的 name，并重命名该节点实例的 name。

提示：并不需要将每两个节点都相互“MEET”一次，只要保证集群中没有孤儿节点即可，集群节点可以相互认识。这里可以选择一个“种子节点”，并且让 Cluster 集群其他节点都与该种子节点“MEET”一次。

16.3.3 指派槽位

下面需要在集群中选择一部分节点作为主节点（剩下节点作为从节点），并将 16384 个槽位指派给不同的主节点，使用 redis-cli cluster addslots 命令可以将槽位指派给指定的节点：

```
redis-cli -p 6101 cluster addslots {0..5460}
```

redis-cli 可以按区间指派槽位，我们也可以直接使用 CLUSTER ADDSLOTS 命令批量指派槽位，当 cluster 节点收到 CLUSTER ADDSLOTS 命令后，将调用 clusterAddSlots 函数更新实例槽位位图 clusterNode.slots，并将自身实例添加到槽位指派数组 cluster.slots 对应的索引中。

16.3.4 建立主从关系

使用 CLUSTER REPLICATE 命令指定集群节点建立主从关系：

```
CLUSTER REPLICATE master-nodeid
```

master-nodeid 即主节点 ID，我们可以通过 CLUSTER NODES 命令获取节点 ID。Cluster 节点收到该命令后将成为指定节点的从节点，调用 clusterSetMaster 函数执行如下逻辑：

（1）如果当前节点是主节点，则切换为从节点（更新实例 flags 标志），并清除它负责的槽位。

（2）如果当前节点是从节点，则清除实例的 slaveof 属性。

（3）调用 replication.c/replicationSetMaster 函数与指定节点建立主从关系。

（4）调用 resetManualFailover 函数重置手动故障转移状态。

Cluster 节点支持手动故障转移，发送 `CLUSTER FAILOVER` 命令给 Cluster 从节点，收到该命令的节点会晋升为主节点并替换它原来的主节点。本书不关注这部分内容。

这时，Cluster 集群已经成功启动了。

16.4 Redis Cluster 节点通信

Cluster 集群刚搭建完成时，整个集群的信息并没有完全同步。例如，Cluster 节点并没有相互认识，而且每个主节点负责的槽位只有自己知道，其他节点并不知道。

Cluster 使用 Gossip 算法在集群内同步信息。

16.4.1 Gossip 算法

Gossip 算法是一种去中心化架构的一致性算法，该算法的所有节点都是对等节点，无中心节点（leader 节点）。

当集群中某个节点有信息需要更新到其他节点时，它会定时随机地选择周围几个节点发送消息，收到消息的节点也会重复该过程，直至集群中所有的节点都收到消息。

Gossip 算法中的数据同步可能需要一定的时间，虽然不能保证某个时刻所有节点都收到消息，但是理论上最终所有节点都会收到消息，因此它是一个最终一致性算法。

Cluster 机制实现的是一个“简化”的 Gossip 算法，每个节点随机选择集群中的一个节点作为消息接收节点，并从自身实例字典中随机选择部分节点实例放入消息，再发送给其他节点，接收到消息的节点从消息中获取这些节点实例信息，从而使整个集群中所有节点都相互认识。（例如，前面说的，所有节点都与种子节点“MEET”一次，那么种子节点就知道集群中所有节点信息，并将这些节点信息发送给集群其他节点。）下面会详细分析该过程。

16.4.2 消息定义

Cluster 为所有 Cluster 消息定义了一个消息结构体：

```
typedef struct {
    char sig[4];
    uint32_t totlen;
    uint16_t ver;
```

```
    uint16_t port;
    uint16_t type;
    ...
} clusterMsg;
```

clusterMsg 属性可以分为消息头和消息体。消息头主要有如下属性：

- sig：固定为 `RCmb`，代表这是 Cluster 消息。
- totlen：消息总长度。
- ver：Cluster 消息协议版本，当前是 1。
- type：消息类型，本书关注以下类型的消息。
    - CLUSTERMSG_TYPE_MEET：要求进行握手操作的消息。
    - CLUSTERMSG_TYPE_PING：定时心跳消息。
    - CLUSTERMSG_TYPE_PONG：心跳响应消息或广播消息。
    - CLUSTERMSG_TYPE_FAIL：节点客观下线的广播消息。
    - CLUSTERMSG_TYPE_FAILOVER_AUTH_REQUEST：故障转移选举时的投票请求消息。
    - CLUSTERMSG_TYPE_FAILOVER_AUTH_ACK：故障转移选举时的同意投票响应消息。
- flags、currentEpoch、configEpoch：发送节点标志、发送节点最新任期、发送节点最新写入文件的任期。
- sender、myslots、slaveof、myip、cport：发送节点 name、槽位位图、主节点、IP 地址、端口。

消息体即 data 属性，类型为 clusterMsgData，clusterMsgData 是一个共用体，不同类型的消息使用不同的属性：

```
union clusterMsgData {
    struct {
        clusterMsgDataGossip gossip[1];
    } ping;
    struct {
        clusterMsgDataFail about;
    } fail;
    ...
};
```

本书主要关注两个属性：

- ping：clusterMsgDataGossip 类型，存放随机实例和主观下线节点的实例信息，用于 CLUSTERMSG_TYPE_PONG、CLUSTERMSG_TYPE_MEET、CLUSTERMSG_TYPE_PING 消息。
- fail：clusterMsgDataFail 类型，节点客观下线通知，存放客观下线节点 name，用于 CLUSTERMSG_TYPE_FAIL 消息。

16.4.3 建立连接

clusterCron 是 Cluster 机制的定时逻辑函数。如果当前节点运行在 Cluster 模式下，则 serverCron 时间事件会每隔 100 毫秒触发一次 clusterCron 函数。clusterCron 函数会为当前节点与集群其他节点建立 Cluster 连接（包括首次建立连接和连接断开后重建连接）：

```
void clusterCron(void) {
    ...
    // [1]
    di = dictGetSafeIterator(server.cluster->nodes);
    server.cluster->stats_pfail_nodes = 0;
    while((de = dictNext(di)) != NULL) {
        clusterNode *node = dictGetVal(de);
        ...

        if (node->link == NULL) {
            clusterLink *link = createClusterLink(node);
            // [2]
            link->conn = server.tls_cluster ? connCreateTLS() : connCreateSocket();
            connSetPrivateData(link->conn, link);
            // [3]
            if (connConnect(link->conn, node->ip, node->cport, NET_FIRST_BIND_ADDR,
                        clusterLinkConnectHandler) == -1) {
                ...

                freeClusterLink(link);
                continue;
            }
            node->link = link;
```

```
        }
    }
    dictReleaseIterator(di);
    ...
}
```

【1】遍历实例字典中的实例，如果其中某个节点连接信息为空，则与该节点建立连接。

【2】connCreateTLS 或 connCreateSocket 函数创建 Socket 套接字。

【3】connConnect 函数负责与目标节点（Cluster 端口）建立 Cluster 连接，并在连接成功后调用回调函数 clusterLinkConnectHandler。clusterLinkConnectHandler 函数会为该连接注册监听 READ 类型的文件事件，事件回调函数为 clusterReadHandler，并给目标节点发送 CLUSTERMSG_TYPE_MEET 或 CLUSTERMSG_TYPE_PING 消息。

这里使用 Redis 事件机制处理 Cluster 连接。

这里需要注意：Cluster 节点启动时会监控 Cluster 端口，并注册 clusterReadHandler 函数处理其他节点发送的 Cluster 消息，该场景下当前节点作为 Cluster 消息服务器。同时，每个 Cluster 节点都会连接集群中的其他节点，并发送 Cluster 消息给其他节点，这时当前节点作为 Cluster 消息客户端，并且同样注册 clusterReadHandler 函数处理其他节点返回的消息响应数据。所以，clusterReadHandler 函数负责处理两类消息，一是其他节点主动发送的消息（当前节点作为服务器端），二是其他节点对当前节点消息的响应数据（当前节点作为客户端）。

图 16-1 的 Cluster 集群中，A 节点的连接信息如图 16-4 所示。

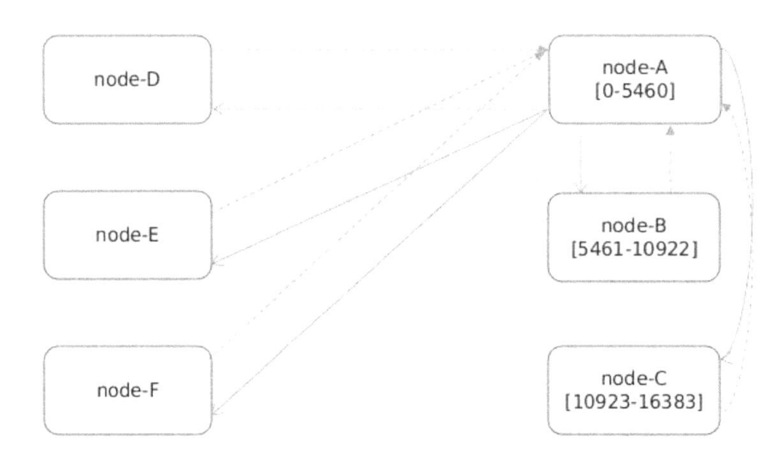

图 16-4

16.4.4　握手过程

某个节点收到 CLUSTER MEET 命令，并将目标节点实例添加到自身实例字典中，这时当前节点与目标节点处于握手阶段。

当这两个节点建立连接时，clusterLinkConnectHandler 函数会发送 CLUSTERMSG_TYPE_MEET 消息给目标节点。当目标节点收到 CLUSTERMSG_TYPE_MEET 消息后会返回 CLUSTERMSG_ TYPE_PONG 消息。

前面说了，clusterReadHandler 函数负责处理 Cluster 消息。该函数会读取 Socket 数据，并调用 clusterProcessPacket 函数处理数据。由于 clusterProcessPacket 代码的逻辑较多，所以本节会分成几部分进行解析。

这里看一下 clusterReadHandler 函数如何处理握手过程：

```
int clusterProcessPacket(clusterLink *link) {
    // [1]
    ...

    // [2]
    if (type == CLUSTERMSG_TYPE_PING || type == CLUSTERMSG_TYPE_MEET) {
        ...

        clusterSendPing(link,CLUSTERMSG_TYPE_PONG);
    }

    if (type == CLUSTERMSG_TYPE_PING || type == CLUSTERMSG_TYPE_PONG ||
        type == CLUSTERMSG_TYPE_MEET)
    {
        if (link->node) {

            if (nodeInHandshake(link->node)) {
                ...

                // [3]
                clusterRenameNode(link->node, hdr->sender);
                ...
                link->node->flags &= ~CLUSTER_NODE_HANDSHAKE;
                link->node->flags |= flags&(CLUSTER_NODE_MASTER|CLUSTER_NODE_SLAVE);
```

```
            } ...
        }

        ...
        // [4]
        if (sender) clusterProcessGossipSection(hdr,link);
    }
}
```

【1】处理 TCP 拆包、粘包的场景，这里不展示代码。

【2】收到 CLUSTERMSG_TYPE_PING、CLUSTERMSG_TYPE_MEET 的消息，总是会回复 CLUSTERMSG_TYPE_PONG 消息。

【3】收到 CLUSTERMSG_TYPE_PING、CLUSTERMSG_TYPE_PONG、CLUSTERMSG_TYPE_MEET 信息，并且发送消息的节点与当前节点正在握手，则使用消息数据中发送节点的 name 更新对应节点实例的 name（前面说过，“MEET”操作完成后，目标节点实例的 name 是一个临时的随机字符串，所以这里要更新实例的 name），并清除 CLUSTER_NODE_HANDSHAKE 标志，代表握手完成。

【4】调用 clusterProcessGossipSection 函数，负责处理 clusterMsgDataGossip 内容。

握手阶段的流程如图 16-5 所示。

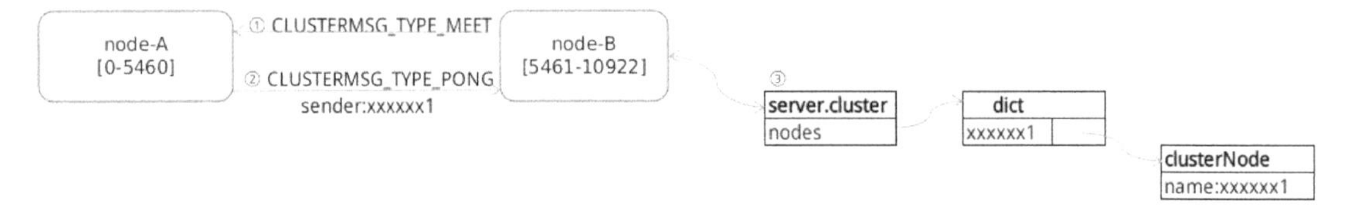

图 16-5

①：B 节点发送 CLUSTERMSG_TYPE_MEET 消息给 A 节点。

②：A 节点回复 CLUSTERMSG_TYPE_PONG 消息，并在消息中携带自己的 name。

③：B 节点使用收到的信息更新节点实例的 name 属性。

16.4.5 定时消息

clusterCron 函数会定时给集群其他节点发送 CLUSTERMSG_TYPE_PING 消息，这里正是 Cluster 机制中 Gossip 算法的实现：

```
    // [1]
    if (!(iteration % 10)) {
        int j;

        // [2]
        for (j = 0; j < 5; j++) {
            de = dictGetRandomKey(server.cluster->nodes);
            clusterNode *this = dictGetVal(de);

            ...
            if (min_pong_node == NULL || min_pong > this->pong_received) {
                min_pong_node = this;
                min_pong = this->pong_received;
            }
        }
        // [3]
        if (min_pong_node) {
            serverLog(LL_DEBUG,"Pinging node %.40s", min_pong_node->name);
            clusterSendPing(min_pong_node->link, CLUSTERMSG_TYPE_PING);
        }
    }
```

【1】iteration 是静态局部变量（函数执行完成后该变量不会消失），负责统计 clusterCron 函数执行的次数。每执行 10 次 clusterCron 函数便发送一次 Cluster 消息。由于 clusterCron 每 100 毫秒执行一次，所以每秒会发送一次 Cluster 消息。

【2】随机取 5 个目标节点，并从中选择上次收到 PONG 响应时间最早的节点。这里会过滤连接已断开、发送 PING 信息未收到响应、握手阶段的节点。

【3】发送 CLUSTERMSG_TYPE_PING 消息给上一步选择的节点。

clusterSendPing 函数负责发送 Cluster 消息：

```
void clusterSendPing(clusterLink *link, int type) {
    // [1]
    int freshnodes = dictSize(server.cluster->nodes)-2;

    wanted = floor(dictSize(server.cluster->nodes)/10);
    if (wanted < 3) wanted = 3;
```

```
    if (wanted > freshnodes) wanted = freshnodes;

    int pfail_wanted = server.cluster->stats_pfail_nodes;

    // [2]
    totlen = sizeof(clusterMsg)-sizeof(union clusterMsgData);
    totlen += (sizeof(clusterMsgDataGossip)*(wanted+pfail_wanted));

    if (totlen < (int)sizeof(clusterMsg)) totlen = sizeof(clusterMsg);
    buf = zcalloc(totlen);
    hdr = (clusterMsg*) buf;

    // [3]
    if (link->node && type == CLUSTERMSG_TYPE_PING)
        link->node->ping_sent = mstime();
    clusterBuildMessageHdr(hdr,type);

    // more
}
```

参数说明：

- clusterLink：目标节点连接。
- type：消息类型。

【1】wanted 是 clusterMsgDataGossip 内容中的随机实例数量，为实例字典中实例数量的 1/10，并且不小于 3（必须小于或等于实例数量减 2）。

【2】计算消息总长度，申请内存空间，并初始化消息结构体。

注意，clusterMsgData. ping.gossip[1]虽然定义为只有一个元素的数组，但这里会动态申请多个 clusterMsgDataGossip 空间，所以 clusterMsgData.ping.gossip 中实际可以存储多个 clusterMsgDataGossip 数据。请读者阅读源码时不要疑惑。

【3】clusterBuildMessageHdr 函数负责填充消息头属性，将自身节点信息添加到消息中。

```
void clusterSendPing(clusterLink *link, int type) {
    ...
    // [4]
    int maxiterations = wanted*3;
    while(freshnodes > 0 && gossipcount < wanted && maxiterations--) {
```

```
        ...

        clusterSetGossipEntry(hdr,gossipcount,this);
        freshnodes--;
        gossipcount++;
    }

    // [5]
    if (pfail_wanted) {
        dictIterator *di;
        dictEntry *de;

        di = dictGetSafeIterator(server.cluster->nodes);
        while((de = dictNext(di)) != NULL && pfail_wanted > 0) {
            clusterNode *node = dictGetVal(de);
            if (node->flags & CLUSTER_NODE_HANDSHAKE) continue;
            if (node->flags & CLUSTER_NODE_NOADDR) continue;
            if (!(node->flags & CLUSTER_NODE_PFAIL)) continue;
            clusterSetGossipEntry(hdr,gossipcount,node);
            freshnodes--;
            gossipcount++;
            pfail_wanted--;
        }
        dictReleaseIterator(di);
    }

    // [6]
    totlen = sizeof(clusterMsg)-sizeof(union clusterMsgData);
    totlen += (sizeof(clusterMsgDataGossip)*gossipcount);
    hdr->count = htons(gossipcount);
    hdr->totlen = htonl(totlen);
    clusterSendMessage(link,buf,totlen);
    zfree(buf);
}
```

【4】从当前节点的实例字典中随机取 wanted 个节点实例并添加到消息中。这里会过滤自身实例，以及主观下线、握手阶段或未知的节点实例。

【5】将当前节点实例字典中所有主观下线的节点添加到消息中，以便更快地传播下线报告，使节点从主观下线状态转变为客观下线状态（故障转移章节会详细分析该过程）。这里同样过滤握手阶段或未知的节点。

【6】由于第 2 步计算的消息包括所有主观下线节点，而第 5 步会过滤部分节点，所以这里需重新计算真正的消息长度。最后调用 clusterSendMessage 函数发送信息。

CLUSTERMSG_TYPE_PING、CLUSTERMSG_TYPE_MEET、CLUSTERMSG_TYPE_PONG 三种类型的消息都会包含两部分内容：随机节点实例与下线节点实例（消息中的下线节点实例也称为下线报告）。

前面说了，clusterProcessGossipSection 函数负责处理 clusterMsgDataGossip 内容，当某个节点收到其他节点的消息时，如果消息的随机节点实例中包含该节点不认识的节点实例，则会将这些节点实例添加到实例字典中。最终该节点会与这些不认识的节点建立连接。

这样该节点与这些节点也认识了。虽然集群启动时只有种子节点与其他节点执行了“MEET”操作，但种子节点都会将自己认识的节点发送给其他节点，最终集群中的所有节点都相互认识了。如果有新节点加入集群，则只需要跟种子节点“MEET”，最终新节点也会与集群所有节点相互认识。

很多分布式系统只需要配置集群一部分节点作为种子节点，这样整个集群启动后所有节点都可以相互认识，比如 Elasticsearch 使用的就是类似的机制。

分布式系统中节点相互认识是一个重要机制（也称为服务发现机制）。我们可以对比 Cluster 和 Sentinel 中节点相互认识的机制。Sentinel 通过订阅频道发送自身消息给集群其他 Sentinel 节点，以使集群其他节点认识自己。而 Cluster 通过 Gossip 算法不断将自己认识的节点发送给其他节点，使整个集群中的所有节点最终都相互认识，这也是分布式系统中更流行的节点相互认识机制。

16.5 Redis Cluster 的故障转移

Cluster 中的故障转移操作与 Sentinel 类似，当 Cluster 集群检测到某个主节点下线后，将选举一个 leader 节点，由 leader 节点完成故障转移。

16.5.1 节点下线

在 Cluster 中判定节点下线，同样需要经过“主观下线”和“客观下线”两个过程，与 Sentinel 一样。

clusterCron 函数负责检查节点主观下线状态：

```
    di = dictGetSafeIterator(server.cluster->nodes);
    while((de = dictNext(di)) != NULL) {
        ...
        mstime_t node_delay = (ping_delay < data_delay) ? ping_delay :
                                                          data_delay;
        // [1]
        if (node_delay > server.cluster_node_timeout) {
            if (!(node->flags & (CLUSTER_NODE_PFAIL|CLUSTER_NODE_FAIL))) {
                ...
                node->flags |= CLUSTER_NODE_PFAIL;
                update_state = 1;
            }
        }
    }
```

【1】计算每个节点上次返回响应后过去的时间，取实例属性 ping_sent、data_received 与当前时间之差中较小的值。如果该时间差超过 server.cluster_node_timeout 属性指定时间，则判定该节点主观下线，给节点实例添加 CLUSTER_NODE_PFAIL 标志。

前面说了，clusterSendPing 函数将当前节点的实例字典中所有主观下线的节点添加到消息中并发送给其他节点。所以当前节点也会收到其他节点发送的主观下线的节点实例。当前节点会统计集群中报告某个节点主观下线的主节点数量，从而判定该节点是否客观下线。

下面将 Cluster 消息包含的主观下线节点称为待判定节点。

如果 clusterProcessGossipSection 函数（由 clusterProcessPacket 函数触发）收到其他节点发送的待判定节点，则将发送节点添加到待判定节点实例的下线报告列表中：

```
void clusterProcessGossipSection(clusterMsg *hdr, clusterLink *link) {
    ...

    while(count--) {
        uint16_t flags = ntohs(g->flags);
        ...
        // [1]
        node = clusterLookupNode(g->nodename);
        if (node) {
            if (sender && nodeIsMaster(sender) && node != myself) {
                // [2]
                if (flags & (CLUSTER_NODE_FAIL|CLUSTER_NODE_PFAIL)) {
```

```
                if (clusterNodeAddFailureReport(node,sender)) {
                    ...
                }
                // [3]
                markNodeAsFailingIfNeeded(node);
            }
        } ...
    }
    ...

    g++;
  }
}
```

【1】根据节点 name 获取对应的待判定节点实例。

【2】如果发送节点为主节点，并且发送节点认为待判定节点已经下线，则将发送节点添加到待判定节点实例的下线报告列表中。

【3】调用 markNodeAsFailingIfNeeded 函数统计待判定节点实例的下线报告列表中元素的数量（即报告该节点下线的主节点的数量）。判断是否可以将该待判定节点转换为客观下线状态。

提示：在 Cluster 中，只有主节点可以参与节点客观下线的判定，所以下线报告列表中只有主节点。

```
void markNodeAsFailingIfNeeded(clusterNode *node) {
    int failures;
    int needed_quorum = (server.cluster->size / 2) + 1;
    // [1]
    if (!nodeTimedOut(node)) return;
    if (nodeFailed(node)) return;
    // [2]
    failures = clusterNodeFailureReportsCount(node);
    if (nodeIsMaster(myself)) failures++;
    if (failures < needed_quorum) return;

    ...
```

```
    node->flags &= ~CLUSTER_NODE_PFAIL;
    node->flags |= CLUSTER_NODE_FAIL;
    node->fail_time = mstime();

    // [3]
    clusterSendFail(node->name);
}
```

【1】待判定节点处于非主观下线状态或者已经处于客观下线状态，退出函数。

【2】统计待判定节点实例的下线报告列表中主节点的数量（这些主节点都已经认为该节点已下线）。如果当前节点也是主节点，则需要将统计数量加1，即加上当前节点。如果统计数量大于或等于needed_quorum，则给待判定节点实例添加CLUSTER_NODE_FAIL标志，代表该节点已经客观下线。注意，needed_quorum为cluster.size/2+1，cluster.size是集群中主节点的数量，不包括没有负责任何槽位的空的主节点。

【3】调用clusterSendFail函数，在Cluster集群中广播发送CLUSTERMSG_TYPE_FAIL消息，通知其他节点该节点已经客观下线。集群其他节点在收到CLUSTERMSG_TYPE_FAIL消息后，会将待判定节点实例也标志为客观下线。通过该操作，节点客观下线状态可以在集群节点中快速传播，达成一致。

图16-1的集群中，B节点判定A节点客观下线的流程如图16-6所示。

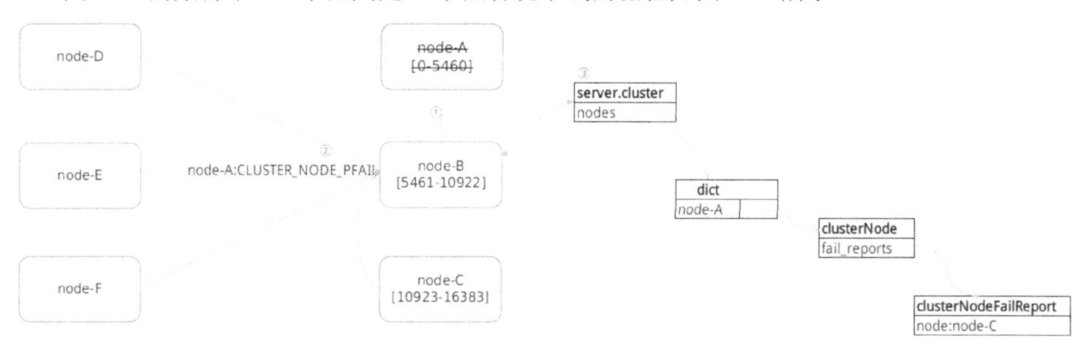

图 16-6

①：B节点与A节点连接超时，判定A节点主观下线。

②：B节点收到其他节点对A节点的下线报告。

③：B节点发现发送下线报告的节点中只有C节点是主节点，将C节点添加到A节点实例的下线报告列表中。

由于B节点也是主节点，所以集群中判定A节点主观下线的主节点的数量为2，占集群主节点的多数，这时可以判定 A 节点客观下线。

16.5.2 选举过程

当某个主节点客观下线后，就需要选举 leader 节点完成故障转移。选举过程涉及以下属性：

- cluster.failover_auth_sent：本次选举是否已发送投票请求。
- cluster.failover_auth_time：本次选举的开始时间或（本次选举已失败）下次选举的开始时间。
- cluster.failover_auth_rank：节点优先级，该数值越大，优先级越低，故障转移时节点重新发起选举前的等待时间越长。
- cluster.currentEpoch：当前集群的任期。
- cluster.failover_auth_epoch：当前正在执行故障转移的任期。
- cluster.lastVoteEpoch：当前节点最新同意投票的任期。

另外，每个主节点实例都记录了 configEpoch 属性，代表已写入文件的任期（可以理解为故障转移已成功的任期）。

在 Cluster 集群中，主节点下线后，只能由该主节点原来的从节点发起选举流程，并执行故障转移操作，故障转移完成后，该执行故障转移的从节点会成为新的主节点。clusterCron 函数会调用 clusterHandleSlaveFailover 函数检查是否需要开启故障转移：

```
void clusterHandleSlaveFailover(void) {
    ...
    // [1]
    if (nodeIsMaster(myself) ||
        myself->slaveof == NULL ||
        (!nodeFailed(myself->slaveof) && !manual_failover) ||
        (server.cluster_slave_no_failover && !manual_failover) ||
        myself->slaveof->numslots == 0)
    {
        server.cluster->cant_failover_reason = CLUSTER_CANT_FAILOVER_NONE;
        return;
    }

    ...
    // [2]
    if (auth_age > auth_retry_time) {
        server.cluster->failover_auth_time = mstime() +
```

```
            500 +
            random() % 500;
        server.cluster->failover_auth_count = 0;
        server.cluster->failover_auth_sent = 0;
        server.cluster->failover_auth_rank = clusterGetSlaveRank();
        server.cluster->failover_auth_time +=
            server.cluster->failover_auth_rank * 1000;
        ...
        return;
    }

    // [3]
    if (mstime() < server.cluster->failover_auth_time) {
        clusterLogCantFailover(CLUSTER_CANT_FAILOVER_WAITING_DELAY);
        return;
    }

    // [4]
    if (auth_age > auth_timeout) {
        clusterLogCantFailover(CLUSTER_CANT_FAILOVER_EXPIRED);
        return;
    }
    // more
}
```

【1】发起选举流程需要满足以下条件：

- 当前节点是从节点。
- 当前节点的主节点已经客观下线。
- 当前节点没有开启禁止故障转移的选项。
- 当前节点的主节点存在负责的槽位。

【2】auth_age 为本次选举已花费时间（cluster.failover_auth_time 与当前时间之差），auth_retry_time 为选举重试时间，如果 auth_age 大于 auth_retry_time，则说明本次选举失败，并且当前可以重新准备下次选举。执行如下操作：

（1）重置请求发送标志 cluster.failover_auth_sent，并重新计算节点优先级 cluster.failover_auth_rank。

（2）计算选举下次开始时间 cluster.failover_auth_time，计算规则为当前时间+随机时间（500～1000）+优先级×1000，单位为毫秒（随机时间可以避免多个节点同时发送投票请求）。

【3】如果当前时间小于 cluster.failover_auth_time，则代表本次选举失败了，并且下次选举开始时间未到，不允许发起选举流程，退出函数。

【4】如果本次选举已花费时间大于选举超时时间，则说明本次选举超时了（通常是因为发生了选票瓜分），本次选举流程不允许继续，退出函数。

选举超时时间（auth_timeout）为节点下线时间（server.cluster_node_timeout）的 2 倍，不能小于 2 秒，选举重试时间（auth_retry_time）为选举超时时间的 2 倍，所以如果选举时发生了选票瓜分，则重新发起选举需要等待的时间（毫秒）为 server.cluster_node_timeout×4+随机时间（500～1000）+节点优先级×1000。

```
void clusterHandleSlaveFailover(void) {
    ...
    // [5]
    if (server.cluster->failover_auth_sent == 0) {
        server.cluster->currentEpoch++;
        server.cluster->failover_auth_epoch = server.cluster->currentEpoch;

        clusterRequestFailoverAuth();
        server.cluster->failover_auth_sent = 1;

        return;
    }

    // [6]
    if (server.cluster->failover_auth_count >= needed_quorum) {
        if (myself->configEpoch < server.cluster->failover_auth_epoch) {
            myself->configEpoch = server.cluster->failover_auth_epoch;
        }

        clusterFailoverReplaceYourMaster();
    } ...
}
```

【5】执行到这里，说明可以继续执行选举流程。如果 cluster.failover_auth_sent 为 0，则代表当前节点还没有发送投票请求，这时执行如下操作：

（1）cluster.currentEpoch 加 1，进入新的任期，并将 cluster.currentEpoch 赋值给 cluster.failover_ auth_epoch。

（2）调用 clusterRequestFailoverAuth 函数在集群中广播发送 CLUSTERMSG_TYPE_FAILOVER_AUTH_REQUEST 消息，要求其他节点给自己投票。

（3）将 cluster.failover_auth_sent 设置为 1，代表当前节点已发送投票请求。

（4）退出函数，等待其他节点投票。

【6】执行到这里，说明已经发送投票请求，正在等待其他节点选票。这时 cluster.failover_auth_count 记录了其他主节点对当前节点的投票数量，如果投票数量大于 needed_quorum（needed_quorum 同样是 cluster.size/2+1），则调用 clusterFailoverReplaceYourMaster 函数开始故障转移。

提示： 由于当前节点为从节点，无投票资格，所以并不会给自己投票。

下面以集群其他节点的视角，看一下其他节点对投票请求消息（CLUSTERMSG_TYPE_FAILOVER_AUTH_REQUEST 消息）的处理。

clusterProcessPacket 函数首先会更新接收节点的任期号等信息：

```
int clusterProcessPacket(clusterLink *link) {
    ...
    if (sender && !nodeInHandshake(sender)) {
        // [1]
        senderCurrentEpoch = ntohu64(hdr->currentEpoch);
        senderConfigEpoch = ntohu64(hdr->configEpoch);
        if (senderCurrentEpoch > server.cluster->currentEpoch)
            server.cluster->currentEpoch = senderCurrentEpoch;

        if (senderConfigEpoch > sender->configEpoch) {
            sender->configEpoch = senderConfigEpoch;
        }

        // [2]
        sender->repl_offset = ntohu64(hdr->offset);
        sender->repl_offset_time = now;
        ...
    }
    ...
}
```

【1】如果发送节点的任期比接收节点的任期更大，则更新任期号，包括（接收节点视图下）cluster.currentEpoch 及发送节点实例的 configEpoch 属性。

【2】接收节点每次收到消息后都需要更新（接收节点视图下）发送节点实例的复制偏移量属性，该属性用于故障转移时计算节点优先级。节点发送消息时，会将 server.master_repl_offset（发送节点为主节点）或 server.master.reploff 属性（发送节点为从节点）发送给接收节点。

clusterProcessPacket 函数收到投票请求消息后，会调用 clusterSendFailoverAuthIfNeeded 函数处理该消息：

```
void clusterSendFailoverAuthIfNeeded(clusterNode *node, clusterMsg *request) {
    clusterNode *master = node->slaveof;
    uint64_t requestCurrentEpoch = ntohu64(request->currentEpoch);
    uint64_t requestConfigEpoch = ntohu64(request->configEpoch);
    unsigned char *claimed_slots = request->myslots;
    int force_ack = request->mflags[0] & CLUSTERMSG_FLAG0_FORCEACK;
    int j;

    // [1]
    if (nodeIsSlave(myself) || myself->numslots == 0) return;

    // [2]
    if (requestCurrentEpoch < server.cluster->currentEpoch) {
        return;
    }

    // [3]
    if (server.cluster->lastVoteEpoch == server.cluster->currentEpoch) {
        return;
    }

    // [4]
    if (nodeIsMaster(node) || master == NULL ||
        (!nodeFailed(master) && !force_ack))
    {
        return;
    }

    // [5]
```

```
    if (mstime() - node->slaveof->voted_time < server.cluster_node_timeout * 2)
    {
        return;
    }

    // [6]
    for (j = 0; j < CLUSTER_SLOTS; j++) {
        if (bitmapTestBit(claimed_slots, j) == 0) continue;
        if (server.cluster->slots[j] == NULL ||
            server.cluster->slots[j]->configEpoch <= requestConfigEpoch)
        {
            continue;
        }

        return;
    }

    // [7]
    server.cluster->lastVoteEpoch = server.cluster->currentEpoch;
    node->slaveof->voted_time = mstime();

    clusterSendFailoverAuth(node);

}
```

【1】如果接收节点为从节点或者没有负责的槽位，则没有投票资格，退出函数

【2】如果请求节点的任期号小于接收节点的任期号，则拒绝投票，退出函数。

注意，这里请求节点的任期号并不会大于接收节点的任期号，因为 clusterProcessPacket 函数发现请求中的任期号大于接收节点任期号时，会先更新接收节点的任期号，再调用 clusterSendFailoverAuthIfNeeded 函数。

【3】如果接收节点在该任期内已经给其他节点投过票了，则拒绝投票，退出函数。cluster.lastVoteEpoch 属性记录接收节点最新同意投票的任期。

【4】如果发送节点不是从节点，或者其主节点未下线，则拒绝投票，退出函数。

【5】如果接收节点上次同意投票后过去的时间未大于 server.cluster_node_timeout 的 2 倍，则拒绝投票，退出函数。

【6】如果请求节点声明负责的槽位中，槽位原负责节点的任期号比请求节点的任期号大，则拒绝投票，退出函数。

【7】执行到这里，说明可以给发送请求的节点投票。执行如下操作：

（1）更新接收节点的 cluster.lastVoteEpoch、cluster.voted_time 属性。

（2）调用 clusterSendFailoverAuth 函数，给发送节点回复 CLUSTERMSG_TYPE_FAILOVER_AUTH_ACK 消息，代表当前节点给发送节点投票。发送节点在收到该信息后，会给 cluster.failover_auth_count 属性加 1。当发送节点收到超过半数节点的 CLUSTERMSG_TYPE_FAILOVER_AUTH_ACK 消息时，就赢得了选举，成为 leader 节点。

16.5.3 从节点晋升

经过前面的选举流程，下线主节点的某个从节点将当选为 Leader 节点，该节点完成故障转移后就会成为新的主节点。再来到该 Leader 节点的视角，该节点赢得选举后调用 clusterFailoverReplaceYourMaster 函数，开始执行故障转移流程：

```
void clusterFailoverReplaceYourMaster(void) {
    int j;
    clusterNode *oldmaster = myself->slaveof;

    if (nodeIsMaster(myself) || oldmaster == NULL) return;

    // [1]
    clusterSetNodeAsMaster(myself);
    replicationUnsetMaster();

    // [2]
    for (j = 0; j < CLUSTER_SLOTS; j++) {
        if (clusterNodeGetSlotBit(oldmaster,j)) {
            clusterDelSlot(j);
            clusterAddSlot(myself,j);
        }
    }


    // [3]
    clusterUpdateState();
```

```
    clusterSaveConfigOrDie(1);

        // [4]
    clusterBroadcastPong(CLUSTER_BROADCAST_ALL);

    resetManualFailover();
}
```

【1】将当前节点切换为主节点，执行以下步骤：

（1）clusterSetNodeAsMaster 函数会修改自身实例属性，将 clusterNode.slaveof 置空，并将 clusterNode.flags 中的 CLUSTER_NODE_SLAVE 替换为 CLUSTER_NODE_MASTER 标志。

（2）调用 replication.c/replicationUnsetMaster 函数，取消之前的主从复制关系。

【2】将原主节点负责的槽位指派给当前节点。

【3】更新 Cluster 状态并写入数据文件。

【4】发送 CLUSTERMSG_TYPE_PONG 消息，将当前节点的最新信息发送给集群其他节点，其他节点收到该消息后将更新自身视图的状态信息（cluster 变量）或与晋升节点建立主从关系。

16.5.4 更新集群信息

最后以集群其他节点的视角，看一下故障转移完成后其他节点的处理逻辑。

为了方便描述，结合以下例子分析代码。

假如 Cluster 集群中 A 节点为主节点，B、C 节点为从节点，现在 A 节点下线了，B 节点晋升为主节点。

clusterProcessPacket 函数完成故障转移的善后工作：

```
int clusterProcessPacket(clusterLink *link) {
    ...

    if (type == CLUSTERMSG_TYPE_PING || type == CLUSTERMSG_TYPE_PONG ||
        type == CLUSTERMSG_TYPE_MEET)
    {
        ...

        if (sender) {
```

```
    if (!memcmp(hdr->slaveof,CLUSTER_NODE_NULL_NAME,
        sizeof(hdr->slaveof)))
    {
        // [1]
        clusterSetNodeAsMaster(sender);
    } else {
        // [2]
        clusterNode *master = clusterLookupNode(hdr->slaveof);

        if (nodeIsMaster(sender)) {
            clusterDelNodeSlots(sender);
            sender->flags &= ~(CLUSTER_NODE_MASTER|
                               CLUSTER_NODE_MIGRATE_TO);
            sender->flags |= CLUSTER_NODE_SLAVE;
        }

        // [3]
        if (master && sender->slaveof != master) {
            if (sender->slaveof)
                clusterNodeRemoveSlave(sender->slaveof,sender);
            clusterNodeAddSlave(master,sender);
            sender->slaveof = master;

        }
    }

}

clusterNode *sender_master = NULL;
int dirty_slots = 0;
// [4]
if (sender) {
    sender_master = nodeIsMaster(sender) ? sender : sender->slaveof;
    if (sender_master) {
        dirty_slots = memcmp(sender_master->slots,
                hdr->myslots,sizeof(hdr->myslots)) != 0;
    }
}
```

```
        // [5]
        if (sender && nodeIsMaster(sender) && dirty_slots)
            clusterUpdateSlotsConfigWith(sender,senderConfigEpoch,hdr->myslots);
    }
}
```

【1】如果发送节点为主节点（slaveof属性为空），则将发送节点的实例角色切换为主节点。

结合上面的例子，当集群其他节点收到B节点发送的CLUSTERMSG_TYPE_PONG消息后，会在这里将B节点实例修改为主节点（将clusterNode.flags中的CLUSTER_NODE_SLAVE替换为CLUSTER_NODE_MASTER标志）。

【2】发送节点为从节点，但它原本为主节点，清除该节点实例原负责槽位，并更新标志。

结合上面的例子，如果A节点重启并切换为从节点，则集群中的其他节点收到A节点消息后会在这里将A节点实例修改为从节点。

【3】发送节点为从节点，但它原来的主节点与现在报告的主节点不一致，将更新发送节点实例的slaveof属性，并将发送节点实例添加到新主节点实例的slaves列表中。

结合上面的例子，集群中的其他节点收到C节点消息后会在这里将C节点的主节点修改为B节点。

【4】Cluster节点发送消息时，会将发送节点的主节点槽位位图添加到请求中（clusterMsg.myslots属性）发送给接收节点。这里对比消息内容中的槽位位图与（当前节点视图下）发送节点的主节点实例的槽位位图，判断槽位负责节点是否发生了变化。

结合上面的例子，集群中的其他节点收到B节点消息后，对比B节点实例负责的槽位信息与消息中声明的槽位信息，可以判断B节点负责槽位发生了变化（当前在其他节点视图中，B节点实例还没有指派任何槽位，而B节点发送的消息中却声明自己负责了部分槽位）。

【5】如果发送节点是主节点，并且槽位负责节点发生了变化，则调用clusterUpdateSlotsConfigWith函数更新槽位信息或者建立主从关系。

16.5.5 建立主从关系

最后看一下clusterUpdateSlotsConfigWith函数，它负责更新槽位信息或建立主从关系：

```
void clusterUpdateSlotsConfigWith(clusterNode *sender, uint64_t senderConfigEpoch,
unsigned char *slots) {
    ...
```

```
    curmaster = nodeIsMaster(myself) ? myself : myself->slaveof;
    for (j = 0; j < CLUSTER_SLOTS; j++) {
        if (bitmapTestBit(slots,j)) {
            ...
            // [1]
            if (server.cluster->slots[j] == NULL ||
                server.cluster->slots[j]->configEpoch < senderConfigEpoch)
            {
                ...

                if (server.cluster->slots[j] == curmaster)
                    newmaster = sender;
                clusterDelSlot(j);
                clusterAddSlot(sender,j);

            }
        }
    }

    ...
    // [2]
    if (newmaster && curmaster->numslots == 0) {
        ...
        clusterSetMaster(sender);

    } else if (dirty_slots_count) {
        for (j = 0; j < dirty_slots_count; j++)
            delKeysInSlot(dirty_slots[j]);
    }
}
```

【1】检查消息中的每个槽位。如果槽位在当前节点视图中处于未指派状态（通常是集群刚启动时负责该槽位的节点的信息未同步过来），或者槽位原负责节点的 configEpoch 小于发送节点的 senderConfigEpoch（通常是发送节点完成了故障转移），则执行以下操作：

（1）如果该槽位原来由当前节点的主节点负责，但现在已经指派给发送节点，则将发送节点赋值给 newmaster 变量，代表当前节点的主节点可能已经变更。

（2）更新 cluster 变量中的槽位指派数组 cluster.slots 和节点实例中的槽位位图信息

clusterNode.slots。

结合上面的例子，C 节点会将 A 节点原来负责的槽位全部删除，再指派给 B 节点。

所以，最后 C 节点原来的主节点（A 节点）负责槽位数量会变成 0。

【2】如果 newmaster 变量不为空并且当前节点的主节点负责的槽位数量为 0，则认为发送节点完成了故障转移，并成为当前节点的新的主节点。这时当前节点与发送节点建立主从关系，成为发送节点的从节点。

结合上面例子，C 节点会在这里成为 B 节点的从节点。

再考虑一个场景，A 节点重启后是如何成为从节点的？A 节点重启后，从数据文件中加载集群消息，这时 A 节点会“误以为”自己还是主节点，并负责存储部分槽位数据，所以 A 节点会发送消息给其他节点，声明自己负责的槽位，但其他节点会发现 A 节点的任期小于这些槽位原负责节点（B 节点）的 configEpoch，所以其他节点并不会将（自己视图下的）槽位指派给 A 节点（clusterUpdateSlotsConfigWith 函数中的第 1 步）。

另外，A 节点会收到 B 节点的消息，发现 B 节点负责了 A 节点原本负责的槽位，并且 B 节点的任期比自己的任期大，所以 A 节点转换为 B 节点的从节点（clusterUpdateSlotsConfigWith 函数中的第 2 步）。

最后说一下 Cluster 中的定时逻辑。

clusterCron 函数是 Cluster 机制的定时逻辑函数，该函数除了执行上述建立连接、给随机节点发送 PING 信息等操作，还需要执行两个关键逻辑。

（1）从节点迁移。

如果当前集群满足以下条件，那么将执行从节点迁移：

- 当前 Cluster 集群中可以找到一个孤立主节点（无从节点的主节点）。
- 当前节点是从节点，其主节点拥有的从节点数量比集群中的其他主节点都多，并且大于 server.cluster_migration_barrier 配置。
- 当前节点实例的 name 比其主节点下的其他从节点实例的 name 都小。

如果满足上述条件，则当前节点将执行从节点迁移，与集群孤立主节点建立主从关系，成为孤立主节点的从节点。该操作可以尽量避免集群中出现孤立主节点。从节点迁移的逻辑在 clusterHandleSlaveMigration 函数中，读者可以自行阅读代码。

（2）如果上次收到某个节点的 PONG 信息后，已经超过 `server.cluster_node_timeout/2` 的时间没有发送 PING 信息给这个节点，那么这时需要发送 PING 信息给该节点，避免节点连接超时断开。

还有一个细节，为什么要设计 16384 个槽位，Redis 作者给出了以下解释：

（1）CLUSTERMSG_TYPE_PING 等消息中携带节点实例时，需要将当前节点的主节点负责的槽位位图添加到消息中（clusterMsg.myslots 属性）。使用 2KB 空间就可以存放 16384（即 16K）个槽位的位图信息，不需要占用多大空间。

（2）Redis Cluster 不太可能（也不建议）扩展到超过 1000 个主节点，16384 个槽位已经够用了。

总结：

- Cluster 机制将数据划分到不同槽位中，并将不同槽位指派给不同节点，实现分布式存储。
- Cluster 机制中由客户端完成重定向，当服务器返回 ASK 或 MOVED 转向标志时，客户端会向重定向目标节点发送请求。
- Cluster 支持槽位迁移。
- Cluster 节点通过 Gossip 算法相互认识。
- Cluster 支持故障转移，某个主节点下线后，该主节点的其中一个从节点会当选为 Leader 节点并执行故障转移操作，故障转移完成后，该从节点成为新的主节点。

第 5 部分 高级特性

第 17 章 事务

Redis 支持事务机制，但 Redis 的事务机制与传统关系型数据库的事务机制并不相同。

Redis 事务的本质是一组命令的集合（命令队列）。事务可以一次执行多个命令，并提供以下保证：

（1）事务中的所有命令都按顺序执行。事务命令执行过程中，其他客户端提交的命令请求需要等待当前事务所有命令执行完成后再处理，不会插入当前事务命令队列中。

（2）事务中的命令要么都执行，要么都不执行，即使事务中有些命令执行失败，后续命令依然被执行。因此 Redis 事务也是原子的。

注意 Redis 不支持回滚，如果事务中有命令执行失败了，那么 Redis 会继续执行后续命令而不是回滚。

可能有读者疑惑 Redis 是否支持 ACID？笔者认为，ACID 概念起源于传统的关系型数据库，而 Redis 是非关系型数据库，而且 Redis 并没有声明是否支持 ACID，所以本书不讨论该问题。

17.1 事务的应用示例

Redis 提供了 MULTI、EXEC、DISCARD 和 WATCH 命令来实现事务功能：

```
> MULTI
OK
> SET points 1
```

```
QUEUED
> INCR points
QUEUED
> EXEC
1) (integer) 1
2) (integer) 1
```

- MULTI 命令可以开启一个事务，后续的命令都会被放入事务命令队列。
- EXEC 命令可以执行事务命令队列中的所有命令，DISCARD 命令可以抛弃事务命令队列中的命令，这两个命令都会结束当前事务。
- WATCH 命令可以监视指定键，当后续事务执行前发现这些键已修改时，则拒绝执行事务。

表 17-1 展示了一个 WATCH 命令的简单使用示例。

表 17-1

client1	client2
> SET score 1 OK > WATCH score OK > MULTI OK > INCR score QUEUED	
	> set score 3 OK
> EXEC (nil) > GET score "3"	

可以看到，在执行 EXEC 命令前如果 WATCH 的键被修改，则 EXEC 命令不会执行事务，因此 WATCH 常用于实现乐观锁。

17.2 事务的实现原理

server.h/multiState 结构体负责存放事务信息：

```
typedef struct multiState {
    multiCmd *commands;
    ...
} multiState;
```

- commands：事务命令队列，存放当前事务所有的命令。

客户端属性 client.mstate 指向一个 multiState 变量，该 multiState 作为客户端的事务上下文，负责存放该客户端当前的事务信息。

下面看一下 MULTI、EXEC 和 WATCH 命令的实现。

17.2.1 WATCH 命令的实现

提示：本章代码如无特殊说明，均在 multi.c 中。

WATCH 命令的实现逻辑较独立，我们先分析该命令的实现逻辑。

redisDb 中定义了字典属性 watched_keys，该字典的键是数据库中被监视的 Redis 键，字典的值是监视字典键的所有客户端列表，如图 17-1 所示。

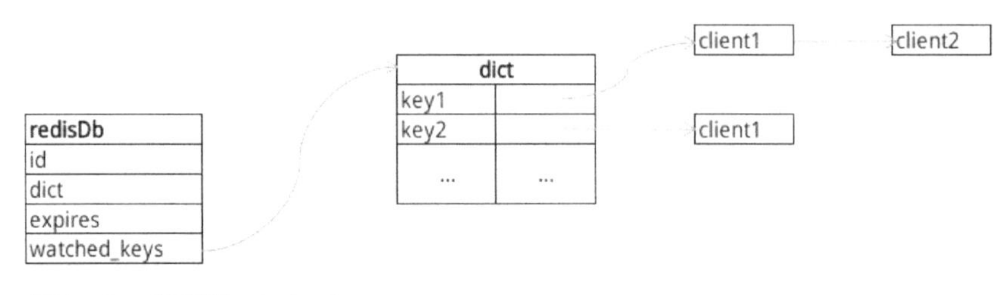

图 17-1

client 中也定义了列表属性 watched_keys，记录该客户端所有监视的键。

watchCommand 函数负责处理 WATCH 命令，该函数会调用 watchForKey 函数处理相关逻辑：

```
void watchForKey(client *c, robj *key) {
    ...
    // [1]
    clients = dictFetchValue(c->db->watched_keys,key);
    ...
```

```
    listAddNodeTail(clients,c);

    // [2]
    wk = zmalloc(sizeof(*wk));
    wk->key = key;
    wk->db = c->db;
    incrRefCount(key);
    listAddNodeTail(c->watched_keys,wk);
}
```

【1】将客户端添加到redisDb.watched_keys字典中该Redis键对应的客户端列表中。

【2】初始化watchedKey结构体（wk变量），该结构体可以存储被监视键和对应的数据库。将wk变量添加到client.watched_keys中。

Redis中每次修改数据时，都会调用signalModifiedKey函数，将该数据标志为已修改。

signalModifiedKey函数会调用touchWatchedKey函数，通知监视该键的客户端数据已修改：

```
void touchWatchedKey(redisDb *db, robj *key) {
    ...
    clients = dictFetchValue(db->watched_keys, key);
    if (!clients) return;

    listRewind(clients,&li);
    while((ln = listNext(&li))) {
        client *c = listNodeValue(ln);

        c->flags |= CLIENT_DIRTY_CAS;
    }
}
```

从redisDb.wzatched_keys中获取所有监视该键的客户端，给这些客户端添加CLIENT_DIRTY_CAS标志，该标志代表客户端监视的键已被修改。

17.2.2 MULTI、EXEC命令的实现

MULTI命令由multiCommand函数处理，该函数的处理非常简单，就是打开客户端CLIENT_MULTI标志，代表该客户端已开启事务。

前面说过，processCommand 函数执行命令时，会检查客户端是否已开启事务。如果客户端已开启事务，则调用 queueMultiCommand 函数，将命令请求添加到客户端事务命令队列 client.mstate.commands 中：

```
int processCommand(client *c) {
    ...
    if (c->flags & CLIENT_MULTI &&
        c->cmd->proc != execCommand && c->cmd->proc != discardCommand &&
        c->cmd->proc != multiCommand && c->cmd->proc != watchCommand)
    {
        queueMultiCommand(c);
        addReply(c,shared.queued);
    } ...
    return C_OK;
}
```

可以看到，如果当前客户端开启了事务，则除了 MULTI、EXEC、DISCARD 和 WATCH 命令，其他命令都会放入到事务命令队列中。

EXEC 命令由 execCommand 函数处理：

```
void execCommand(client *c) {
    ...

    // [1]
    if (c->flags & (CLIENT_DIRTY_CAS|CLIENT_DIRTY_EXEC)) {
        addReply(c, c->flags & CLIENT_DIRTY_EXEC ? shared.execaborterr :
shared.nullarray[c->resp]);
        discardTransaction(c);
        goto handle_monitor;
    }


    // [2]
    unwatchAllKeys(c);
    ...
    addReplyArrayLen(c,c->mstate.count);
    for (j = 0; j < c->mstate.count; j++) {
        c->argc = c->mstate.commands[j].argc;
```

```
        c->argv = c->mstate.commands[j].argv;
        c->cmd = c->mstate.commands[j].cmd;

        // [3]
        if (!must_propagate &&
            !server.loading &&
            !(c->cmd->flags & (CMD_READONLY|CMD_ADMIN)))
        {
            execCommandPropagateMulti(c);
            must_propagate = 1;
        }
        // [4]
        int acl_keypos;
        int acl_retval = ACLCheckCommandPerm(c,&acl_keypos);
        if (acl_retval != ACL_OK) {
            ...
        } else {
            call(c,server.loading ? CMD_CALL_NONE : CMD_CALL_FULL);
        }
        ...
    }
    // [5]
    ...
    discardTransaction(c);

    // [6]
    if (must_propagate) {
        int is_master = server.masterhost == NULL;
        server.dirty++;
        ...
    }
    ...
}
```

【1】当客户端监视的键被修改（客户端存在 CLIENT_DIRTY_CAS 标志）或者客户端已拒绝事务中的命令（客户端存在 CLIENT_DIRTY_EXEC 标志）时，直接抛弃事务命令队列中的命令，并进行错误处理。

当服务器处于异常状态（如内存溢出）时，Redis 将拒绝命令，并给开启了事务的客户端添加 CLIENT_DIRTY_EXEC 标志。

【2】取消当前客户端对所有键的监视，所以 WATCH 命令只能作用于后续的一个事务。

【3】在执行事务的第一个写命令之前，传播 MULTI 命令到 AOF 文件和从节点。MULTI 命令执行完后并不会被传播（MULTI 命令并不属于写命令），如果事务中执行了写命令，则在这里传播 MULTI 命令。

【4】检查用户的 ACL 权限，检查通过后执行命令。

【5】执行完所有命令，调用 discardTransaction 函数重置客户端事务上下文 client.mstate，并删除 CLIENT_MULTI、CLIENT_DIRTY_CAS、CLIENT_DIRTY_EXEC 标志，代表当前事务已经处理完成。

【6】如果事务中执行了写命令，则修改 server.dirty，这样会使 server.c/call 函数将 EXEC 命令传播到 AOF 文件和从节点，从而保证一个事务的 MULTI、EXEC 命令都被传播。

关于 Redis 不支持回滚机制，Redis 在官网中给出了如下解释：

（1）仅当使用了错误语法（并且该错误无法在命令加入队列期间检测）或者 Redis 命令操作数据类型错误（比如对集合类型使用了 HGET 命令）时，才可能导致事务中的命令执行失败，这意味着事务中失败的命令是编程错误的结果，所以这些问题应该在开发过程中发现并处理，而不是依赖于在生产环境中的回滚机制来规避。

（2）不支持回滚，Redis 事务机制实现更简单并且性能更高。

Redis 的事务非常简单，即在一个原子操作内执行多条命令。Redis 的 Lua 脚本也是事务性的，所以用户也可以使用 Lua 脚本实现事务。Redis Lua 脚本会在后续章节详细分析。

总结：

- Redis 事务保证多条命令在一个原子操作内执行。
- Redis 提供了 MULTI、EXEC、DISCARD 和 WATCH 命令来实现事务功能。
- 使用 WATCH 命令可以实现乐观锁机制。

第 18 章 非阻塞删除

众所周知，Redis 使用单线程执行用户命令，由于它是内存数据库，所以大部分 Redis 命令的执行速度非常快，不会有性能问题。但有一类命令可以批量操作键，如 ZUNIONSTORE、LRANGE、KEYS，根据处理数据量大小的不同，这些命令可能会阻塞 Redis 数秒或数分钟，从而造成 Redis 无法及时响应用户请求。其中 DEL 命令比较特殊。像 ZUNIONSTORE、LRANGE 等命令，用户可以通过参数限制处理的数据量，而 KEYS 这类命令则直接不建议生产使用。但 DEL 命令无法使用这些方式规避性能问题，所以 Redis 4 提供了非阻塞删除，并引入了后台线程（从 Redis 4 开始，Redis 就不是单线程的了）。

本章分析 Redis 非阻塞删除与后台线程的实现原理。

18.1 UNLINK 命令的实现原理

当用户使用 DEL 命令删除数据时，如果被删除的值对象是列表、集合、有序集合或散列类型时，由于这些数据类型包含的元素存储在不同的内存块中，Redis 需要遍历所有元素，释放其对应的内存块空间，而内存释放很可能导致 UNIX 系统调用，所以该操作可能会很耗时，导致 Redis 长时间阻塞。

Redis 4 提供的 UNLINK 命令可以实现非阻塞删除：

```
UNLINK hash
```

UNLINK 命令由 unlinkCommand 函数处理，该函数依次调用如下函数：unlinkCommand→

delGenericCommand→dbAsyncDelete，最后由 dbAsyncDelete 函数执行非阻塞删除逻辑：

```
int dbAsyncDelete(redisDb *db, robj *key) {
    // [1]
    if (dictSize(db->expires) > 0) dictDelete(db->expires,key->ptr);

    // [2]
    dictEntry *de = dictUnlink(db->dict,key->ptr);
    if (de) {
        // [3]
        robj *val = dictGetVal(de);
        size_t free_effort = lazyfreeGetFreeEffort(val);

        // [4]
        if (free_effort > LAZYFREE_THRESHOLD && val->refcount == 1) {
            atomicIncr(lazyfree_objects,1);
            bioCreateBackgroundJob(BIO_LAZY_FREE,val,NULL,NULL);
            dictSetVal(db->dict,de,NULL);
        }
    }

    if (de) {
        // [5]
        dictFreeUnlinkedEntry(db->dict,de);
        if (server.cluster_enabled) slotToKeyDel(key->ptr);
        return 1;
    } else {
        return 0;
    }
}
```

【1】如果过期字典中存在该键（该键设置了过期时间），则先从过期字典中删除该键。

【2】将该键从数据库字典中删除，返回键值对，这时并没有删除键值对对象。

【3】计算该键值对的值对象占用的字节数。

【4】如果值对象占用的字节数大于 LAZYFREE_THRESHOLD（64 字节），并且该值对象只被当前一处引用，则执行如下操作，实现非阻塞删除：

（1）创建一个后台任务负责删除值对象，这些后台任务由后台线程处理。

（2）将该键值对的值对象引用设置为NULL，保证主线程无法再访问该值对象。

【5】删除键值对对象，并释放其内存空间。如果是非阻塞删除，那么这里值对象引用已经被设置为NULL，并不会阻塞当前线程。

在非阻塞删除场景下，由后台线程负责删除值对象，主线程继续处理用户请求。在第【4】步后，主线程已经删除该值对象在主线程中所有的引用，主线程不能再访问该值对象。这时只有后台线程可以访问该值对象，所以后台线程后续删除值对象时并不需要进行线程同步操作。

18.2 后台线程

Redis中的后台线程负责完成非阻塞删除等较耗时的操作，避免这些操作阻塞主线程。

18.2.1 条件变量

Redis后台线程中除了使用UNIX互斥量，还使用了UNIX条件变量。下面先介绍UNIX条件变量。

在线程同步机制时，线程除了等待互斥量，还可以等待某个条件状态成立。例如，在最经典的生产者/消费者模式中，通常会定义一个互斥量用于避免多个线程同时操作缓冲区，只有抢占了该互斥量的线程才可以从缓冲区获取数据或者将数据放入缓冲区。

考虑这样的场景：如果当前缓冲区已经空了，那么消费者线程就算抢到互斥量也没有用，所以这时消费者线程不应该抢占互斥量。这时就需要使用条件变量了。

当缓冲区为空时，消费者线程阻塞在一个条件变量上，不再抢占互斥量。直到生产者将数据放入缓冲区，再唤醒这些消费者线程，这时消费者线程才可以继续抢占互斥量。

请读者注意区分本章提到的两个概念：条件状态和条件变量。

- 条件状态：指某个条件是否成立，如根据缓冲区是否有数据判断非空条件是否成立。
- 条件变量：指UNIX系统提供用于阻塞或唤醒线程的条件变量。

通常一个条件状态会使用一个条件变量控制线程。例如，上述生产者/消费者场景中通常会针对某个条件状态（如缓冲区非空），定义对应的条件变量。

下面介绍UNIX条件变量涉及的函数。

pthread_cond_init函数负责初始化条件变量：

```
int pthread_cond_init(pthread_cond_t *cv,const pthread_condattr_t *cattr);
```

pthread_cond_t是UNIX定义的条件变量标识符，用于标志某个条件变量。

pthread_cond_wait 函数将线程阻塞在指定的条件变量上：

```
int pthread_cond_wait(pthread_cond_t *cv,pthread_mutex_t *mutex);
```

第 2 个参数 mutex 为互斥量，条件变量由互斥量保护，当前线程必须在抢占互斥量之后，才可以调用该函数。

如果线程要求的条件状态不成立，则可以调用该函数，释放互斥量并阻塞当前线程。

pthread_cond_signal 可以唤醒一个阻塞在指定条件变量上的线程：

```
int pthread_cond_signal(pthread_cond_t *cv);
```

例如，生产者将数据放入空的数据池后，可以调用该函数发送信号，唤醒一个消费者线程。

当前线程调用该函数后应该释放互斥量，因为被唤醒的线程需要抢占互斥量才能继续执行。

如果要唤醒所有阻塞的线程，则可以使用 pthread_cond_broadcast 函数：

```
int pthread_cond_broadcast(pthread_cond_t *cond);
```

18.2.2 后台线程的实现

下面分析 Redis 中后台线程的实现。

提示：本节的代码都在 bio.c 中。

使用 bioInit 函数初始化后台线程（由 main 函数触发）：

```
void bioInit(void) {
    pthread_attr_t attr;
    pthread_t thread;
    size_t stacksize;
    int j;

    // [1]
    for (j = 0; j < BIO_NUM_OPS; j++) {
        pthread_mutex_init(&bio_mutex[j],NULL);
        pthread_cond_init(&bio_newjob_cond[j],NULL);
        pthread_cond_init(&bio_step_cond[j],NULL);
        bio_jobs[j] = listCreate();
        bio_pending[j] = 0;
```

```
    }

    // [2]
    ...

    // [3]
    for (j = 0; j < BIO_NUM_OPS; j++) {
        void *arg = (void*)(unsigned long) j;
        if (pthread_create(&thread,&attr,bioProcessBackgroundJobs,arg) != 0) {
            serverLog(LL_WARNING,"Fatal: Can't initialize Background Jobs.");
            exit(1);
        }
        bio_threads[j] = thread;
    }
}
```

【1】BIO_NUM_OPS 变量值为 3，Redis 中定义了 3 类后台任务：文件关闭、磁盘同步和非阻塞删除。

前面分析 AOF 机制时说过，如果磁盘同步策略配置为每秒同步一次，则会使用后台线程执行磁盘同步操作。

另外，在 AOF 重写时，也会使用后台线程关闭临时文件。

这里为每一类后台任务创建了互斥量（bio_mutex）、条件变量（bio_newjob_cond、bio_step_cond）、任务队列（bio_jobs）。

【2】设置线程栈大小，避免在某些系统中线程栈太小导致出错。

【3】创建后台线程，并指定 bioProcessBackgroundJobs 为线程执行函数。注意 pthread_create 函数的最后一个参数指定了该线程负责执行的是哪一类后台任务。

bioCreateBackgroundJob 函数负责添加一个后台任务，该函数通常由主线程调用。非阻塞删除就是主线程调用该函数添加后台任务实现的。

```
void bioCreateBackgroundJob(int type, void *arg1, void *arg2, void *arg3) {
    struct bio_job *job = zmalloc(sizeof(*job));
    // [1]
    job->time = time(NULL);
    job->arg1 = arg1;
    job->arg2 = arg2;
    job->arg3 = arg3;
```

```
    // [2]
    pthread_mutex_lock(&bio_mutex[type]);
    listAddNodeTail(bio_jobs[type],job);
    bio_pending[type]++;
    // [3]
    pthread_cond_signal(&bio_newjob_cond[type]);
    pthread_mutex_unlock(&bio_mutex[type]);
}
```

【1】每类任务最多可以附加 3 个参数，这些参数用于判断任务类型或者执行任务。

【2】抢占该类任务对应的互斥量，再将该任务添加到对应的任务队列中。

【3】唤醒阻塞在条件变量 bio_newjob_cond 上的线程（该线程负责处理任务），最后释放互斥量。

bioProcessBackgroundJobs 函数负责执行后台线程的主逻辑：

```
void *bioProcessBackgroundJobs(void *arg) {
    ...
    // [1]
    pthread_mutex_lock(&bio_mutex[type]);
    ...
    while(1) {
        listNode *ln;
        // [2]
        if (listLength(bio_jobs[type]) == 0) {
            pthread_cond_wait(&bio_newjob_cond[type],&bio_mutex[type]);
            continue;
        }

        // [3]
        ln = listFirst(bio_jobs[type]);
        job = ln->value;
        pthread_mutex_unlock(&bio_mutex[type]);

        // [4]
        if (type == BIO_CLOSE_FILE) {
            close((long)job->arg1);
        } else if (type == BIO_AOF_FSYNC) {
            redis_fsync((long)job->arg1);
        } else if (type == BIO_LAZY_FREE) {
            if (job->arg1)
```

```
            lazyfreeFreeObjectFromBioThread(job->arg1);
        else if (job->arg2 && job->arg3)
            lazyfreeFreeDatabaseFromBioThread(job->arg2,job->arg3);
        else if (job->arg3)
            lazyfreeFreeSlotsMapFromBioThread(job->arg3);
    } else {
        serverPanic("Wrong job type in bioProcessBackgroundJobs().");
    }
    zfree(job);

    // [5]
    pthread_mutex_lock(&bio_mutex[type]);
    listDelNode(bio_jobs[type],ln);
    bio_pending[type]--;
    ...
  }
}
```

【1】type 即该线程负责的任务类型，首先抢占该任务类型的互斥量。

【2】检查任务队列中待处理任务是否为空，如果待处理任务为空，则将当前线程阻塞在条件变量 bio_newjob_cond 上。

【3】执行到这里，说明当前存在待处理的任务。获取一个任务，并释放互斥量。注意，在后台任务执行期间，后台线程是不锁定互斥量的，否则主线程在添加后台任务时可能会一直阻塞，这样后台线程就失去了意义。

【4】根据任务类型执行对应的逻辑处理。

在非阻塞删除场景中，也划分了 3 种情况：删除对象、删除数据库和删除基数树 Rax，这里不展示详细代码。

【5】重新抢占互斥量，并删除该任务。

可以看到，bio 中抢占和释放互斥量是比较频繁的，主线程每添加一个任务都需要抢占和释放互斥量一次，后台线程每处理一个任务都抢占和释放互斥量两次，这也是无法避免的。

总结：

- Redis 4 提供了 UNLINK 命令实现非阻塞删除。
- Redis 通过后台线程实现非阻塞删除操作。
- Redis 还使用后台线程实现关闭临时文件、磁盘同步两个耗时操作（主要用于 AOF 操作中）。

第 19 章 内存管理

Redis 是内存数据库，对内存的使用可以说是“锱铢必较”，本书在第 1 部分已经分析了 Redis 针对各种类型的数据的优化处理，从而节省内存。

本章分析 Redis 中内存管理的细节。

19.1 动态内存分配器

我们知道，在 C 语言中可使用 malloc 函数（或 calloc、realloc 等函数）申请动态内存空间：

```
void* malloc (size_t size);
```

而释放动态内存可以使用 free 函数。

上面这些动态内存分配函数实际上是由动态内存分配器实现的。

比较流行的动态内存分配器有 C 语言标准库 glibc 使用的 Ptmalloc，以及性能更好的 Tcmalloc、Jemalloc。

Tcmalloc、Jemalloc 同样提供了 malloc、free 等 C 语言标准内存管理函数，可以直接替换 Ptmalloc。

19.1.1 内存分配器概述

我们回顾一下 C 语言进程的内存空间，如图 19-1 所示。

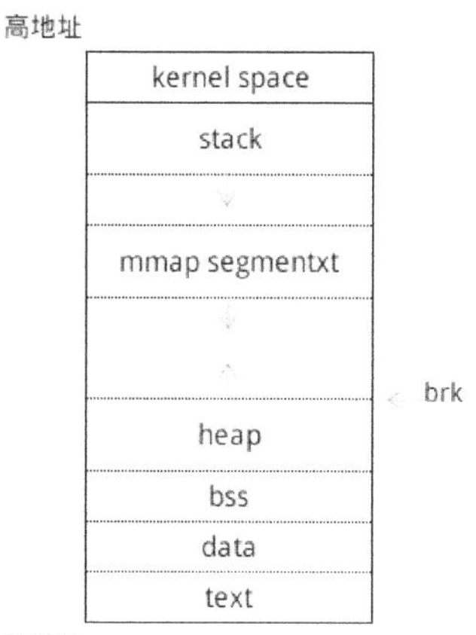

图 19-1

这里将堆分成以下两部分：

- 堆（heap）：连续内存堆空间。
- 内存映射段（mmap segmentxt）：用于文件映射、匿名映射。

UNIX 提供了两个系统调用来申请动态内存：brk 和 mmap。

brk：将 brk 指针（见图 19-1）向高地址移动，在堆上申请内存空间。

```
int brk(void *addr);
void *sbrk(intptr_t increment);
```

mmap：在文件映射段中划分一块空闲的内存映射空间。

```
void *mmap(void *addr, size_t length, int prot, int flags,
                  int fd, off_t offset);
```

addr 参数指定内存空间的开始地址，如果该参数为空，则由操作系统决定内存空间的开始地址。

mmap 可以实现不同的映射方式。

（1）匿名映射：flags参数设置为MAP_ANONYMOUS，申请匿名的内存映射空间。本章说的mmap都是指这种映射方式。

（2）文件映射：将一个文件映射到内存中，可以减少内存拷贝的次数，提高文件读/写效率。这部分内容本书不讨论。

堆上分配的内存块都是连续的，特点是无内存碎片，但释放内存较麻烦（需要等待前面的内存都释放了），而内存映射段的内存块不连续，特点是申请、释放内存块更方便，但会造成内存碎片。

Tcmalloc、Jemalloc、Ptmalloc等动态内存分配器都使用这两个UNIX系统调用实现，它们主要实现以下功能：

（1）减少系统调用次数，如果应用每次申请内存都执行UNIX系统调用，则很可能造成性能问题。动态内存分配器会缓存并重复利用应用申请的内存块，以减少系统调用次数。

（2）减少内存碎片。

内存碎片分为两种：

- 内部碎片：系统分配的内存空间大于应用请求的内存空间，多余的内存空间形成内部碎片。例如，应用申请的内存空间为20字节，为了内存块对齐，系统可能分配32字节的内存空间。
- 外部碎片：指已分配的内存块之间的内存空间由于太小无法分配给应用而形成的碎片。

外部碎片如图19-2所示。

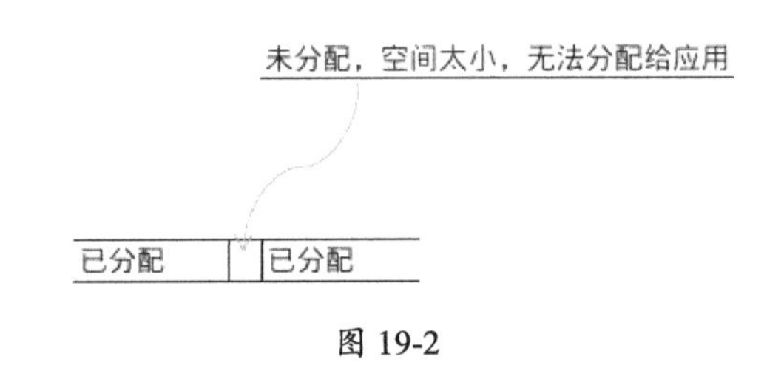

图19-2

（3）当进程中存在多个线程时，动态内存分配器还需要支持多线程同时申请和释放内存块。

为了让读者对内存分配器有更直观的认识，下面介绍Jemalloc分配器的设计思路。

19.1.2 Jemalloc设计概述

Jemalloc将内存分成许多不同的区域，每个区域称为arena。Jemalloc中的每个arena都是相互独立的（不同arena上申请、释放内存互不干预），Jemalloc通过创建多个arena来减少线程申请内存的操作冲突。arena的数量默认为CPU的数量×4。

arena 以 chunk 为单位向操作系统申请内存空间，默认为 2MB。Jemalloc 会把 chunk 分割成很多个 run。run 的大小必须是 page 的整数倍，page 是 Jemalloc 中内存管理的最小单位，page 默认为 4KB。

Jemalloc 将一个 run 划分为若干相同大小的 region，并将 region 分配给应用使用。

各内存块的关系如图 19-3 所示。

<table>
<tr><td colspan="9">arean</td></tr>
<tr><td colspan="7">chunk1</td><td>chunk2</td><td rowspan="3">...</td></tr>
<tr><td colspan="3">run1</td><td colspan="3">run2</td><td rowspan="2">...</td><td rowspan="2">...</td></tr>
<tr><td>region1</td><td>region2</td><td>...</td><td>region1</td><td>region2</td><td>...</td></tr>
</table>

图 19-3

Jemalloc 按 region 的大小将其分为三类：small、large 和 huge。每一类又分为若干小组：

- small：[8], [16, 32, 48, ···, 128]，[192, 256, 320, ···, 512]，[768, 1024, 1280, ···, 3840]。
- large：[4 KiB, 8 KiB, 12 KiB, ···, 4072 KiB]。
- huge：[4 MiB, 8 MiB, 12 MiB, ···]。

注意：不同版本的 Jemalloc 划分 region 的具体内存块大小可能都不相同。

用户请求内存的大小会被向上对齐为最接近的 region。下面看一下 Jemalloc 如何管理这三类 region。

（1）对于 small region，Jemalloc 为每一分组的 region 都维护了一个 bin（集货箱），该 bin 维护了所有用于划分该 region 的 run，如图 19-4 所示。

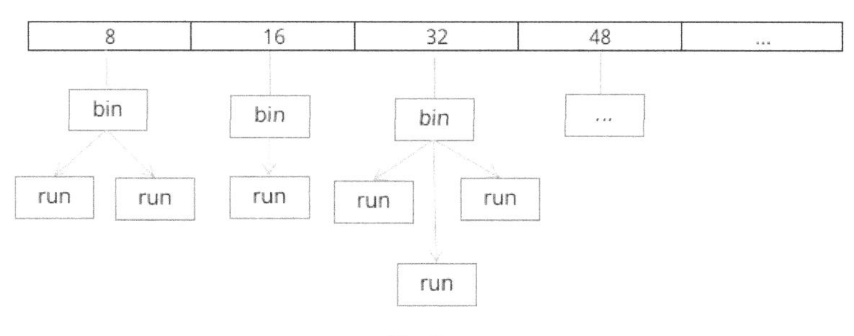

图 19-4

应用申请 small region 时，从 bin 维护的 run 中查找一个合适的 run，在 run 上划分 small region。如果 bin 中没有可以划分的 run，则从 chunk 中申请 run。run 使用位图管理划分的 region。

（2）Jemalloc 不使用 bin 管理 large region，对于 large region，Jemalloc 直接从 chunk 中申请相应大小的 run 并返回。

（3）Jemalloc 不使用 arena 管理 huge region，对于 huge region，Jemalloc 直接申请系统内存，并使用红黑树管理 huge region。

Jemalloc 在 arean 分配内存时，需要对 arean 或者 region 对应的 bin 进行加锁。为了减少线程同步，Jemalloc 为每个线程分配一个私有缓存空间 tcache，缓存当前线程已申请的（small/large）内存块。线程申请内存时，Jemalloc 会优先查找私有缓存空间对应的内存块，避免到 arean 中申请内存导致线程同步。

Jemalloc 分配内存的流程如下：

（1）将应用申请的内存的大小向上对齐为最接近的 region。

（2）如果申请的是 small region 或小于 tcache_maxclass（tcache 缓存的最大内存块大小）的 large region，则尝试从 tcache 开始分配，如果分配成功，则结束分配流程。如果分配失败，则继续执行下面的步骤。

（3）如果申请的是 small region，则从对应的 bin 中找到一个合适的 run，并从 run 中划分 region（如果 bin 没有可用 run，则从 chunk 中划分 run）。该操作需要对 bin 加锁。

（4）如果申请的是 large region，则从对应 chunk 中申请相应大小的 run 并返回。该操作需要对 area 加锁。

（5）如果申请的是 huge region，则直接采用 mmap 向操作系统申请内存并添加到对应的红黑树中进行管理。

关于 Jemalloc 释放内存的流程，本书不进行分析，读者可自行研究。

Jemalloc 中有不少优秀的设计：

- 将内存块对齐为统一的大小。Jemalloc 将应用申请内存块按大小对齐，提高内存块复用率，这是降低内存碎片的关键。
- 谨慎划分内存块分组。如果内存块分组间的差距过大，则容易造成内部碎片。如果分组间差距过小，可能导致内存块划分得过细，内存块复用率过低。Jemalloc 对内存块分组进行了精细的设计，并在版本迭代中不断优化。
- 尽量降低元数据的内存消耗（元数据负责管理 Jemalloc 的内部数据，如 bin 数组、run 中的位图）。Jemalloc 限制元数据的内存消耗比例，这个比例不超过总内存消耗的 2%。
- 最小化锁竞争。Jemalloc 实现了多个独立的 arenas，并引入线程独立缓存，使得内存申请/释放过程可以无干扰地并行，这使得 Jemalloc 可以支持大量线程并发使用。

动态内存分配器涉及很多内容，实现也比较复杂。这里简单概述了 Jemalloc 的设计思路，不深入讨论实现细节（其中部分细节可能与最新的程序实现已经不同），这部分内容仅作抛砖引玉，希望让读者能直观地了解内存分配器是如何工作的，感兴趣的读者可以自行深入研究。

Redis 支持 Tcmalloc、Jemalloc、Ptmalloc 这三种内存分配器，在 zmalloc.h 中会按以下顺序查找可用的内存分配器：Tcmalloc、Jemalloc、Ptmalloc。

另外，Redis 引入了 Jemalloc 源码（deps/jemalloc），会默认编译并使用 Jemalloc。如果要使用 Ptmalloc、Tcmalloc（需要先安装 Tcmalloc），则需要在编译时添加对应的参数。

使用 Ptmalloc，编译命令如下：

```
make MALLOC=libc
make install
```

使用 Tcmalloc，编译命令如下：

```
make MALLOC=tcmalloc
make install
```

查看 Redis 使用的内存管理器：

```
$ redis-server --version
Redis server v=6.0.9 sha=00000000:0 malloc=jemalloc-5.1.0 bits=64
build=f761cd2cf8ab51b1
```

zmalloc.h 对 C 语言标准内存管理函数进行了封装，提供了 zmalloc、zcalloc、zrealloc、zfree 等函数，这些函数都是通过调用 C 语言标准内存管理函数实现的，并且执行一些额外处理，如统计 Redis 申请的内存大小。

19.1.3 碎片整理机制

Redis 服务长期运行可能产生较多的内存碎片。除了内存申请、释放过程中导致的内部碎片和外部碎片，还有一种场景是 Redis 删除了键，但内存分配器并没有将内存归还操作系统。例如，Jemalloc 中需要在某个 chunk 的所有内存都释放后，才将该 chunk 内存归还操作系统。Redis 删除键后，如果该键所在的 chunk 中还存在其他键，则该 chunk 无法归还操作系统，导致 Redis 持有大量进程并未使用的内存空间。

重启 Redis 服务可以让 Redis 重新加载一遍数据，将数据整理到较紧凑的内存区域中，从而减少内存碎片。但生产环境中并不能随便重启 Redis 服务，所以 Redis 4 提供了内存碎片整理机制，当 Redis 内存碎片率过高时，会自动整理内存碎片，释放内存空间。

Redis 碎片整理机制是基于 Jemalloc 的，要使用该功能就必须使用 Jemalloc 分配器。

使用 INFO 命令查询内存的使用信息：

```
> INFO memory
# Memory
used_memory:866168
used_memory_human:845.87K
used_memory_rss:7069696
used_memory_rss_human:6.74M
...
mem_fragmentation_ratio:8.57
```

- used_memory：Redis 实际使用的内存大小，以字节为单位。Redis 每次调用 zmalloc、zfree 等函数申请、释放内存时都会统计实际使用的内存大小。
- used_memory_rss：Redis 进程占用的内存大小，单位为字节。Redis 通过读取 UNIX 系统文件/proc/{pid}/stat 来获取 Redis 进程占用的内存大小。
- mem_fragmentation_ratio：内存碎片率，即 used_memory_rss/used_memory，理想状态下这个值应该略大于 1。如果该值小于 1，则说明内存不足，操作系统可能将部分数据置换到硬盘上，这样会严重影响性能。这时应该考虑对内存进行扩容。

如果要开启 Redis 内存碎片整理机制，则需要配置以下参数：

- activedefrag：配置为 yes 表示开启内存碎片整理机制，默认为 no。
- active-defrag-ignore-bytes：内存碎片的大小必须不小于该配置才进行碎片整理，默认为 100MB。
- active-defrag-threshold-lower：内存碎片占比必须不小于该配置才进行碎片整理，默认为 10，即内存碎片率大于或等于 1.1。
- active-defrag-cycle-min：碎片整理使用的 CPU 时间所占比例不小于该配置，保证碎片整理机制可以正常执行，默认为 1。
- active-defrag-cycle-max：碎片整理使用的 CPU 时间所占比例不大于该配置，避免碎片整理机制阻塞 Redis 进程，默认为 25。
- active-defrag-threshold-upper：如果内存碎片占比超过该配置，那么 Redis 会尽最大努力整理碎片，碎片整理会占用更多的 CPU 时间，但不会超出 active-defrag-cycle-max 的限制，默认为 100，即内存碎片率大于或等于 2。

在 serverCron 中会定时调用 defrag.c/activeDefragCycle 函数，该函数会根据上述配置执行碎片整理操作。

内存碎片整理机制依赖于 Jemalloc 程序的底层函数，实现方式就是申请新的内存空间，将数据移动到新的内存空间上，从而将数据整理到较紧凑的内存区域中。

使用 MEMORY PURGE 命令可以清除 Jemalloc 脏页（dirty page，待回收的页），并合并相邻空闲页，也可以降低内存碎片率，但该命令可能阻塞 Redis 进程，在生产环境中需谨慎使用。

19.2 数据过期机制

EXPIRE 命令可以为指定键设置过期时间，到达过期时间后，这些键会被自动删除。

类似的命令还有 EXPIREAT、PEXPIRE、SETEX、PSETEX，或者带 EX、PX 选项的 SET 命令。

这些命令都是通过 expireGenericCommand 函数为键设置生存时间，该函数会调用 setExpire 函数，将键、过期时间戳添加到数据库的过期字典 redisDb.expires 中。

redisDb.expires 的结构如图 19-5 所示。

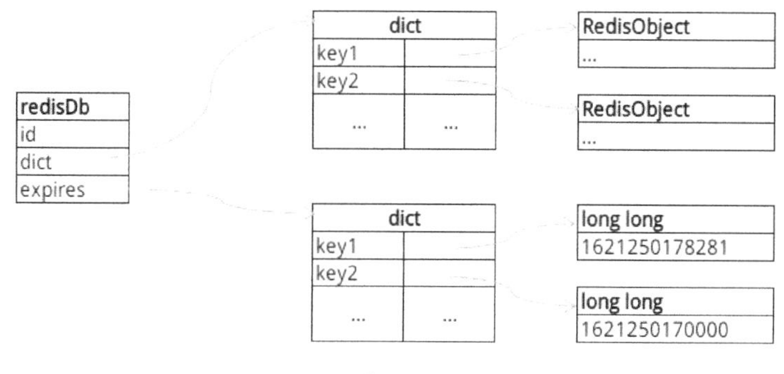

图 19-5

Redis 使用两种机制来删除过期的键，分别是定时删除和惰性删除。

19.2.1 定时删除

serverCron 函数会定时触发 expire.c/activeExpireCycle 函数，该函数会清除数据库中的过期数据，直到数据库过期数据比例达到指定比例（这里的比例并不是准确比例，而是采样统计后的一个近似比例）：

```
void activeExpireCycle(int type) {
    // [1]
    ...
    // [2]
    for (j = 0; j < dbs_per_call && timelimit_exit == 0; j++) {
```

```
unsigned long expired, sampled;
// [3]
redisDb *db = server.db+(current_db % server.dbnum);
current_db++;

// [4]
do {
    ...
    iteration++;
    ...

    long max_buckets = num*20;
    long checked_buckets = 0;
    // [5]
    while (sampled < num && checked_buckets < max_buckets) {
        for (int table = 0; table < 2; table++) {
            if (table == 1 && !dictIsRehashing(db->expires)) break;
            // [6]
            unsigned long idx = db->expires_cursor;
            idx &= db->expires->ht[table].sizemask;
            // [7]
            dictEntry *de = db->expires->ht[table].table[idx];
            long long ttl;

            checked_buckets++;

            while(de) {
                dictEntry *e = de;
                de = de->next;

                ttl = dictGetSignedIntegerVal(e)-now;
                if (activeExpireCycleTryExpire(db,e,now)) expired++;
                ...
                sampled++;
            }
        }
        db->expires_cursor++;
```

```
            }
            ...

            // [8]
            if ((iteration & 0xf) == 0) {
                elapsed = ustime()-start;
                if (elapsed > timelimit) {
                    timelimit_exit = 1;
                    server.stat_expired_time_cap_reached_count++;
                    break;
                }
            }
        // [9]
        } while (sampled == 0 ||
                 (expired*100/sampled) > config_cycle_acceptable_stale);
    }

    ...
}
```

参数说明：

- type：指定 activeExpireCycle 函数的执行模式，取值为 ACTIVE_EXPIRE_CYCLE_FAST 或者 ACTIVE_EXPIRE_CYCLE_SLOW。

【1】为了避免该函数阻塞主进程，Redis 需要控制该函数的执行时间。这里计算几个阈值变量，用于后面控制函数的执行时间。

- timelimit：activeExpireCycle 函数执行的最长时间，该值的计算与函数的执行模式、server.hz、active-expire-effort 相关。在 ACTIVE_EXPIRE_CYCLE_FAST 模式下默认值为 1000，在 ACTIVE_EXPIRE_CYCLE_SLOW 模式下默认为 25000，单位为微秒。
- config_keys_per_loop：每次采样删除操作中采样键的最大数量，默认为 20。
- config_cycle_acceptable_stale：每次采样后，如果当前已过期键所占比例低于该阈值，则不再处理该数据库，默认为 10。即默认情况下，当数据库中已过期键所占比例低于 10%时，不再处理该数据库。

这些阈值的计算都与 active-expire-effort 配置有关。

【2】遍历指定数量的数据库。dbs_per_call 变量取数据库数量与 CRON_DBS_PER_CALL（固定为 16）中的较小值。timelimit_exit 不为 0，代表该函数处理时间超出限制，退出函数。

【3】获取待处理的数据库。current_db 为静态局部变量，记录当前正处理的数据库。

【4】开始执行采样删除操作：通过统计采样数据中已过期键的比例，预估整个数据库中已过期键的比例，并在此过程中删除采样数据中已过期的键。

【5】对数据库过期字典中的数据执行采样删除操作，采样数量 sampled 必须小于 num 变量，num 变量为过期字典数量、config_keys_per_loop 中的较少值。

【6】计算待处理的 Hash 表数组索引。这里并没有使用随机算法，而是按顺序处理 Hash 表数组所有索引上的元素。redisDb.expires_cursor 记录了下一个处理的索引，使用该属性计算待处理的索引。

【7】检查 Hash 表数组该索引上所有的键，调用 activeExpireCycleTryExpire 函数删除已过期的键。每检查一个键，就将采样数量 sampled 加 1，如果键已过期，过期键数量 expired 加 1。

【8】iteration 为静态局部变量，统计采样删除操作的执行次数，每执行 16 次采样删除操作，就检查该函数处理时间是否超过限制。

【9】根据采样结果统计已过期键所占的比例（即过期键数量 expired 与采样数量 sampled 的比例）。如果该比例小于 config_cycle_acceptable_stale，则认为当前数据库过期键的比例达到要求，不再对该数据库执行采样删除操作。

active-expire-effort 配置控制了 activeExpireCycle 函数的执行时间、占用 CPU 时间，以及最终的数据库中已过期键的比例。

该配置的取值范围为[1,10]，默认为 1，该值越大，activeExpireCycle 函数将执行越久，占用 CPU 时间越多，并且清除过期后数据库中已过期键的比例越低。

19.2.2 惰性删除

惰性删除很简单，当用户查询键时，检测键是否过期，如果该键已过期，则删除该键。该操作由 expireIfNeeded 函数完成。

不管是定时删除还是惰性删除，删除数据后，还需要生成删除命令并传播到 AOF 和从节点。

19.3 数据淘汰机制

当内存不够时，Redis 可以主动删除一些数据，以保证 Redis 服务正常运行。该机制即数据淘汰（逐出）机制。

Redis 支持以下数据淘汰策略：

- allkeys-lru/volatile-lru：在数据库字典/过期字典中挑选最近最少使用的数据淘汰。

- allkeys-lfu/volatile-lfu：在数据库字典/过期字典中挑选最不经常使用的数据淘汰。
- allkeys-random/volatile-random：在数据库字典/过期字典中随机挑选数据淘汰。
- volatile-ttl：在过期字典中淘汰最快过期的数据。
- noeviction：不淘汰任何数据，内存不足时执行写命令会返回错误。默认的内存淘汰算法。

LRU 和 LFU 是常用的缓存淘汰算法。

- LRU（Least Recently Used）：如果一个数据在最近一段时间内没有被访问，那么认为将来它被访问的可能性也很小。因此，当空间满时，**最久没有访问**的数据最先被淘汰。
- LFU（Least Frequently Used）：如果一个数据在最近一段时间内很少被访问，那么认为将来它被访问的可能性也很小。因此，当空间满时，**最小频率访问**的数据最先被淘汰。

下面分析 Redis 数据淘汰机制的实现。

通常使用双向链表实现 LRU 算法，当访问数据时，将被访问的数据放置到链表头部。由于 Redis 是内存数据库，使用链表记录所有键的访问顺序需要耗费过多内存，所以 Redis 并没有采用该方案。

Redis 使用的是 LRU 近似算法，从数据中获取部分随机数据作为样本数据，并将样本数据中最合适的数据淘汰。LFU 算法同样使用类似的近似算法。

为了实现 LRU/LFU 近似算法，Redis 使用 redisObject.lru 记录键的最新访问时间（LRU 时间戳）或键的访问频率（LFU 计数）。

db.c/lookupKey 函数负责从数据库中查找键，每次查找键都会更新 redisObject.lru 属性：

```
robj *lookupKey(redisDb *db, robj *key, int flags) {
    dictEntry *de = dictFind(db->dict,key->ptr);
    if (de) {
        robj *val = dictGetVal(de);

        if (!hasActiveChildProcess() && !(flags & LOOKUP_NOTOUCH)){
            // [1]
            if (server.maxmemory_policy & MAXMEMORY_FLAG_LFU) {
                updateLFU(val);
            } else {
                // [2]
                val->lru = LRU_CLOCK();
            }
        }
        return val;
```

```
    } else {
        return NULL;
    }
}
```

【1】如果使用 LFU 算法淘汰数据，则调用 updateLFU 函数更新 LFU 计数。

【2】否则调用 LRU_CLOCK 函数更新 LRU 时间戳。

19.3.1 LRU 时间戳

LRU 时间戳的实现比较简单，每次查询键后，都将 redisObject.lru 更新为 server.lruclock。

server.lruclock 是 Redis 中的 LRU 时间戳。serverCron 函数会定时更新 server.lruclock：取秒级时间戳的低 24 个 bit 位，赋值给 server.lruclock。

使用 server.lruclock 可以避免每次都调用 mstime()函数来获取时间戳，提高了性能。

redisObject.lru 只有 24 位，无法保存完整的 UNIX 时间戳，大约 194 天就会有一个轮回。

19.3.2 LFU 计数

updateLFU 函数负责更新 LFU 计数 redisObject.lru。Redis 将 redisObject.lru 分为 2 部分，高 16 位用于存储该键上次访问的时间（取分钟级时间戳的低 16 个 bit 位），低 8 位用于存储键的访问频率：

```
void updateLFU(robj *val) {
    // [1]
    unsigned long counter = LFUDecrAndReturn(val);
    counter = LFULogIncr(counter);
    // [2]
    val->lru = (LFUGetTimeInMinutes()<<8) | counter;
}
```

【1】LFUDecrAndReturn 函数根据键的空闲时间对计数进行衰减。LFULogIncr 函数负责增加计数。

【2】LFUGetTimeInMinutes 函数返回当前的分钟级时间戳，用于更新 redisObject.lru 中的高 16 位，即键上次访问的时间。

Redis 对 LFU 计数进行了 2 个优化设计：

（1）Redis 会根据键的空闲时间对 LFU 计数进行衰减，保证过期的热点数据能够被及时淘汰。

LFUDecrAndReturn 函数负责对 LFU 计数进行衰减：

```
unsigned long LFUDecrAndReturn(robj *o) {
    unsigned long ldt = o->lru >> 8;
    unsigned long counter = o->lru & 255;
    unsigned long num_periods = server.lfu_decay_time ? LFUTimeElapsed(ldt) /
server.lfu_decay_time : 0;
    if (num_periods)
        counter = (num_periods > counter) ? 0 : counter - num_periods;
    return counter;
}
```

server.lfu_decay_time 默认为 1，用于指定 LFU 的衰减速率。

LFUTimeElapsed 用于计算该键上次访问后过去的分钟数，除以 server.lfu_decay_time 得到衰减数 num_periods。最后将 LFU 计数减去衰减数 num_periods 得到衰减后的 LFU 计数。

即默认配置下，如果有 N 分钟没有访问这个键，那么 LFU 计数就减 N。

（2）redisObject.lru 低 8 位最大值为 255，但 Redis 实现了一种概率计数器，使这 8 个 bit 位可以存储上百万次的访问频率。

LFULogIncr 函数负责增加 LFU 计数：

```
uint8_t LFULogIncr(uint8_t counter) {
    if (counter == 255) return 255;
    double r = (double)rand()/RAND_MAX;
    double baseval = counter - LFU_INIT_VAL;
    if (baseval < 0) baseval = 0;
    double p = 1.0/(baseval*server.lfu_log_factor+1);
    if (r < p) counter++;
    return counter;
}
```

rand()函数返回 0 到 RAND_MAX 之间的伪随机数（整数），所以 r 的范围也是 0～1。

baseval 为真正的访问频率（counter 减去初始值 LFU_INIT_VAL），r 需要小于 `1.0/(baseval×server.lfu_log_factor+1)`，才增加 LFU 计数。

server.lfu_log_factor 默认为 10，`counter++`执行的概率如表 19-1 的第三列所示。

表 19-1

baseval	p=1.0/(baseval×server.lfu_log_factor+1)	$r < p$
1	≈0.1	≈0.1
10	≈0.01	≈0.01
100	≈0.001	≈0.001
200	≈0.0005	≈0.0005

由此可见，随着访问次数越来越多，redisObject.lru 增长得越来越慢。

默认 server.lfu_log_factor 为 10 的情况下，redisObject.lru 的 8 个 bit 位可以表示 100 万的访问频率。

19.3.3 数据淘汰算法

下面分析 Redis 数据淘汰算法的实现。

在 processCommand 函数执行 Redis 命令之前，调用 freeMemoryIfNeededAndSafe 函数，该函数又调用 freeMemoryIfNeeded 淘汰数据：

```
int freeMemoryIfNeeded(void) {
    ...
    // [1]
    if (getMaxmemoryState(&mem_reported,NULL,&mem_tofree,NULL) == C_OK)
        return C_OK;


    ...
    // [2]
    while (mem_freed < mem_tofree) {
        ...
        // [3]
        if (server.maxmemory_policy & (MAXMEMORY_FLAG_LRU|MAXMEMORY_FLAG_LFU) ||
            server.maxmemory_policy == MAXMEMORY_VOLATILE_TTL)
        {
            struct evictionPoolEntry *pool = EvictionPoolLRU;

            while(bestkey == NULL) {
                unsigned long total_keys = 0, keys;

                for (i = 0; i < server.dbnum; i++) {
```

```
            db = server.db+i;
            dict = (server.maxmemory_policy & MAXMEMORY_FLAG_ALLKEYS) ?
                    db->dict : db->expires;
            if ((keys = dictSize(dict)) != 0) {
                evictionPoolPopulate(i, dict, db->dict, pool);
                total_keys += keys;
            }
        }
        if (!total_keys) break;

        // [4]
        ...

    }
}

// [5]
else if (server.maxmemory_policy == MAXMEMORY_ALLKEYS_RANDOM ||
         server.maxmemory_policy == MAXMEMORY_VOLATILE_RANDOM)
{
    for (i = 0; i < server.dbnum; i++) {
        j = (++next_db) % server.dbnum;
        db = server.db+j;
        dict = (server.maxmemory_policy == MAXMEMORY_ALLKEYS_RANDOM) ?
                db->dict : db->expires;
        if (dictSize(dict) != 0) {
            de = dictGetRandomKey(dict);
            bestkey = dictGetKey(de);
            bestdbid = j;
            break;
        }
    }
}

// [6]
if (bestkey) {
    db = server.db+bestdbid;
    robj *keyobj = createStringObject(bestkey,sdslen(bestkey));
    ...
```

```
            if (server.lazyfree_lazy_eviction)
                dbAsyncDelete(db,keyobj);
            else
                dbSyncDelete(db,keyobj);
            ...
        } else {
            goto cant_free;
        }
    }
    result = C_OK;
    ...
}
```

【1】获取当前内存使用量并判断是否需要淘汰数据。mem_tofree 参数用于存放需要淘汰的数据量大小。如果当前不需要淘汰数据，则直接退出函数。

【2】淘汰数据，直到淘汰数据量达到要求。

【3】处理 MAXMEMORY_FLAG_LRU、MAXMEMORY_FLAG_LFU 或者 MAXMEMORY_VOLATILE_TTL 算法。调用 evictionPoolPopulate 函数，从给定的数据集（数据字典或过期字典）中采取样本集并填充到样本池 pool 中。样本池中的数据按淘汰优先级排序，越优先淘汰的数据越在后面。

【4】从样本池 pool 中获取淘汰优先级最高的键，并将该键赋值给 bestkey。

【5】如果使用的是随机淘汰算法，则从指定的数据集中随机选择一个键赋值给 bestkey。

【6】删除前面选择的待淘汰键 bestkey。

在处理 MAXMEMORY_FLAG_LRU、MAXMEMORY_FLAG_LFU 或者 MAXMEMORY_VOLATILE_TTL 算法时，evictionPoolPopulate 函数负责对数据集采样，并将最符合条件的数据填充到样本池 pool 中：

```
void evictionPoolPopulate(int dbid, dict *sampledict, dict *keydict,
struct evictionPoolEntry *pool) {
    int j, k, count;
    dictEntry *samples[server.maxmemory_samples];
    // [1]
    count = dictGetSomeKeys(sampledict,samples,server.maxmemory_samples);

    // [2]
```

```
    for (j = 0; j < count; j++) {
        ...
        // [3]
        de = samples[j];
        key = dictGetKey(de);

        if (server.maxmemory_policy != MAXMEMORY_VOLATILE_TTL) {
            if (sampledict != keydict) de = dictFind(keydict, key);
            o = dictGetVal(de);
        }

        // [4]
        if (server.maxmemory_policy & MAXMEMORY_FLAG_LRU) {
            idle = estimateObjectIdleTime(o);
        } else if (server.maxmemory_policy & MAXMEMORY_FLAG_LFU) {
            idle = 255-LFUDecrAndReturn(o);
        } else if (server.maxmemory_policy == MAXMEMORY_VOLATILE_TTL) {
            idle = ULLONG_MAX - (long)dictGetVal(de);
        } ...

        // [5]
        ...
    }

}
```

【1】从 sampledict 参数中获取随机采样数据。server.maxmemory_samples 指定采样数据的数量，默认为 5。在 maxmemory_samples 等于 10 的情况下，Redis 的 LRU 近似算法已经很接近于真正的 LRU 算法的表现。

【2】处理所有的样本数据。

【3】获取该样本对应的键值对。注意，如果这里处理的 volatile-lru、volatile-lfu 策略，则 sampledict 参数为过期字典，keydict 参数为数据库字典，这时需要重新从 keydict 参数中获取真正的键值对。

【4】计算淘汰优先级 idle。idle 越大，淘汰优先级越高。

- 如果使用 LRU 算法，则 idle 为键空闲时间（单位为毫秒）。
- 如果使用 LFU 算法，则 idle 为 255 减去 LFU 计数。

- 如果使用 MAXMEMORY_VOLATILE_TTL 算法，那么 sampledict 字典为过期字典，这时键值对的值是该键的过期时间，使用 ULLONG_MAX 减去过期时间作为 idle。

【5】将样本数据加入样本池。这里需要保持样本池数据淘汰的优先级从小到大排序：找到第一个比待插入数据优先级大的元素，插入到该元素前一位，插入前需要将该元素前面的元素前移一位，样本池大小为固定的 16，如果第一个元素被移出样本池，则抛弃该第一个元素。

总结：

- Redis 使用 Jemalloc 作为内存分配器，并提供碎片整理功能。
- Redis 使用两个方式删除过期的键：定期删除和惰性删除。
- Redis 提供了多种内存淘汰算法，并使用 LRU 近似算法、LFU 近似算法以节省内存。

第 20 章 Redis Stream

Redis 5 提供了一种新的数据类型 Stream，用于实现消息队列（Message Queue，MQ）。Redis Stream 实现了大部分消息队列的功能，包括：

- 消息 ID 的序列化生成。
- 消息的阻塞和非阻塞读取。
- 消息的分组消费。
- ACK 确认机制。

除了 Stream，Redis 还有其他可以实现类似消息队列的机制，比如针对频道的发布/订阅（Pub/Sub），但 Pub/Sub 机制有个缺点就是消息无法持久化，如果出现网络断开、节点下线等情况，消息就会丢失。

Redis Stream 提供了消息的持久化和主从复制功能，可以让任意客户端访问任何时刻的数据，并且能记住每一个客户端的访问位置，从而保证消息不丢失。

本章主要分析 Redis Stream 的应用示例与实现原理。

20.1 Redis Stream 的应用示例

20.1.1 添加、读取消息

XADD 命令可以发送消息到指定 Stream 消息流中（如果对应消息流不存在，则 Redis 会先创建该消息流）：

```
> XADD userinfo 1620087391111-0 name a age 10
"1620087391111-0"
> XADD userinfo 1620087392222-0 name b age 13
"1620087392222-0"
> XADD userinfo 1620087393333-0 name c age 16
"1620087393333-0"
> XADD userinfo 1620087394444-0 name d age 19
"1620087394444-0"
```

userinfo 为消息流的名称，消息由键值对组成，并且每个消息都关联了一个消息 ID。消息 ID 的格式为**<毫秒级时间戳>-<序号>**。XADD 命令的第 3 个参数传入消息 ID，该参数也可以传入“*”，要求 Redis 自动生成消息 ID，这里为了更好地辨认消息 ID，传入了具体的消息 ID。

使用 XREAD 命令可以直接读取消息流中的消息：

```
> XREAD COUNT 2 STREAMS userinfo 1620087391111-0
1) 1) "userinfo"
   2) 1) 1) "1620087392222-0"
         2) 1) "name"
            2) "b"
            3) "age"
            4) "13"
      2) 1) "1620087393333-0"
         2) 1) "name"
            2) "c"
            3) "age"
            4) "16"
```

XREAD 命令最后的参数是消息 ID，Redis 会返回大于该 ID 的消息。“0-0”（或者直接使用“0”）是一个特殊 ID，代表最小的消息 ID，使用它可以要求 Redis 从头读取消息。

使用 XREAD 命令可以同时读取多个消息流中的消息：

```
XREAD [COUNT count] STREAMS key_1 key_2 key_3 ... key_N ID_1 ID_2 ID_3 ... ID_N
```

使用 XREAD 命令也可以阻塞客户端，等待消息流中接收新的消息：

```
> XREAD BLOCK 30000 STREAMS userinfo $
(nil)
```

```
(30.09s)
```

BLOCK 选项指定了阻塞等待时间。“$”参数也是一个特殊 ID，代表消息流当前最大的消息 ID，使用它可以要求 Redis 读取新的消息。

20.1.2　消费组

Redis Stream 借鉴了 Kafka 的设计，引入了消费组和消费者的概念。每个消息流中可以创建多个消费组，每个消费组可以关联多个消费者。Redis 保证在一个消费组内，消息流的每一条消息都只会被消费组中的一个消费者消费。

例如，消息组中存在消费者 S1、S2、S3，如果消息流中的某个消息 M1 被 S1 消费，则不会再被 S2 和 S3 重复消费。

通常可以按业务划分多个消费组，并将服务集群中的每个服务节点作为一个消费者，从而保证在一个业务中消息不会被重复消费。例如，账号系统、权益系统都可以在 userinfo 消息流中创建一个消费组，当收到新用户注册的消息（假如新用户注册时会发送消息到 userinfo 消息流中）时，它们分别为新用户创建账号、分配权益。

下面介绍消息组的使用。

首先使用 XGROUP CREATE 命令创建一个消费组：

```
> XGROUP CREATE userinfo cg1 0-0
```

每个消费组都维护了当前消费组最新读取的消息 ID——last_delivered_id，这里将 last_delivered_id 初始化为 0-0，要求消费组从头开始读取消息。

通过 XREADGROUP 命令使用消费者读取数据：

```
> XREADGROUP GROUP cg1 c1 COUNT 1 STREAMS userinfo >
1) 1) "userinfo"
   2) 1) 1) "1620087391111-0"
         2) 1) "name"
            2) "a"
            3) "age"
            4) "10"
```

XREADGROUP 命令中的 cg1 为消费组，c1 为消费者，最后的“>”参数也是特殊消息 ID，使用该参数要求消费组读取大于 last_delivered_id 的消息。每次读取消息后，last_delivered_id

都会被更新为最新读取的消息 ID。

20.1.3 ACK 确认

Stream 提供了 ACK 确认机制，客户端消费消息成功后，可以使用 XACK 命令确认消息已消费成功：

```
> XACK userinfo cg1 1620087391111-0
```

消费组会记录所有待确认（已消费但未确认）的消息。通过 XPENDING 命令可以获取消费组内待确认的消息：

```
> XREADGROUP GROUP cg1 c1 COUNT 1 STREAMS userinfo >
1) 1) "userinfo"
   2) 1) 1) "1620087392222-0"
         2) 1) "name"
            2) "b"
            3) "age"
            4) "13"
> XPENDING userinfo cg1 - +  10
1) 1) "1620087392222-0"
   2) "c1"
   3) (integer) 5622
   4) (integer) 1
```

可以看到 gc1 中有一条消息未确认，消费者是 c1。

如果需要保证消息不丢失，则可以在消息处理成功后发送 XACK，并定时使用 XPENDING 命令检查是否存在未确认的消息。

XREADGROUP 命令提供了两种读取消息的模式：

（1）使用特殊 ID “>” 读取 last_delivered_id 后面的消息。例如：

```
> XREADGROUP GROUP cg1 c1 COUNT 1 STREAMS userinfo >
1) 1) "userinfo"
   2) 1) 1) "1620087393333-0"
         2) 1) "name"
            2) "c"
            3) "age"
```

```
            4) "16"
```

（2）使用具体的消息 ID 读取待确认消息。例如：

```
> XREADGROUP GROUP cg1 c1 COUNT 1 STREAMS userinfo 1620087391111-0
1) 1) "userinfo"
   2) 1) 1) "1620087392222-0"
         2) 1) "name"
            2) "b"
            3) "age"
            4) "13"
```

注意：使用具体消息 ID 时只能读取待确认消息，不能读取非待确认消息。例如：

```
> XREADGROUP GROUP cg1 c1 COUNT 1 STREAMS userinfo 1620087393333-0
1) 1) "userinfo"
   2) (empty array)
```

虽然 1620087393333-0 消息的后面还有一条消息（ID 为 1620087394444-0 的消息），但该消息并非待确认消息，所以上面的命令无法读取。

当某个消息已经被某个消费者消费后，则该消息归属于该消费者，其他消费者无法读取该消息，保证每个消息只会被一个消费者消费：

```
> XREADGROUP GROUP cg1 c2 COUNT 1 STREAMS userinfo 1620087391111-0
1) 1) "userinfo"
   2) (empty array)
```

当前消息队列中并没有归属于消费者 c2 的消息，所以 c2 无法读取待确认消息。

如果某个消费者已下线无法恢复，则可以使用其他消费者来认领该消费者的待确认消息，认领成功后新的归属消费者就可以读取这些消息，并对它们进行进一步的处理。

使用 XCLAIM 命令可以认领消息：

```
> XCLAIM userinfo cg1 c2 1000 1620087392222-0
1) 1) "1620087392222-0"
   2) 1) "name"
      2) "b"
      3) "age"
      4) "13"
```

```
> XPENDING userinfo cg1 - +  10
1) 1) "1620087392222-0"
   2) "c2"
   3) (integer) 10720
   4) (integer) 3
   ...
> XREADGROUP GROUP cg1 c2 COUNT 1 STREAMS userinfo 1620087391111-0
1) 1) "userinfo"
   2) 1) 1) "1620087392222-0"
         2) 1) "name"
            2) "b"
            3) "age"
            4) "13"
```

可以看到，1620087392222-0 已经归属消费者 c2，所以 c2 可以读取该消息。XCLAIM 命令的第 3 个参数指定了空闲时间，只有待确认消息的空闲时间大于该参数时，消费者才会成功认领该消息。

由于认领消息也会更新消息的空闲时间，所以该参数可以保证如果有两个消费者同时尝试认领同一条消息，那么后面操作的消费者将失败，如表 20-1 所示。

表 20-1

client1	client2
> XCLAIM userinfo cg1 c3 1000 1620087393333-0 1) 1) "1620087393333-0" 2) 1) "name" 2) "c" 3) "age" 4) "16"	
	> XCLAIM userinfo cg1 c4 1000 1620087393333-0 (empty array)

可以看到，消费者 c4 认领 1620087393333-0 消息失败了。

20.1.4 删除消息

Redis 毕竟是内存数据库，所以不能像 Kafka 那样支持大量的消息数据，下面介绍 Redis 删除消息的方式。

（1）使用 XADD 命令的 MAXLEN 选项限制消息流中消息的最大数量。

使用 MAXLEN 选项后，当消息流中的消息数量超出指定数量后，旧的消息会自动被删除，因此消息流的大小基本是恒定的。

执行下面的命令后，userinfo 消息流中只保留最新的两个消息：

```
> XADD userinfo MAXLEN 2 * name x age 31
"1620090996254-0"
```

（2）使用 XTRIM 命令对消息流进行修剪，限制消息流中的消息数量。

执行下面的命令，userinfo 消息流中只保留最新的两个消息：

```
XTRIM userinfo MAXLEN 2
```

（3）使用 XDEL 命令删除指定消息。

```
> XDEL userinfo 1620087391111-0 1620087392222-0
(integer) 2
```

另外，通过 XINFO 可以查看消息流信息：

- `XINFO STREAM userinfo`：该命令查询 userinfo 消息流的基本信息。
- `XINFO GROUPS userinfo`：该命令查询 userinfo 消息流上消费组信息。
- `XINFO CONSUMERS userinfo cg1`：该命令查询 userinfo 消息流上 cg1 消费组的消费者信息。

20.2 Stream 的实现原理

下面分析 Redis Stream 机制的实现。

Stream 中使用了两个新的数据结构——listpack 与 Rax。在深入分析 Stream 前，需先分析这两个数据结构。

20.2.1 listpack 结构

listpack 是对 ziplist 结构的优化，也是类似数组的紧凑型链表格式。它会申请一整块内存，在该内存区域上存放链表的所有数据。

1. 定义

listpack 的总体布局如下：

```
<lpbytes><lpnumbers><entry><entry>...<entry>
```

- lpbytes：listpack 占用的字节数量。
- lpnumbers：listpack 中节点数量。
- entry：listpack 节点，entry 的内容为<encode><val><backlen>。
  - encode：节点编码格式，包含编码类型、节点长度（不包括 backlen 属性占用字节数）或节点元素（LP_ENCODING_ INT 编码的节点元素保存在 encode 中）。
  - val：节点元素，即节点存储的数据。
  - backlen：反向遍历时使用的节点长度。

在 ziplist 中，每个节点都会记录前驱节点长度，以便支持反向遍历链表。而在 listpack 中，在节点尾部使用 backlen 属性记录当前节点长度，从而支持反向遍历链表。

2. 操作分析

listpack.c/lpInsert 函数负责插入元素到 listpack 中：

```
unsigned char *lpInsert(unsigned char *lp, unsigned char *ele, uint32_t size, unsigned char *p, int where, unsigned char **newp) {
    ...
    // [1]
    if (ele == NULL) where = LP_REPLACE;

    if (where == LP_AFTER) {
        p = lpSkip(p);
        where = LP_BEFORE;
    }

    unsigned long poff = p-lp;

    // [2]
    int enctype;
    if (ele) {
        enctype = lpEncodeGetType(ele,size,intenc,&enclen);
    } ...
```

```
// [3]
unsigned long backlen_size = ele ? lpEncodeBacklen(backlen,enclen) : 0;
// [4]
uint64_t old_listpack_bytes = lpGetTotalBytes(lp);
uint32_t replaced_len  = 0;
if (where == LP_REPLACE) {
    replaced_len = lpCurrentEncodedSize(p);
    replaced_len += lpEncodeBacklen(NULL,replaced_len);
}

uint64_t new_listpack_bytes = old_listpack_bytes + enclen + backlen_size
                              - replaced_len;
if (new_listpack_bytes > UINT32_MAX) return NULL;


unsigned char *dst = lp + poff;

// [5]
if (new_listpack_bytes > old_listpack_bytes) {
    if ((lp = lp_realloc(lp,new_listpack_bytes)) == NULL) return NULL;
    dst = lp + poff;
}

// [6]
if (where == LP_BEFORE) {
    memmove(dst+enclen+backlen_size,dst,old_listpack_bytes-poff);
} else {
    long lendiff = (enclen+backlen_size)-replaced_len;
    memmove(dst+replaced_len+lendiff,
            dst+replaced_len,
            old_listpack_bytes-poff-replaced_len);
}

// [7]
if (new_listpack_bytes < old_listpack_bytes) {
    if ((lp = lp_realloc(lp,new_listpack_bytes)) == NULL) return NULL;
    dst = lp + poff;
```

```
    }
    // more
}
```

参数说明：

- ele：插入元素的内容。
- size：插入元素的长度。
- p：元素插入的位置。
- where：插入方式，存在 LP_BEFORE、LP_AFTER、LP_REPLACE 三个值，即在插入位置前、后插入元素或直接替换插入位置的元素。
- newp：插入成功后，指向新的节点。

【1】如果插入元素为 NULL，实际上是删除元素，所以将 where 赋值为 LP_REPLACE，以便后续将指定元素设置为 NULL。如果 where 参数为 LP_AFTER（在插入位置的后面插入元素），则找到后驱节点，并将插入操作调整为 LP_BEFORE（在后驱节点前面插入）。这样只需要处理两个逻辑：LP_BEFORE 和 LP_REPLACE。

【2】lpEncodeGetType 函数对插入元素内容进行编码，返回编码类型，编码类型有 LP_ENCODING_STRING（字符串编码）、LP_ENCODING_INT（数值编码）两种。该函数处理成功后，会将编码（encode 属性）存储在 intenc 变量中，元素长度存储在 enclen 变量中。

【3】lpEncodeBacklen 函数将 enclen 转化为 backlen 属性，并将其记录在 backlen 参数中，返回 backlen 属性占用的字节数。

【4】计算新的 listpack 占用的空间 new_listpack_bytes。

【5】如果新的空间大于原来的空间（插入元素或替换为更大的元素），则调用 lp_realloc 函数申请新的空间。这时 dst 变量为新元素插入位置。

【6】如果是插入元素，则将插入位置后面的元素后移，为插入元素腾出空间。如果是替换元素，则调整替换元素的大小。

【7】如果新的空间小于原来的空间（删除或替换为更小的元素），则调用 lp_realloc 函数调整 listpack 空间。

```
unsigned char *lpInsert(unsigned char *lp, unsigned char *ele, uint32_t size, unsigned
char *p, int where, unsigned char **newp) {
    ...
    // [8]
    if (newp) {
        *newp = dst;
```

```
        if (!ele && dst[0] == LP_EOF) *newp = NULL;
    }

    if (ele) {
        // [9]
        if (enctype == LP_ENCODING_INT) {
            memcpy(dst,intenc,enclen);
        } else {
            lpEncodeString(dst,ele,size);
        }
        // [10]
        dst += enclen;
        memcpy(dst,backlen,backlen_size);
        dst += backlen_size;
    }

    // [11]
    if (where != LP_REPLACE || ele == NULL) {
        uint32_t num_elements = lpGetNumElements(lp);
        if (num_elements != LP_HDR_NUMELE_UNKNOWN) {
            if (ele)
                lpSetNumElements(lp,num_elements+1);
            else
                lpSetNumElements(lp,num_elements-1);
        }
    }
    lpSetTotalBytes(lp,new_listpack_bytes);
    ...
}
```

【8】执行到这里，listpack 空间已经调整好，直接将新元素插入 dst 位置即可。这里将 newp 指针指向插入位置 dst，插入元素后 newp 指针将指向新的节点。

【9】将插入元素内容保存到 listpack 中。如果插入内容是数值编码，插入元素已经保存到 intenc 变量（lpEncodeGetType 函数）中，则直接将 intenc 变量写入 listpack 即可。否则调用 lpEncodeString，依次写入元素编码和元素内容。

【10】写入 backlen 属性。

【11】更新 listpack 中的 lpbytes、lpnumbers 属性。

3. 编码

下面关注一下元素编码的实现。lpEncodeGetType 函数负责对元素内容进行编码，返回编码类型，并且将编码（encode 属性）存储在 intenc 参数中，节点长度（不包括 backlen 属性占用字节数）存储在 enclen 参数中，编码规则如表 20-2 所示。

表 20-2

元素内容	编码类型	intenc 格式	enclen
数值范围（0～127）	LP_ENCODING_INT	0XXXXXXX	1
数值范围（-4096～4095）	LP_ENCODING_INT	110XXXXX XXX…	2
数值范围（-32768～32767）	LP_ENCODING_INT	11110001 XXX…	3
数值范围（-8388608～8388607）	LP_ENCODING_INT	11110010 XXX…	4
数值范围（-2147483648～2147483647）	LP_ENCODING_INT	11110011 XXX…	5
数值范围（其他)	LP_ENCODING_INT	11110100 XXX…	6
字符串长度<64	LP_ENCODING_STRING	10XXXXXX	字符串长度+1
字符串长度<4096	LP_ENCODING_STRING	1110XXXX XXX…	字符串长度+2
字符串长度≥4096	LP_ENCODING_STRING	11110000 XXX…	字符串长度+5

从表 20-2 中可以看到元素存储格式。第一行表示数值（0～127）存储在 intenc 低 7 个 Bit 位中，第二行表示数值（-32768～32767）存储在 intenc 低 5 个 Bit 位及后面一个字节中，以此类推。

lpEncodeBacklen 函数负责将 enclen 转换为 backlen，转换规则为：将 enclen 的每 7 个 bit 位划分为一组，保存到 backlen 的一个字节中，并且将字节序倒转。

例如，元素内容为字符串且长度为 11912261672，则 enclen 为 11912261677，二进制值为 11110000 00000010 11000110 00000110 10110000 00101101，转换过程如图 20-1 所示。

backlen 的每个字节的最高 bit 位为 1 时，代表前面一字节也是 backlen 的一部分。

enclen 与 backlen 可以相互转换。当反向遍历 listpack 时，如果需要获取前一个节点的长度，则从前一个节点的最后位置读取 backlen，再转换为 enclen。最后将 enclen 与 backlen 占用的字节数相加，结果就是前一个节点的长度。

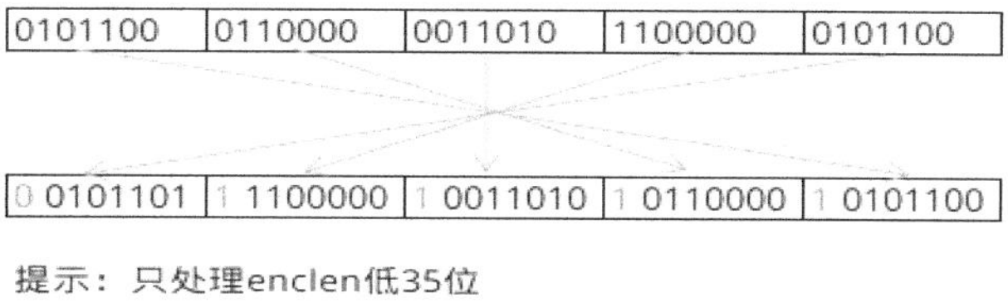

0101100
0110000
0011010
1100000
0101100
0 0101101
1 1100000
1 0011010
1 0110000
1 0101100
提示：只处理enclen低35位

图 20-1

listpack 没有“级联更新”的问题，可以看到，由于使用了更优秀的设计，相比于 ziplist，listpack 不仅性能更好，而且代码实现更简单。

20.2.2 Rax 结构

1. 定义

Rax 也称为基数树、压缩前缀树，它也可以存放键值对，并且可以对键的内容进行压缩。图 20-2 展示了一个典型的 Rax 的结构。

a|b|c
x
p
d
y|z
e
data3
f
data1
data2
g
data4
data5

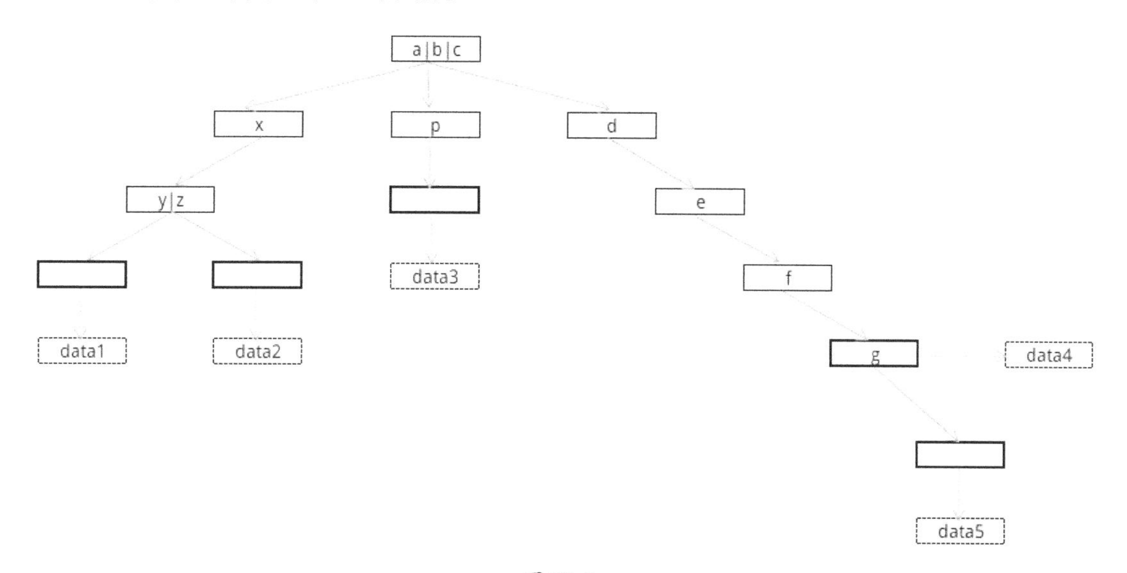

图 20-2

为了描述方便，使用节点中的字符表示某个节点，如 a|b|c 节点代表图 20-2 中 Rax 的根节点。

另外，当我们说某个节点是一个键时，指的是由该节点所有父节点组成该键内容，但不包括该节点内容。

所以图 20-2 中 Rax 存放的键值对如下（图 20-2 中使用粗边框表示该节点是一个键）：

```
axy-->data1
axz-->data2
bp-->data3
cdef-->data4
cedfg-->data5
```

可以看到，Rax 中的某个位置如果有相同的键内容，则只需要保存一份内容就可以了。例如，`a|b|c` 节点只有一个 a 字符，就可以代表两个以 a 开头的键，所以说 Rax 可以对键内容进行压缩。

Redis 对 Rax 执行了一个常见的优化操作，如果多个节点中只有一个子节点（并且这些节点只有第一个节点可以作为键），则将它们压缩到一个节点中，压缩后的 Rax 如图 20-3 所示。

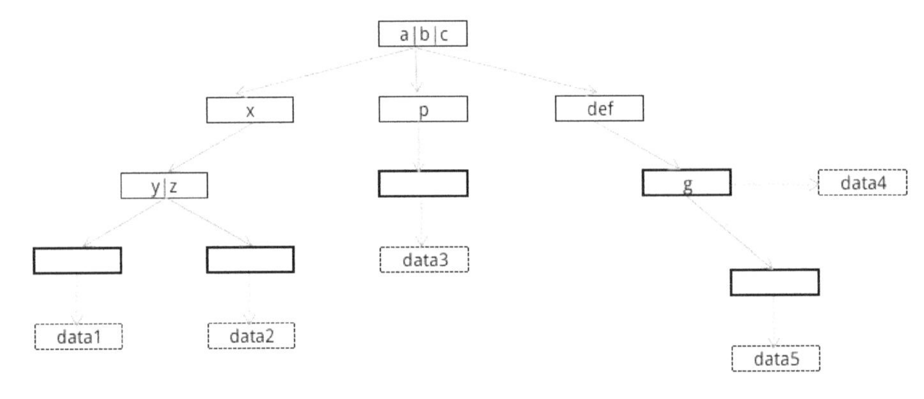

图 20-3

由于 `g` 节点是一个键，所以不能压缩到 `def` 节点中。

本节后续分析插入、删除键的操作时都以该 Rax 结构为例，为了描述方便，将该 Rax 称为“示例 Rax 结构”。

Redis 中定义了 Rax 节点结构体：

```
typedef struct raxNode {
    uint32_t iskey:1;
    uint32_t isnull:1;
    uint32_t iscompr:1;
    uint32_t size:29;
    unsigned char data[];
} raxNode;
```

- iskey：该节点是否为键。
- isnull：该节点的值是否指向 NULL。
- iscompr：该节点是否为压缩节点。
- size：子节点数量或压缩字符数量。
- data：存放节点字符、子节点指针、值指针。

如果是非压缩节点，则 data 属性的内容如下：

```
[header][abc][a-ptr][b-ptr][c-ptr](value-ptr?)
```

压缩节点 data 的内容如下：

```
[header][xyz][ptr](value-ptr?)
```

压缩节点只有一个子节点。

在 Redis 中，“示例 Rax 结构”如图 20-4 所示。

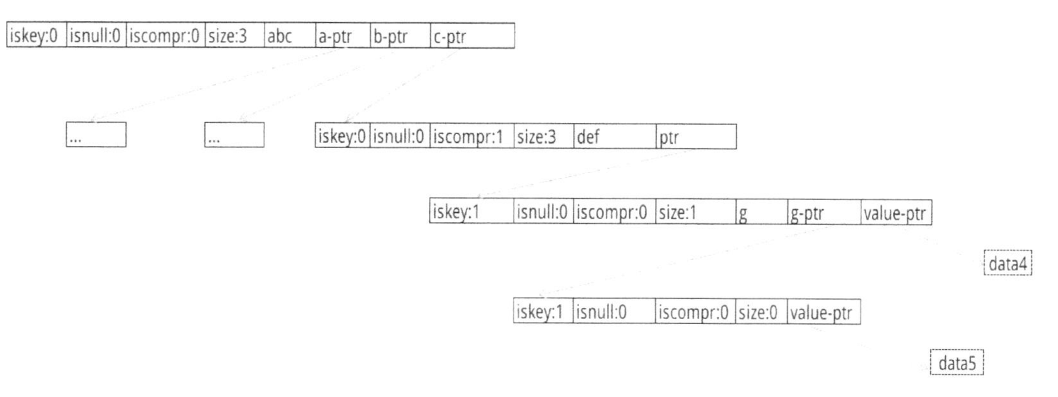

图 20-4

2. 查找键

下面说明在 Rax 结构中查找键的过程。假如在“示例 Rax 结构”中查找键 cdefg，则查找过程如图 20-5 所示。

①：a|b|c 节点为非压缩节点，找到匹配的 c 字符，沿着该字符的子节点向下查找。

②：def 节点是压缩节点，依次对比该节点所有字符，全部匹配，沿着子节点向下查找。

③：g 节点只有一个节点字符，与查找键匹配，返回 g 字符对应子节点的值。

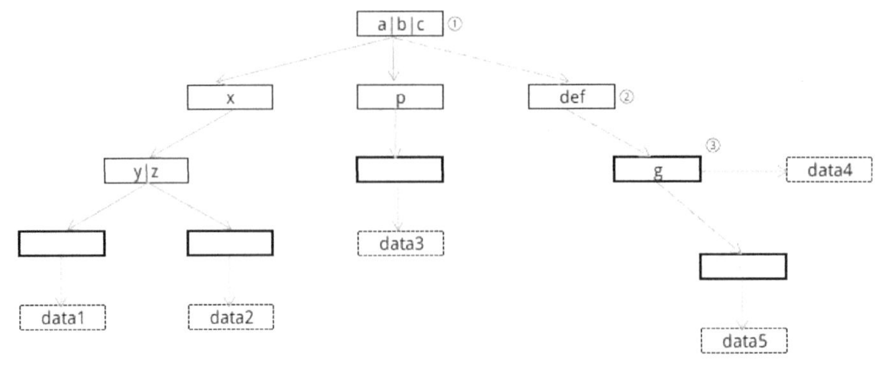

图 20-5

3. 插入键值对

下面分析插入操作。

首先明确两个概念：插入节点与冲突位置。

插入节点即插入键与 Rax 键第一个不匹配字符所在节点，冲突位置即该不匹配字符在插入节点中的索引。

冲突位置可以分为两种情况：

（1）冲突位置不等于 0，这时插入节点肯定是压缩节点。

（2）冲突位置等于 0（插入节点既可以是压缩节点，也可以是非压缩节点）。

图 20-6 展示了两种情况下的插入节点与冲突位置。

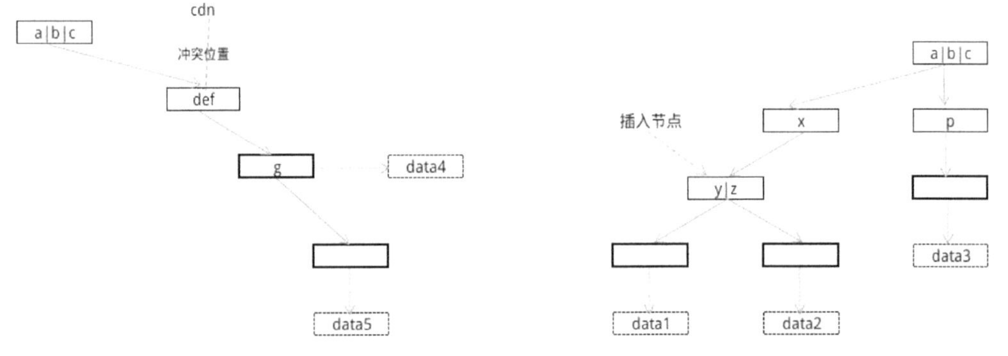

图 20-6

插入操作可以分为以下 4 种情况：

（1）Rax 中已存在插入键内容，并且插入节点不是压缩节点（或者插入节点是压缩节点，但冲突位置为 0，例如在“示例 Rax 结构”插入一个新的键 c）。

（2）Rax 中已存在插入键内容，但插入节点是压缩节点（并且冲突位置不等于 0）。

（3）Rax 中不存在插入键内容，并且冲突位置在压缩节点中。

（4）Rax 中不存在插入键内容，但冲突位置不在压缩节点中。

下面详细分析这 4 种情况的插入过程。

rax.c/raxGenericInsert 负责插入元素到 Rax 中：

```
int raxGenericInsert(rax *rax, unsigned char *s, size_t len, void *data,
void **old, int overwrite) {
    ...
    // [1]
    i = raxLowWalk(rax,s,len,&h,&parentlink,&j,NULL);

    // [2]
    if (i == len && (!h->iscompr || j == 0 /* not in the middle if j is 0 */)) {
        ...
        if (!h->iskey || (h->isnull && overwrite)) {
            h = raxReallocForData(h,data);
            if (h) memcpy(parentlink,&h,sizeof(h));
        }
        ...

        if (h->iskey) {
            if (old) *old = raxGetData(h);
            if (overwrite) raxSetData(h,data);
            errno = 0;
            return 0;
        }

        raxSetData(h,data);
        rax->numele++;
        return 1;
    }

    // more
}
```

参数说明：

- s、len：插入键和插入键长度。
- data：插入值。
- overwrite：如果插入键已存在，是否替换该键原来的值。old 参数用于存储替换前的值。

【1】raxLowWalk 函数查找 Rax 中是否存在插入键（查找过程已说明），返回匹配字节的数量，并记录以下变量：

- h：插入节点。
- j：冲突位置。

parentlink：插入节点的父节点必然存在一个子节点指针指向插入节点，parentlink 指向该子节点指针。修改该位置的内容，可以变更插入节点，如图 20-7 所示。

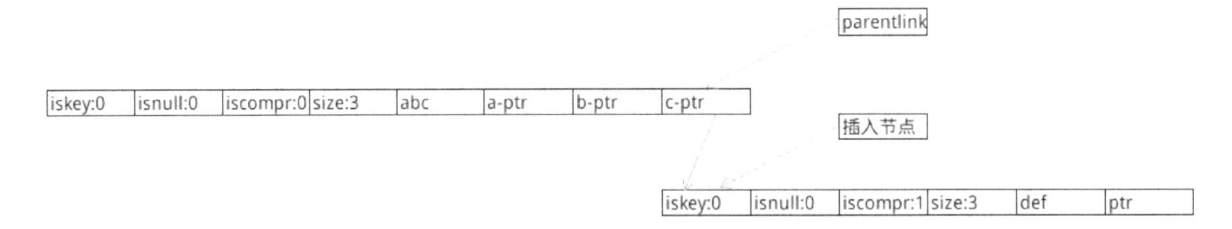

图 20-7

【2】这里处理的是插入操作 4 种情况中的第一种情况，插入键内容已经存在于 Rax 中（i==len），并且插入节点非压缩节点（或者冲突位置为 0），这时可以直接将插入值设置为插入节点值。

- 如果插入节点不是键，则调用 raxReallocForData 函数为该节点重新分配内存空间，将插入值设置为该节点值。最后调用 memcpy 函数将 raxReallocForData 函数返回的节点指针写到 parentlink 指向位置，从而替换插入节点。
- 如果插入节点本来就是键，则根据 overwrite 参数替换节点值。

假如在“示例 Rax 结构”中插入键值对“`ax-->data6`”，即插入操作 4 种情况中的第一种情况，结果如图 20-8 所示。

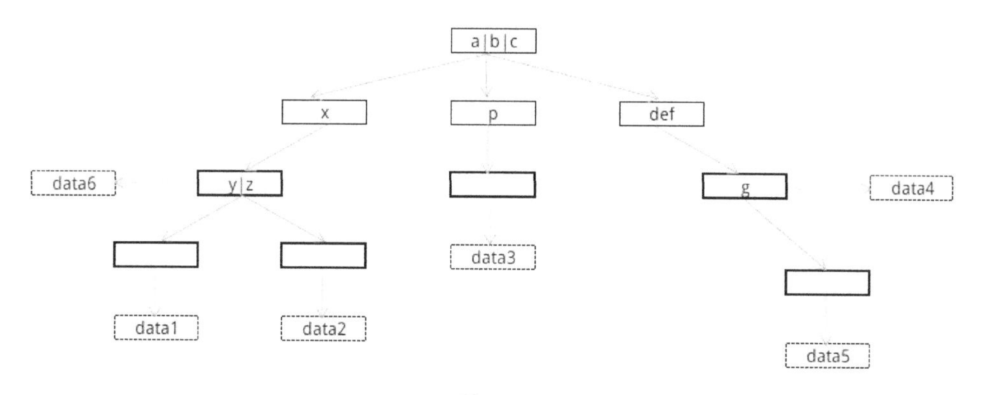

图 20-8

下面分析插入操作 4 种情况中的第二、三种情况，这两种情况都需要先拆分压缩节点，再插入新的键。

本书只分析第三种情况，第二种情况与之类似。

首先按拆分结果定义以下几个概念：

- 前缀节点：将压缩节点中冲突位置前的字符拆分出来的节点。
- 后缀节点：将压缩节点中冲突位置后的字符拆分出来的节点。
- 拆分节点：将冲突位置拆分出来一个新节点。

按照冲突位置在压缩节点的位置不同，第二种情况还可以划分为以下 3 类场景。

场景 1：没有前缀节点，如图 20-9 所示。

图 20-9

场景 2：没有后缀节点，如图 20-10 所示。

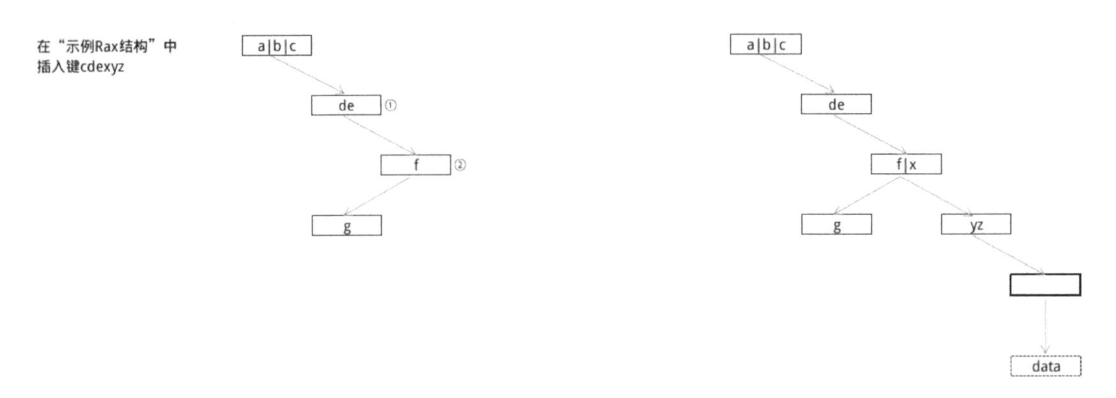

图 20-10

场景 3：同时有前缀节点和后缀节点，如图 20-11 所示。

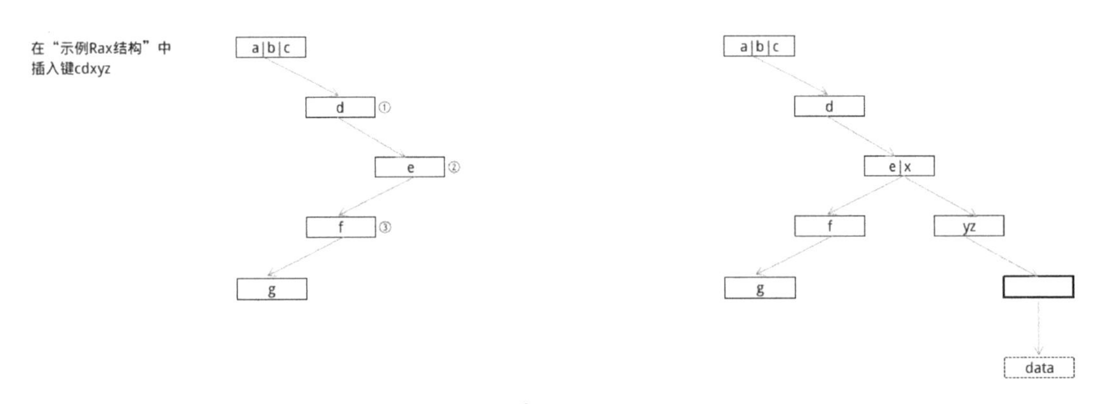

图 20-11

图 20-9、图 20-10、图 20-11 中的①、②、③分别代表前缀节点、拆分节点、后缀节点，左边代表拆分操作，右边代表插入操作。

了解了第三种情况的具体场景后，下面继续看 raxGenericInsert 函数：

```
int raxGenericInsert(rax *rax, unsigned char *s, size_t len, void *data,
void **old, int overwrite) {
    ...

    if (h->iscompr && i != len) {
        ...

        // [3]
        raxNode **childfield = raxNodeLastChildPtr(h);
```

```
raxNode *next;
memcpy(&next,childfield,sizeof(next));
...

// [4]
size_t trimmedlen = j;
size_t postfixlen = h->size - j - 1;
int split_node_is_key = !trimmedlen && h->iskey && !h->isnull;
size_t nodesize;

// [5]
raxNode *splitnode = raxNewNode(1, split_node_is_key);
raxNode *trimmed = NULL;
raxNode *postfix = NULL;

if (trimmedlen) {
    nodesize = sizeof(raxNode)+trimmedlen+raxPadding(trimmedlen)+
               sizeof(raxNode*);
    if (h->iskey && !h->isnull) nodesize += sizeof(void*);
    trimmed = rax_malloc(nodesize);
}

if (postfixlen) {
    nodesize = sizeof(raxNode)+postfixlen+raxPadding(postfixlen)+
               sizeof(raxNode*);
    postfix = rax_malloc(nodesize);
}

...
splitnode->data[0] = h->data[j];

if (j == 0) {
    // [6]
    if (h->iskey) {
        void *ndata = raxGetData(h);
        raxSetData(splitnode,ndata);
    }
    memcpy(parentlink,&splitnode,sizeof(splitnode));
```

```
        } else {
            // [7]
            ...
            if (h->iskey && !h->isnull) {
                void *ndata = raxGetData(h);
                raxSetData(trimmed,ndata);
            }
            raxNode **cp = raxNodeLastChildPtr(trimmed);
            memcpy(cp,&splitnode,sizeof(splitnode));
            memcpy(parentlink,&trimmed,sizeof(trimmed));
            parentlink = cp;
            rax->numnodes++;
        }

        if (postfixlen) {
            // [8]
            ...
            memcpy(postfix->data,h->data+j+1,postfixlen);
            raxNode **cp = raxNodeLastChildPtr(postfix);
            memcpy(cp,&next,sizeof(next));
            rax->numnodes++;
        } else {
            // [9]
            postfix = next;
        }

        // [10]
        raxNode **splitchild = raxNodeLastChildPtr(splitnode);
        memcpy(splitchild,&postfix,sizeof(postfix));

        rax_free(h);
        h = splitnode;
    } else if (h->iscompr && i == len) {
        // [11]
        ...
    }
    ...

}
```

【3】这里开始处理插入操作 4 种情况中的第三种情况，即图 20-9、图 20-10、图 20-11 中左边的操作。使用 next 节点记录插入节点的子节点，压缩节点只有一个子节点（其父节点也只有一个子节点）。

【4】trimmedlen 为前缀节点的长度，0 代表不存在前缀节点。postfixlen 为后缀节点的长度，0 代表不存在后缀节点。

【5】初始化拆分节点 splitnode、前缀节点 trimmed、后缀节点 postfix。

【6】如果不存在前缀节点 trimmed，使用拆分节点替换原来的插入节点。修改 parentlink 位置的指针就可以变更插入节点。

【7】如果存在前缀节点 trimmed，给前缀节点赋值，并将拆分节点作为前缀节点的子节点，使用前缀节点替换原来的插入节点。如果插入节点是一个键，则将该键转移到前缀节点。

【8】如果存在后缀节点 splitnode，给后缀节点赋值，并将 next 节点作为后缀节点的子节点。

【9】如果不存在后缀节点 splitnode，直接将 next 节点作为后缀节点。

【10】将后缀节点设置为拆分节点的第一个子节点。

【11】这里处理 `i==len` 的场景，即插入操作 4 种情况中的第二种情况，感兴趣的读者可自行阅读代码。

经过上述拆分步骤后，插入节点已经被拆分为只有一个子节点的非压缩节点。这时可以将插入键中不匹配的内容插入 Rax 了，并在最后设置值对象，读者可以回顾图 20-9、图 20-10、图 20-11 中右边的操作。该操作也是对插入操作 4 种情况中的第四种情况的处理操作。继续看 raxGenericInsert 函数：

```
int raxGenericInsert(rax *rax, unsigned char *s, size_t len, void *data,
void **old, int overwrite) {
    ...
    while(i < len) {
        raxNode *child;

        // [12]
        if (h->size == 0 && len-i > 1) {

            size_t comprsize = len-i;
            ...
            raxNode *newh = raxCompressNode(h,s+i,comprsize,&child);
            if (newh == NULL) goto oom;
```

```
            h = newh;
            memcpy(parentlink,&h,sizeof(h));
            parentlink = raxNodeLastChildPtr(h);
            i += comprsize;
        } else {
            // [13]
            raxNode **new_parentlink;
            raxNode *newh = raxAddChild(h,s[i],&child,&new_parentlink);
            if (newh == NULL) goto oom;
            h = newh;
            memcpy(parentlink,&h,sizeof(h));
            parentlink = new_parentlink;
            i++;
        }
        rax->numnodes++;
        // [14]
        h = child;
    }
    // [15]
    raxNode *newh = raxReallocForData(h,data);
    if (newh == NULL) goto oom;
    h = newh;
    if (!h->iskey) rax->numele++;
    raxSetData(h,data);
    memcpy(parentlink,&h,sizeof(h));
    return 1; /* Element inserted. */
    ...
}
```

【12】如果插入节点 h 是（没有子节点的）空节点，并且待插入的字符数量大于 1，调用 raxCompressNode 函数将所有待插入字符插入到插入节点 h 中（h 节点成为压缩节点），并生成新的空子节点（child 指向生成的子节点，new_parentlink 则是 child 节点的 parentlink）。

【13】如果插入节点是非空节点，调用 raxAddChild 函数将字符 s[i]插入到插入节点 h，并生成新的子节点作为插入节点。通常先执行这一步生成空的插入节点，如果这时剩余待插入字符数量仍大于 1 才会执行 12 步。

【14】将插入节点 h 指向新的空节点，继续处理插入键的剩余字符。直到已匹配字符数 i

等于插入键长度 len。

【15】执行到这里，插入键不匹配的内容已经插入完成，h 指向最后生成的空节点，这时将插入值（data 参数）设置为空节点的节点值。

注意：Rax 中每个节点的节点字符都是已排序的，raxCompressNode、raxAddChild 函数在插入节点字符时会将其插入正确的位置。

4. 删除键值对

删除键值对比较简单，除了将节点值设置为 NULL，还要考虑清除节点数据或合并节点，分为以下 4 种情况。

（1）只清除节点数据，如图 20-12 所示。

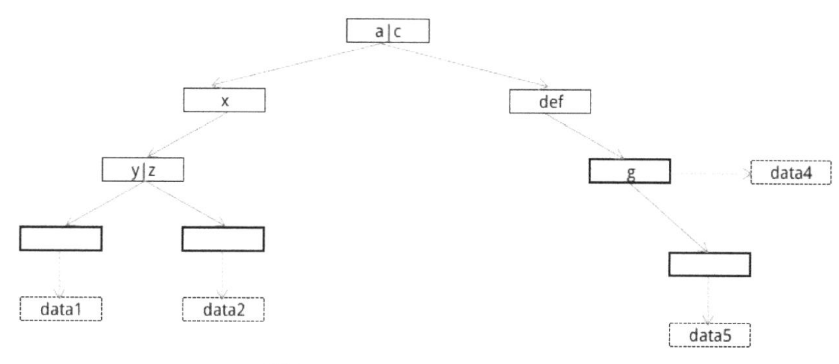

图 20-12

删除节点后，如果父节点对应的字符已经没有子节点，则需要删除父节点对应的字符。

（2）只合并节点，如图 20-13 所示。

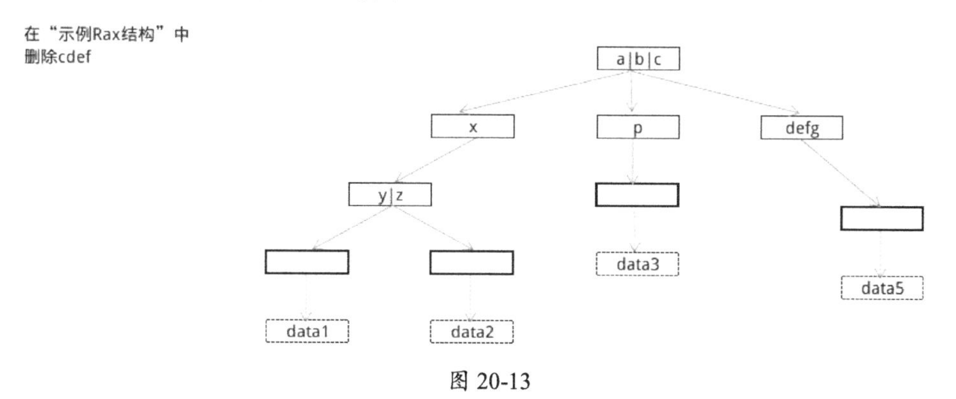

图 20-13

（3）同时需要清除节点数据和合并节点，如图 20-14 所示。

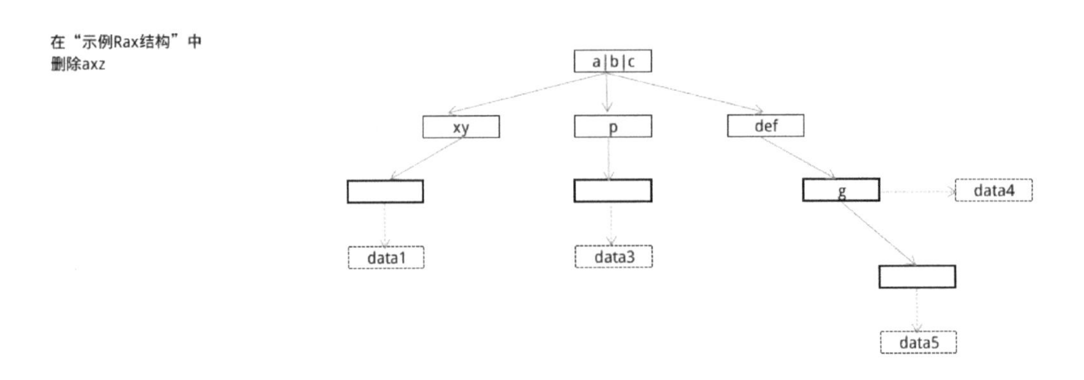

图 20-14

（4）最后一种情况是既不需要清除数据，也不需要合并节点。例如，在图 20-8 的 Rax 结构中删除键 ax 就是典型的场景。

20.2.3 Stream 结构

了解了 listpack 或 Rax 的数据结构之后，下面再分析 stream 就简单多了。

提示： 本节以下代码如无特殊说明，均在 stream.h、t_stream.c 中。

1. 定义

和其他数据类型一样，消息流类型也是在 redisObject 中存储的，redisObject.prt 指向 stream 结构体。

stream 结构体存放一个消息流的所有信息：

```
typedef struct stream {
    rax *rax;
    uint64_t length;
    streamID last_id;
    rax *cgroups;
} stream;
```

- rax：存放消息内容，该 Rax 中的键为消息 ID，值指向 listpack。
- length：该消息流中消息的数量。

- cgroups：存放消费组，该 Rax 中的键为消费者名，值指向 streamCG 变量。
- last_id：消息流中最新的消息 ID。

stream.rax 中的 Rax 键存放消息 ID，由于消息 ID 以时间戳开头，前缀会大量重复，所以可以大量节省内存。stream.rax 的结构如图 20-15 所示。

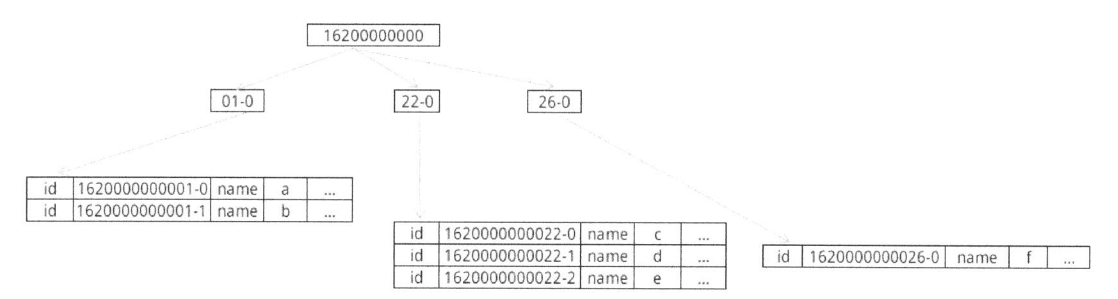

图 20-15

stream.rax 的 Rax 值指向 listpack，listpack 中存储了一组消息。Rax 键是 listpack 中存储的消息中最小的消息 ID。

该设计与 quicklist 中将元素划分到不同的 ziplist 中类似，目的是删除消息时减少数据的移动，并且提高查询消息的效率。这其实是一种稀疏索引(Rax 的键就是索引，可以快速检索消息)，是存储数据的常用方式。Kafka 也使用这种方式存储消息，感兴趣的读者可以自行了解。

streamID 结构体负责存储消息 ID：

```
typedef struct streamID {
    uint64_t ms;
    uint64_t seq;
} streamID;
```

- ms：毫秒级别的时间戳。
- seq：序号，如果在一毫秒内添加多条消息，则增加序号。

stream.cgroups 存储消费组信息，它也是一个 Rax，该 Rax 的键是消费组名，值指向 streamCG 变量：

```
typedef struct streamCG {
    streamID last_id;
```

```
    rax *pel;
    rax *consumers;
} streamCG;
```

- last_id：该消费组最新读取的消息 ID——last_delivered_id。
- pel：该消费组中所有待确认的消息。
- consumers：该消费组中所有消费者，Rax 类型，Rax 键为消费者的名称，Rax 值指向 streamConsumer。

streamConsumer 存储消费者信息，定义如下：

```
typedef struct streamConsumer {
    mstime_t seen_time;
    sds name;
    rax *pel;
} streamConsumer;
```

- seen_time：该消费者上次活跃时间。
- name：消费者名称。
- pel：归属该消费者的所有待确认消息。

streamCG.pel 和 streamConsumer.pel 都是 Rax 类型，Rax 键是消息 ID，Rax 值指向 streamNACK，streamNACK 存储待确认的消息信息：

```
typedef struct streamNACK {
    mstime_t delivery_time;
    uint64_t delivery_count;
    streamConsumer *consumer;
} streamNACK;
```

- delivery_time：消息发送给消费者的最新时间。
- delivery_count：消息发送给消费者的次数。
- consumer：消息属于哪个消费者。

stream.cgroups 的结构如图 20-16 所示。

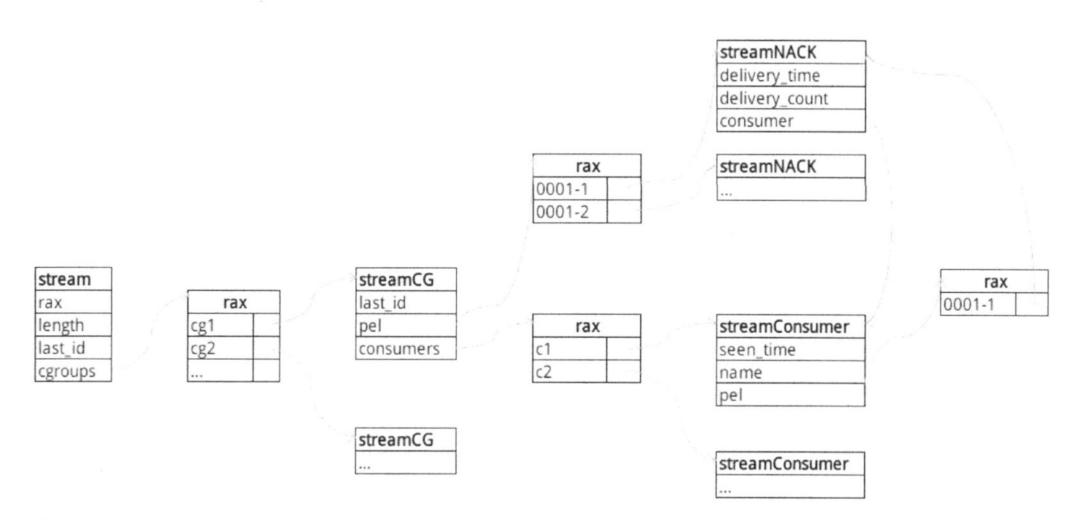

图 20-16

2. 写入消息

Redis 会将新的消息追加到 stream.rax 的 listpack 中。

XADD 命令由 xaddCommand 函数处理，负责插入消息：

```
void xaddCommand(client *c) {
    ...
    // [1]
    if (streamAppendItem(s,c->argv+field_pos,(c->argc-field_pos)/2,
        &id, id_given ? &id : NULL)
        == C_ERR)
    {
        ...
        return;
    }
    ...
    // [2]
    if (maxlen >= 0) {
        if (streamTrimByLength(s,maxlen,approx_maxlen)) {
            notifyKeyspaceEvent(NOTIFY_STREAM,"xtrim",c->argv[1],c->db->id);
        }
```

```
        if (approx_maxlen) streamRewriteApproxMaxlen(c,s,maxlen_arg_idx);
    }
    ...
}
```

【1】streamAppendItem 函数负责插入一个消息到消息流中。s 参数为消息流对应的 stream 结构体。

【2】如果命令中设置了 MAXLEN 参数，则调用 streamRewriteApproxMaxlen 函数对消息流进行修剪。

Redis 对 Stream 消息内容做了优化，它认为一个消息流中所有消息的属性基本是相同的。所以 Redis 在每个 listpack 的开始位置记录一个“主条目”，该“主条目”包含了第一个消息的所有属性名。如果后续消息属性与“主条目”中的属性相同，则只需要记录这些消息的值，不需要记录属性名，从而节省了内存。

“主条目”的内容如表 20-3 所示。

表 20-3

count	deleted	num-fields	field_1	field_2	...	field_N	0

注：最后的 0 代表“主条目”结束。

count 和 deleted 属性记录 listpack 中的有效消息数量，以及标志为已删除消息的数量。所以 listpack 中的消息数量为 count+deleted。

下面看一下 streamAppendItem 函数如何插入一个消息到消息流中：

```
int streamAppendItem(stream *s, robj **argv, int64*_t numfields, streamID *added_id,
streamID *use_id) {
    // [1]
    streamID id;
    if (use_id)
        id = *use_id;
    else
        streamNextID(&s->last_id,&id);

    // [2]
    if (streamCompareID(&id,&s->last_id) <= 0) return C_ERR;

    // [3]
```

```
raxIterator ri;
raxStart(&ri,s->rax);
raxSeek(&ri,"$",NULL,0);

size_t lp_bytes = 0;
unsigned char *lp = NULL;

if (raxNext(&ri)) {
    lp = ri.data;
    lp_bytes = lpBytes(lp);
}
raxStop(&ri);

// [4]
if (lp != NULL) {
    if (server.stream_node_max_bytes &&
        lp_bytes >= server.stream_node_max_bytes)
    {
        lp = NULL;
    } else if (server.stream_node_max_entries) {
        int64_t count = lpGetInteger(lpFirst(lp));
        if (count >= server.stream_node_max_entries) lp = NULL;
    }
}

// [5]
int flags = STREAM_ITEM_FLAG_NONE;
if (lp == NULL || lp_bytes >= server.stream_node_max_bytes) {
    master_id = id;
    streamEncodeID(rax_key,&id);

    lp = lpNew();
    lp = lpAppendInteger(lp,1);
    lp = lpAppendInteger(lp,0);
    ...
    raxInsert(s->rax,(unsigned char*)&rax_key,sizeof(rax_key),lp,NULL);
    flags |= STREAM_ITEM_FLAG_SAMEFIELDS;
} else {
```

```
        // [6]
        serverAssert(ri.key_len == sizeof(rax_key));
        memcpy(rax_key,ri.key,sizeof(rax_key));

        streamDecodeID(rax_key,&master_id);
        unsigned char *lp_ele = lpFirst(lp);

        int64_t count = lpGetInteger(lp_ele);
        ...
    }
    // more
}
```

【1】如果用户指定了消息 ID，则使用用户指定的 ID，否则生成消息 ID。

【2】检查新消息 ID 是否比之前的消息 ID 都大。如果不是，则不允许插入。

【3】从 Stream.rax 中找到最大的 Rax 键，以及 Rax 键指向的 listpack。

- raxStart 函数负责初始化一个 Rax 迭代器。
- raxSeek 函数负责定位到特定的 Rax 节点，$参数要求定位到 Rax 中的最大节点。前面说了，Rax 中每个节点的节点字符都是排序的，所以在 Rax 中可以按键大小进行查询。
- raxNext 函数负责查找 Rax 下一个节点，读者可能会疑惑，这里 Rax 迭代器已经定位到 Rax 最后的节点，再调用 raxNext 函数会不会有问题？这里解释一下，raxSeek 函数会给 Rax 迭代器添加一个 RAX_ITER_JUST_SEEKED 标志，如果在 raxNext 函数中发现 Rax 迭代器存在该标志，则只会清除该标志，并不会查找下一个节点。这里调用 raxNext 函数并不会有问题（所以 raxNext 函数通常紧跟在 raxSeek 函数后被调用）。

【4】如果 listpack 的大小大于或等于 server.stream_node_max_bytes，或者 listpack 存放消息的数量大于或等于 server.stream_node_max_entries，则认为该 listpack 已满，需要将新消息放置到新的 listpack 中，所以这里将 listpack 指针设置为空。

【5】当 listpack 为空时，需要创建一个新的 listpack，并生成“主条目”。最后给 flags 属性添加 STREAM_ITEM_FLAG_SAMEFIELDS 标志，代表当前插入消息属性与主条目一致（本来就是使用该消息属性生成的“主条目”）。

【6】如果 listpack 不为空，则新消息可以添加到当前 listpack 中，执行如下准备操作：

（1）获取 master_id，master_id 即 Rax 中指向当前 listpack 的键，该键是当前 listpack 中最小的消息 ID。

（2）将“主条目”中的 count 属性加一，代表新增了一个消息。

（3）将插入消息的所有属性与“主条目”的属性进行对比，如果属性完全相等，则给 flags 属性添加 STREAM_ITEM_FLAG_SAMEFIELDS 标志。

```
int streamAppendItem(stream *s, robj **argv, int64*_t numfields, streamID *added_id,
streamID *use_id) {
    ...
    // [7]
    lp = lpAppendInteger(lp,flags);
    lp = lpAppendInteger(lp,id.ms - master_id.ms);
    lp = lpAppendInteger(lp,id.seq - master_id.seq);
    if (!(flags & STREAM_ITEM_FLAG_SAMEFIELDS))
        lp = lpAppendInteger(lp,numfields);
    for (int64_t i = 0; i < numfields; i++) {
        sds field = argv[i*2]->ptr, value = argv[i*2+1]->ptr;
        if (!(flags & STREAM_ITEM_FLAG_SAMEFIELDS))
            lp = lpAppend(lp,(unsigned char*)field,sdslen(field));
        lp = lpAppend(lp,(unsigned char*)value,sdslen(value));
    }

    // [8]
    int64_t lp_count = numfields;
    lp_count += 3;
    if (!(flags & STREAM_ITEM_FLAG_SAMEFIELDS)) {
        lp_count += numfields+1;
    }
    lp = lpAppendInteger(lp,lp_count);

    // [9]
    if (ri.data != lp)
        raxInsert(s->rax,(unsigned char*)&rax_key,sizeof(rax_key),lp,NULL);
    s->length++;
    s->last_id = id;
    if (added_id) *added_id = id;
    return C_OK;
}
```

【7】将信息内容写到 listpack 中，如果消息属性与“主条目”不一致，则消息格式如表 20-4 所示。

表 20-4

flags	entry-id	num-fields	field-1	value-1	...	field-N	value-N	lp-count

如果消息属性与“主条目”一致，则消息格式如表 20-5 所示。

表 20-5

flags	entry-id	value-1	...	value-N	lp-count

这里对 entry-id（消息 ID）也做了优化，只记录插入消息 ID 中的时间戳、序号与 master_id 的差值，进一步节省了内存，并且使用两个 listpack 元素存储 entry-id 属性：ms-diff、seq-diff。

最后一个属性 lp-count 记录了存储该消息内容使用了多少个 listpack 元素，用于反向遍历 listpack 时读取消息内容。

【8】计算 lp_count，如果消息属性与“主条目”一致，则 lp_count 为 numfields+3（消息值列表、flags、ms-diff、seq-diff 属性），如果消息属性与“主条目”不一致，则 lp_count 还需要加上 numfields+1（消息属性列表、num-fields 属性）。

【9】lpAppend、lpAppendInteger 等函数为 listpack 插入一个新元素，并返回 listpack 的最新指针（插入元素需要申请内存，可能导致 listpack 指针变更）。执行到这里，lp 为 lipstick 的最新指针。如果 lp 与原来的 Rax 值不一致（listpack 指针已变更），则调用 raxInsert 函数将消息 ID、lipstick 的最新指针插入 Rax 中。

3. 读取消息

XREAD 和 XREADGROUP 都是由 xreadCommand 函数处理的。

xreadCommand 函数主要解析命令参数，并且查询 stream（消息流）、streamID（命令中的消息 ID）、streamCG（消费组）、streamConsumer（消费者）等信息，最后调用 streamReplyWithRange 函数读取消息：

```
size_t streamReplyWithRange(client *c, stream *s, streamID *start, streamID *end,
size_t count, int rev, streamCG *group, streamConsumer *consumer, int flags,
streamPropInfo *spi) {
    ...

    // [1]
    if (group && (flags & STREAM_RWR_HISTORY)) {
        return streamReplyWithRangeFromConsumerPEL(c,s,start,end,count,consumer);
```

```
}

if (!(flags & STREAM_RWR_RAWENTRIES))
    arraylen_ptr = addReplyDeferredLen(c);
// [2]
streamIteratorStart(&si,s,start,end,rev);
// [3]
while(streamIteratorGetID(&si,&id,&numfields)) {
    // [4]
    if (group && streamCompareID(&id,&group->last_id) > 0) {
        group->last_id = id;
        if (noack) propagate_last_id = 1;
    }

    // [5]
    addReplyArrayLen(c,2);
    addReplyStreamID(c,&id);

    while(numfields--) {
        unsigned char *key, *value;
        int64_t key_len, value_len;
        streamIteratorGetField(&si,&key,&value,&key_len,&value_len);
        addReplyBulkCBuffer(c,key,key_len);
        addReplyBulkCBuffer(c,value,value_len);
    }

    // [6]
    if (group && !noack) {
        unsigned char buf[sizeof(streamID)];
        streamEncodeID(buf,&id);

        streamNACK *nack = streamCreateNACK(consumer);
        int group_inserted =
            raxTryInsert(group->pel,buf,sizeof(buf),nack,NULL);
        int consumer_inserted =
            raxTryInsert(consumer->pel,buf,sizeof(buf),nack,NULL);
        ...

    }
```

```
        // [7]
        arraylen++;
        if (count && count == arraylen) break;
    }
    // [8]
    if (spi && propagate_last_id)
        streamPropagateGroupID(c,spi->keyname,group,spi->groupname);

    streamIteratorStop(&si);
    if (arraylen_ptr) setDeferredArrayLen(c,arraylen_ptr,arraylen);
    return arraylen;
}
```

参数说明：

- start、end：读取消息范围的开始 ID，结束 ID。
- count：读取消息数量等于该参数时，停止读取。
- group、consumer：消费组、消费者

【1】flags 参数存在 STREAM_RWR_HISTORY 标志，代表在 XREADGROUP 命令中使用具体的消息 ID，这时只能调用 streamReplyWithRangeFromConsumerPEL 函数从 streamCG.pel 中读取待确认消息。

【2】streamIteratorStart 函数创建一个 Stream 迭代器 si，创建成功后，si.start_key、si.end_key 分别为读取消息范围的开始 ID，结束 ID，si.ri 为 Rax 迭代器，并且 si.ri 定位到第一个小于或等于 si.start_key 的键。

【3】调用 streamIteratorGetID 函数，获取 si 迭代器当前位置的消息 ID（这里会跳过小于 si.start_key 的消息 ID）。如果当前消息 ID 已经大于 si.end_key，则函数返回 0，不再继续读取消息，否则函数返回 1，这时 id 参数存储消息 ID，numfields 参数存储消息属性数量，si.lp 指向对应的 listpack，并且 si 迭代器指向该消息的第一个属性。

【4】更新消费组的 last_delivered_id。

【5】将消息 ID 以及该消息所有的属性写入客户端回复缓冲区。

streamIteratorGetField 函数可以从 listpack 读取 si 迭代器当前位置的消息属性，读取成功后迭代器会指向下一个属性，并且 key、value、key_len、value_len 参数分别存储键内容、键内容长度、值内容、值内容长度。如果当前消息的所有属性已经全部读取过，则迭代器会指向下一个消息（如果当前 listpack 已经读取完成，则指向 Rax 下一个键的 listpack 第一个消息），从而

遍历 si 迭代器中的消息。

结合例子进行说明，例如在图 20-15 中查询从“1620000000001-1”到“1620000000022-1”范围的消息，则第 2 步中 si.ri 指向 1620000000001-0 对应的 listpack，第 3 步开始遍历 listpack（跳过消息“1620000000001-0”，并依次获取消息“1620000000001-1”～“1620000000022-1”的 ID），最后第 5 步获取消息的属性，并写入到客户端回复缓冲区。

【6】创建对应的 streamNACK 并添加到 streamCG.pel、consumer.pel 中，这里还需要将 streamNACK 转换为写命令，并传播到 AOF 和从节点。

【7】如果存在 count 参数，并且读取消息数量等于该参数，不再继续读取。

【8】使用最新的消费组 last_delivered_id 生成写命令并传播到 AOF 和从节点。

20.2.4 Stream 持久化与复制

下面看一下消息流如何实现持久化与复制。

对于 AOF 机制与从节点复制，直接传播命令给 AOF 和从节点就可以了。命令传播机制已经分析过了，这里不再复述。需要注意的是，在读取消息时，如果生成了 streamNACK 或者修改了消费组 last_delivered_id，那么也需要生成对应的写命令进行传播。

下面看一下消息流内容如何保存到 RDB 中。消息流的保存同样在 rdbSaveObject 函数中实现。每个消息流需保存以下内容：

【1】保存 stream.rax。遍历 Rax，保存 Rax 键及键指向的 listpack，listpack 以字符数组格式直接保存。

【2】保存 stream.last_id。

【3】保存消费组内容 stream.cgroups。遍历 Rax，保存以下内容：

- 保存消费组的名称（Rax 键），然后保存 Rax 键指向的 streamCG，每个 streamCG 保存以下内容：
    - 保存 streamCG.last_id，即 last_delivered_id。
    - 保存 streamCG.pel，遍历 Rax，保存 Rax 键（消息 ID）及键指向的 streamNACK 结构的 delivery_time、delivery_count 属性，不需要保存 streamNACK.consumer 内容。
    - 保存 streamCG.consumers，遍历 Rax，保存 Rax 键（消费者名称）及键指向的 streamConsumer 结构的 seen_time、pel 属性，streamConsumer.pel 同样只保存 streamNACK.delivery_time、streamNACK.delivery_count 属性。

总结：

- listpack 结构是对 ziplist 结构的优化，避免了 ziplist 中“级联更新”的问题。
- Rax 结构可以存放键值对，并对键内容进行压缩。
- Redis Stream 实现了消息队列，提供了消息持久化、消费组、ACK 确认等功能。

第 21 章 访问控制列表 ACL

Redis 6 之前不支持权限管理，所有连接的客户端（通过密码验证后）都可以对 Redis 中的数据进行任意操作，并使用所有高危命令，这样很可能误操作数据，甚至清空所有数据。

Redis 6 开始提供访问控制列表 ACL（Access Control List），并引入了用户的概念，通过管理用户可执行的命令和可访问的键，对用户权限进行细致的控制。

提示：本章的用户是指 Redis 为每个客户端关联的用户角色，其他章节说到用户通常指 Redis 使用者，请不要混淆这两个概念。

本章分析 Redis ACL 的应用和实现。

21.1 ACL 的应用示例

ACL LIST 命令可以查看服务器当前存在的用户：

```
> ACL LIST
1) "user default on nopass ~* +@all"
```

为了兼容了旧版本，Redis 6 提供了默认的用户“default”，该用户具有所有权限。

使用旧版本的 AUTH 命令认证“default”用户：

```
AUTH <password>
```

21.1.1 创建用户

Redis 的权限操作基本都可以通过 ACL SETUSER 命令执行。该命令可以使用指定的规则创建用户或修改现有用户的规则（用户规则指用户相关属性，如密码，可执行命令等）。

添加一个用户：

```
> ACL SETUSER binecy on >123456
OK
> ACL LIST
1) "user binecy on #8d969eef6ecad3c29a3a629280e686cf0c3f5d5a86aff3ca12020c923adc6c92 -@all"
```

- on：该参数代表启用该用户。
- >123456：该参数表示给用户添加密码 123456，格式为>[password]。

这时就可以使用该用户进行认证：

```
> AUTH binecy 123456
OK
```

这里的 AUTH 命令除了需要密码参数，还需要用户名参数。这时 binecy 还没有任何权限，不能执行任何命令。

使用<[passowrd]参数可以删除密码，下面的命令将 binecy 的用户密码修改为 abcd：

```
> ACL SETUSER binecy <123456 >abcd
OK
```

另外，使用#[hashedpassword]参数可以添加一个 Hash 密码，该 Hash 密码使用 SHA256 算法计算明文密码的 Hash 值，并转换为十六进制字符串。

```
> ACL SETUSER binecy on #8d969eef6ecad3c29a3a629280e686cf0c3f5d5a86aff3ca12020c923adc6c92
```

上面的命令同样为用户 binecy 添加了密码 123456。

21.1.2 可执行命令授权

Redis 对命令进行了分类，通过 ACL CAT 命令可以查看所有的命令分类：

```
> ACL CAT
```

```
1) "keyspace"
2) "read"
3) "write"
...
```

查看某个分类下的具体命令：

```
> ACL CAT read
1) "zlexcount"
2) "keys"
3) "hlen"
4) "zrangebyscore"
5) "type"
6) "scard"
7) "host:"
...
```

使用`+@<category>`参数可以授予用户执行指定分类内所有命令的权限（category 指命令分类，如 read、write）：

```
> ACL SETUSER binecy +@read
OK
```

`+@read`：对所有的查询命令授权。这时 binecy 用户可以执行所有的查询命令（实际上执行这些命令还是会被拒绝，因为该用户还没有访问键的权限）。

如果需要授予用户执行某个命令的权限，则可以使用`+<command>`、`+<command>|subcommand`参数。

例如，创建一个新用户 binecy2，并授权其可以执行 SCAN 命令：

```
> ACL SETUSER binecy2 on >123456
OK
> ACL SETUSER binecy2 +SCAN
OK
```

授权 binecy2 可以执行 `CLIENT GETNAME` 子命令：

```
>  ACL SETUSER binecy2 +CLIENT|GETNAME
OK
```

使用+@all 参数授权用户 binecy2 可以执行所有命令：

```
> ACL SETUSER binecy2 +@all
OK
```

如果需要删除对某个命令或命令分类的权限，则可以使用-@<category>或-<command>参数删除权限：

```
> ACL SETUSER binecy2  -SCAN
OK
> ACL SETUSER binecy2  -@all
OK
```

21.1.3 可访问键授权

上一节的例子中 binecy 用户虽然被授权可执行查询命令，但还不能访问任何键，所以执行命令仍然返回无权限错误：

```
> AUTH binecy 123456
OK
> GET k1
(error) NOPERM this user has no permissions to access one of the keys used as arguments
```

下面给该用户授予访问键的权限。

使用~<pattern>参数，授权用户可以访问指定模式的键：

```
> ACL SETUSER binecy ~cached:*
```

~cached:*：授权该用户可以访问“cached:”开头的键。

~<pattern>参数支持使用通配符，通配符匹配规则示例如下：

- h?llo 匹配 hello、hallo、hxllo（?匹配一个字符）。
- h*llo 匹配 hllo、heeeello（*匹配 0 到多个字符）。
- h[ae]llo 匹配 hello、hallo，但不匹配 hillo。
- h[^e]llo 匹配 hallo、hbllo，…，但不匹配 hello。
- h[a-b]llo 匹配 hallo、hbllo。

现在 binecy 用户可以执行如下命令：

```
> GET cached:1
(nil)
```

注意：命令授权和键授权是独立的。

例如，执行下面两个命令：

```
> ACL SETUSER binecy ~cached:* +get
OK
> ACL SETUSER binecy ~user:* +set
OK
```

读者不要误以为这样会给“~cached：*”模式的键赋予 get 命令权限，给“user：*”模式的键赋予 set 命令权限。并非如此，实际上键模式与命令执行权限并没有对应关系，上面这两个命令给用户赋予访问“cached:*”、“user:*”两种模式的键的权限，并赋予执行 get、set 命令的权限。

使用~*参数可以授权用户访问所有的键：

```
> ACL SETUSER binecy ~*
OK
```

ACL SETUSER 还提供了以下特殊参数：

- allkeys：等于~*，授权用户访问所有键。
- allcommands：等于+@all，授权用户执行所有命令。
- nocommands：等于-@all，禁止用户执行所有命令。
- nopass：可以使用任意密码认证该用户。
- resetkeys：清空之前设置的所有键模式。
- reset：重置用户，删除密码，删除键和命令的所有权限。

21.1.4 Pub/Sub 频道授权

Redis 6.2 还增加了 Pub/Sub 频道的权限控制。

通过&<pattern>参数可以限制用户使用特定的频道：

```
> ACL SETUSER binecy3 on nopass +PUBLISH +SUBSCRIBE  resetchannels  &message:*
```

```
OK
```

该命令创建了 binecy3 用户，赋予 binecy3 用户执行 PUBLISH、SUBSCRIBE 命令的权限，并且发布/订阅命令都只能针对 message:*模式的频道：

```
> AUTH binecy3 1
OK
> SUBSCRIBE room:1
(error) NOPERM this user has no permissions to access one of the channels used as arguments
> SUBSCRIBE message:1
1) "subscribe"
2) "message:1"
3) (integer) 1
```

由于使用 nopass 参数创建了 binecy3 用户，所以可以使用任意密码认证该用户。

该实例需要在 Redis 6.2 及以上版本上操作。

注意： 创建 binecy3 用户的命令中使用了 resetchannels 参数。由于创建一个新用户时该用户就自带了使用所有频道的权限（保证该功能与之前 Redis 版本的表现一致），这时如果要限制该用户只能访问特定频道模式，则需要先使用 resetchannels 清除原来的频道权限。

同样，使用~*参数授予用户访问所有键的权限后，如果要限制用户只能访问特定的键模式，那么也要先使用 resetkeys 参数清除原来的键权限，如下例所示。

```
> ACL SETUSER binecy4 on nopass ~*
OK
> ACL SETUSER binecy4 ~hello:*
(error) ERR Error in ACL SETUSER modifier '~hello:*': ...
> ACL SETUSER binecy4 resetkeys ~hello:*
OK
```

用户规则也可以配置在配置文件中：

```
user binecy5 on >123456 +@read ~count:*
```

启动 Redis 服务器后，可以看到该用户消息：

```
> ACL LIST
1) "user binecy5 on #8d969eef6ecad3c29a3a629280e686cf0c3f5d5a86aff3ca12020c923adc6c92
~count:* -@all +@read"
```

可以将用户规则的配置分离到单独的文件中，并使用 aclfile 选项指定用户规则的配置文件：

```
aclfile /etc/redis/users.acl
```

21.2　ACL 的实现原理

提示：本章以下代码如无特殊说明，均位于 acl.c 中。

21.2.1　定义

server.h/user 结构体负责存储用户信息：

```
typedef struct {
    sds name;
    uint64_t flags;
    uint64_t allowed_commands[USER_COMMAND_BITS_COUNT/64];
    sds **allowed_subcommands;
    list *passwords;
    list *patterns;
} user;
```

- name：用户名。
- flags：用户标识，存在如下标志。
  - USER_FLAG_ALLKEYS：该用户可以访问所有键。使用~*参数给用户授权，会打开该用户标志。
  - USER_FLAG_ALLCOMMANDS：该用户可以执行所有的命令。使用`+@all`参数给用户授权，会打开该用户标志。
  - USER_FLAG_ENABLED/USER_FLAG_DISABLED：该用户是否启用/禁用。
  - USER_FLAG_NOPASS：该用户是否可以使用任意密码认证。
- allowed_commands：可执行命令的位图。USER_COMMAND_BITS_COUNT 变量为 1024，代表 Redis 命令最大的数量，`USER_COMMAND_BITS_COUNT/64` 中除以 64 是因为 uint64_t 类型有 64 个 bit 位，每个 bit 位可以代表一个命令是否授权。该位图中 bit 位的索引对应命令 id（redisCommand.id）。

- allowed_subcommands：二维数组，存储可执行的子命令。一维索引对应 redisCommand.id，如 CLIENT 命令的 redisCommand.id 为 160，给 `CLIENT GETNAME` 子命令授权后，则 `allowed_subcommands[160][0]="getname"`。
- passwords：密码列表。一个用户可以设置多个密码。
- patterns：可访问的键模式列表。

Redis 6 为 redisCommand 结构体添加了 id 属性，用于实现 ACL 功能。当给某一个命令授权时，需要将该命令在 allowed_commands 位图中对应的 bit 位设置为 1。当给某一个命令分类授权时，需要将该分类下所有命令在 allowed_commands 位图中对应的 bit 位设置为 1。

acl.c 定义了 Rax 类型的全局变量 Users，负责存储所有的用户信息，Rax 键为用户名，Rax 值指向 user 变量。client.user 属性也指向 user 变量，代表该客户端关联的用户。

21.2.2 初始化 ACL 环境

首先看一下命令中 id、分类信息是如何初始化的。

前面说过，Redis 启动时，会调用 populateCommandTable 函数加载 server.c/redisCommandTable 数据，将命令名和 redisCommand 添加到 server.commands、server.orig_commands 命令字典中（可回顾 initServerConfig 函数）。

populateCommandTable 函数会初始化命令信息：

（1）调用 populateCommandTableParseFlags 函数将 sflags 转为 flags 标志，Redis 通过 flags 标识将命令划分到不同的分类中。

（2）调用 ACLGetCommandID 函数为 redisCommand.id 赋值，这里会按 server.c/redisCommandTable 数组声明 redisCommand 的顺序定义 id。

server.c/redisCommandTable 数组内容的定义如下：

```
struct redisCommand redisCommandTable[] = {
    {"module",moduleCommand,-2,
     "admin no-script",
     0,NULL,0,0,0,0,0,0},

    {"get",getCommand,2,
     "read-only fast @string",
     0,NULL,1,1,1,0,0,0},
```

```
    {"set",setCommand,-3,
     "write use-memory @string",
     0,NULL,1,1,1,0,0,0},
    ...
}
```

处理结果如表 21-1 所示。

表 21-1

命令	id	sflags	flags
module	0	module, no-script	[CMD_ADMIN|CMD_CATEGORY_ADMIN|CMD_CATEGORY_DANGEROUS], [CMD_NOSCRIPT]
get	1	read-only, fast, @string	[CMD_READONLY|CMD_CATEGORY_READ], [CMD_FAST|CMD_CATEGORY_FAST], [CMD_CATEGORY_STRING]
set	2	write, use-memory	[CMD_WRITE|CMD_CATEGORY_WRITE], [CMD_DENYOOM]
…			

存在 CMD_CATEGORY_READ 标志的命令会被分到 read 分类中，存在 CMD_CATEGORY_WRITE 标志的命令会被分到 write 分类中。读者可以从 acl.c/ACLCommandCategories 数组中找到所有分类与命令标志的关系。

sflags 有以下常用的值：

- write：写命令。
- read-only：只读命令。
- use-memory：可能需要申请内存空间的命令。
- admin：后台管理命令，如 SAVE、SHUTDOWN。
- pub-sub：Pub/Sub 相关命令。
- no-script：不允许在 Lua 脚本中执行的命令。
- random：返回不确定数（如当前时间戳）的命令。
- no-auth：不需要认证的命令。

其他标志不一一介绍，读者可自行阅读 server.c/populateCommandTableParseFlags 函数。

下面看一下如何初始化 ACL 环境。

Redis 启动时会调用 ACLInit 函数（main 函数触发）初始化 ACL 的执行环境：

```
void ACLInit(void) {
    Users = raxNew();
    UsersToLoad = listCreate();
    ACLLog = listCreate();
    ACLInitDefaultUser();
    server.requirepass = NULL;
}
```

主要是初始化 Users、UsersToLoad 等变量，并调用 ACLInitDefaultUser 创建 default 用户。

config.c 负责解析配置，当读取到（以 user 开头的）用户规则配置时，会调用 ACLAppendUserForLoading 函数将这些配置内容添加到 acl.c/UsersToLoad 中。最后在 ACLLoadUsersAtStartup 函数（由 main 函数触发）中解析 UsersToLoad 的内容。另外，如果 aclfile 配置项中指定了单独的用户规则的配置文件，那么 ACLLoadUsersAtStartup 函数也会读取并解析该文件。

ACLLoadUsersAtStartup 函数调用 ACLLoadConfiguredUsers 解析用户规则配置：

```
int ACLLoadConfiguredUsers(void) {
    listIter li;
    listNode *ln;
    // [1]
    listRewind(UsersToLoad,&li);
    while ((ln = listNext(&li)) != NULL) {
        sds *aclrules = listNodeValue(ln);
        sds username = aclrules[0];

        ...
        // [2]
        user *u = ACLCreateUser(username,sdslen(username));
        ...

        // [3]
        for (int j = 1; aclrules[j]; j++) {
            if (ACLSetUser(u,aclrules[j],sdslen(aclrules[j])) != C_OK) {
                ...
                return C_ERR;
```

```
            }
        }

        ...
    }
    return C_OK;
}
```

【1】遍历并处理所有用户规则配置。

【2】调用 ACLCreateUser 函数创建用户。

【3】针对该用户所有的规则配置，调用 ACLSetUser 函数进行处理。

21.2.3　用户规则设置

ACL 命令由 aclCommand 函数处理：

```
void aclCommand(client *c) {
    char *sub = c->argv[1]->ptr;
    // [1]
    if (!strcasecmp(sub,"setuser") && c->argc >= 3) {
        sds username = c->argv[2]->ptr;
        ...

        // [2]
        user *tempu = ACLCreateUnlinkedUser();
        user *u = ACLGetUserByName(username,sdslen(username));
        if (u) ACLCopyUser(tempu, u);
        // [3]
        for (int j = 3; j < c->argc; j++) {
            if (ACLSetUser(tempu,c->argv[j]->ptr,sdslen(c->argv[j]->ptr)) != C_OK) {
                char *errmsg = ACLSetUserStringError();
                addReplyErrorFormat(c,
                    "Error in ACL SETUSER modifier '%s': %s",
                    (char*)c->argv[j]->ptr, errmsg);

                ACLFreeUser(tempu);
                return;
```

```
            }
        }

        // [4]
        if (!u) u = ACLCreateUser(username,sdslen(username));
        serverAssert(u != NULL);
        ACLCopyUser(u, tempu);
        ACLFreeUser(tempu);
        addReply(c,shared.ok);
    }
    ...
}
```

【1】处理 ACL SETUSER 子命令，本章只关注该子命令的处理逻辑。

【2】创建一个临时用户（或者从已存在的用户上复制一个临时用户），用于执行 ACL SETUSER 子命令设置的所有规则。如果所有规则都执行成功，那么再应用到真实用户上，避免 SETUSER 子命令中只有一部分规则应用成功。

【3】调用 ACLSetUser 函数，应用 ACL SETUSER 子命令的所有规则，如果某个规则处理失败，则退出函数。

【4】将临时用户信息复制到真实用户信息上。如果用户不存在，则创建一个用户。

可以看到，Redis 只会应用 ACL SETUSER 子命令中给出的规则，并不会重置或清除用户原来的规则，所以可以对一个用户重复调用 ACL SETUSER 命令，增量修改该用户的规则。

ACLSetUser 函数负责处理 ACL SETUSER 子命令的某个具体规则：

```
int ACLSetUser(user *u, const char *op, ssize_t oplen) {
    if (oplen == -1) oplen = strlen(op);
    if (oplen == 0) return C_OK;
    if (!strcasecmp(op,"on")) {
        u->flags |= USER_FLAG_ENABLED;
        u->flags &= ~USER_FLAG_DISABLED;
    } else if (!strcasecmp(op,"off")) {
        u->flags |= USER_FLAG_DISABLED;
        u->flags &= ~USER_FLAG_ENABLED;
    } else if (!strcasecmp(op,"allkeys") ||
               !strcasecmp(op,"~*"))
    {
```

```
        u->flags |= USER_FLAG_ALLKEYS;
        listEmpty(u->patterns);
    } else if (!strcasecmp(op,"resetkeys")) {
        u->flags &= ~USER_FLAG_ALLKEYS;
        listEmpty(u->patterns);
    }
    ...
    return C_OK;
}
```

该函数的处理比较简单，针对 ACL SETUSER 不同的参数进行处理，这里就不一一展开，读者可自行阅读代码。

21.2.4　用户认证

authCommand 函数负责处理 AUTH 命令，调用 ACLAuthenticateUser 函数检验用户信息：

```
int ACLAuthenticateUser(client *c, robj *username, robj *password) {
    // 【1】
    if (ACLCheckUserCredentials(username,password) == C_OK) {
        // 【2】
        c->authenticated = 1;
        c->user = ACLGetUserByName(username->ptr,sdslen(username->ptr));
        moduleNotifyUserChanged(c);
        return C_OK;
    } else {
        // 【3】
        return C_ERR;
    }
}
```

【1】调用 ACLCheckUserCredentials 函数，执行以下操作

（1）检查用户是否存在、是否启用，如果用户不存在或者用户未启用，返回 C_ERR。

（2）检查用户是否存在 USER_FLAG_NOPASS 标志，存在则返回 C_OK。

（3）检查用户密码列表，如果某个密码匹配成功，则返回 C_OK，否则返回 C_ERR。

【2】认证成功，将用户 user 实例赋值给 client.user。

【3】认证失败，返回错误。

21.2.5 用户权限检查

processCommand 函数执行命令之前，会调用 ACLCheckCommandPerm 函数检查用户权限，如果客户端关联的用户没有执行命令或访问命令键的权限，将拒绝命令并返回错误信息：

```
int ACLCheckCommandPerm(client *c, int *keyidxptr) {
    user *u = c->user;
    uint64_t id = c->cmd->id;
    ...
    // [1]
    if (!(u->flags & USER_FLAG_ALLCOMMANDS) &&
        c->cmd->proc != authCommand)
    {
        // [2]
        if (ACLGetUserCommandBit(u,id) == 0) {
            ...

            // [3]
            long subid = 0;
            while (1) {
                if (u->allowed_subcommands[id][subid] == NULL)
                    return ACL_DENIED_CMD;
                if (!strcasecmp(c->argv[1]->ptr,
                                u->allowed_subcommands[id][subid]))
                    break;
                subid++;
            }
        }
    }

    // [4]
    if (!(c->user->flags & USER_FLAG_ALLKEYS) &&
        (c->cmd->getkeys_proc || c->cmd->firstkey))
    {
```

```
        getKeysResult result = GETKEYS_RESULT_INIT;
        int numkeys = getKeysFromCommand(c->cmd,c->argv,c->argc,&result);
        int *keyidx = result.keys;
        // [5]
        for (int j = 0; j < numkeys; j++) {
            listIter li;
            listNode *ln;
            listRewind(u->patterns,&li);

            int match = 0;
            // [6]
            while((ln = listNext(&li))) {
                sds pattern = listNodeValue(ln);
                size_t plen = sdslen(pattern);
                int idx = keyidx[j];
                if (stringmatchlen(pattern,plen,c->argv[idx]->ptr,
                                  sdslen(c->argv[idx]->ptr),0))
                {
                    match = 1;
                    break;
                }
            }
            if (!match) {
                if (keyidxptr) *keyidxptr = keyidx[j];
                getKeysFreeResult(&result);
                return ACL_DENIED_KEY;
            }
        }
        getKeysFreeResult(&result);
    }
    // [7]
    return ACL_OK;
}
```

【1】USER_FLAG_ALLCOMMANDS 标志代表该用户可以执行所有命令，如果用户打开了该标志，则不需要检查用户是否有执行命令的权限。

【2】调用 ACLGetUserCommandBit 函数检查用户是否有执行该命令的权限。如果命令 id 在 user.allowed_commands 位图中对应的 bit 位为 1，则代表具有执行该命令的权限。例如，CLIENT 命令的 redisCommand.id 为 160，由于 160/64=2，160%64=32，所以只需检查 `allowed_commands[2] &(1<<32)` 是否等于 1 即可。

【3】如果客户端发送的是子命令，那么就检查用户是否有执行该子命令的权限。遍历 user.allowed_subcommands[redisCommand.id]，如果找到子命令名，则允许执行子命令。

如果用户拥有执行某个命令的权限（该命令在 user.allowed_commands 位图中对应的 bit 位为 1），则不需要执行该检查，这时用户拥有执行该命令下所有子命令的权限。

【4】USER_FLAG_ALLKEYS 标志代表该用户可以访问所有键，如果用户打开了该标志，则不需要检查用户是否拥有访问键的权限。

【5】遍历该命令访问的全部键，检查用户是否拥有访问权限。

【6】遍历 user.patterns 中所有的键模式，调用 stringmatchlen 函数检查键是否匹配其中某个键模式。

【7】权限检查通过，返回验证通过标志 ACL_OK。

总结：

- Redis ACL 提供了细致的用户权限控制机制，可以根据命令分类、命令、子命令、键等维度对用户权限进行控制。
- Redis 使用 redisCommand.flags 标志对命令进行分类，使用位图记录命令授权信息，使用列表记录用户授权键模式。
- Redis 使用 Rax 管理所有的用户。

第 22 章 Redis Tracking

Redis 由于速度快、性能高，常常作为 MySQL 等传统数据库的缓存数据库。另外，由于 Redis 是远程服务，查询 Redis 需要通过网络请求，在高并发查询情景中难免造成性能损耗。所以，高并发应用通常引入本地缓存，在查询 Redis 前先检查本地缓存是否存在数据。

假如使用 MySQL 存储数据，那么数据查询流程如图 22-1 所示。

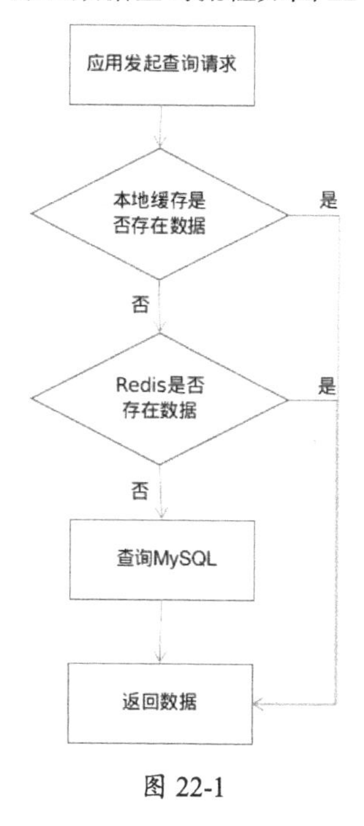

图 22-1

引入多端缓存后，修改数据时，各数据缓存端如何保证数据一致是一个难题。通常的做法是修改 MySQL 数据时，需要删除 Redis 缓存、本地缓存。当应用发现缓存不存在时，会重新查询 MySQL 数据，并设置 Redis 缓存、本地缓存。

在分布式系统中，某个节点修改数据后不仅要删除当前节点的本地缓存，还需要发送请求给集群中的其他节点，要求它们删除该数据的本地缓存，如图 22-2 所示。如果分布式系统中节点很多，那么该操作会造成不少性能损耗。

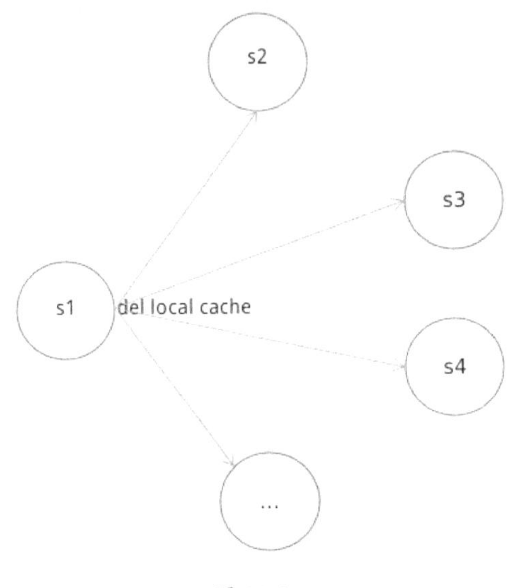

图 22-2

为此，Redis 提供了 Redis Tracking 机制，对该缓存方案进行了优化。开启 Redis Tracking 后，Redis 服务器会记录客户端查询的所有键，并在这些键发生变更后，发送失效消息通知客户端这些键已变更，这时客户端需要将这些键的本地缓存删除。基于 Redis Tracking 机制，某个节点修改数据后，不需要再在集群广播“删除本地缓存”的请求，从而降低了系统复杂度，并提高了性能。

本章讨论 Redis Tracking 机制的应用与实现。

Redis Tracking 机制在很多资料中被称为“Redis 客户端缓存”，但笔者认为使用 Redis Tracking 的说法更贴合 Redis 服务器行为，所以本书也使用该说法。

22.1 Redis Tracking 的应用示例

下面介绍 Redis Tracking 机制的使用。

22.1.1 基本应用

表 22-1 展示了 Redis Tracking 机制的简单使用示例。

表 22-1

client1	client2
> HELLO 3 1# "server" => "redis" 2# "version" => "6.2.1" 3# "proto" => (integer) 3 4# "id" => (integer) 3 ... > CLIENT TRACKING on OK > get score (nil)	
	> set score 1 OK
> PING -> invalidate: 'score' PONG	

下面分析表 22-1 中使用的命令。

（1）为了支持 Redis 服务器推送消息，Redis 在 RESP2 协议上进行了扩展，实现了 RESP3 协议。HELLO 3 命令要求客户端与 Redis 服务器之间使用 RESP3 协议通信。

注意：Redis 6.0 提供了 Redis Tracking 机制，但该版本的 redis-cli 并不支持 RESP3 协议，所以这里使用 Redis 6.2 版本的 redis-cli 进行演示，请读者在执行上述命令时注意使用合适版本的 redis-cli。

（2）CLIENT TRACKING on 命令的作用是开启 Redis Tracking 机制，此后 Redis 服务器会记录客户端查询的键，并在这些键变更后推送失效消息通知客户端(失效消息以失效标志“invalidate”开头，后面是一个失效键数组)。

表 22-1 中的客户端 client1 查询了键 score 后，客户端 client2 修改了该键，这时 Redis 服务器会马上推送失效消息给客户端 client1，但 redis-cli 不会直接展示它收到的推送消息，而是在下一个请求返回后再展示该消息，所以表 22-1 中重新发送了一个 PING 请求。

使用 telnet 可以更直观看到“键变更后服务器马上推送失效消息”的效果，如表 22-2 所示。

表 22-2

client1	client2
$ telnet 127.0.0.1 6379 hello 3 ... CLIENT TRACKING on +OK get score $1 2	
	> set score 3
>2 $10 invalidate *1 $5 score	

Redis 要求客户端实现本地缓存功能，客户端应该在开启 Redis Tracking 机制后将应用查询的键缓存在本地，并且在收到 Redis 服务器推送的失效消息后删除失效键的本地缓存。

redis-cli 并没有实现本地缓存，所以我们只能看到失效消息。

而一些更强大的客户端（如 Java 客户端 Lettuce）已实现本地缓存功能，使用这些客户端，在开启 Redis Tracking 机制后，查询相同的键将不需要再发送查询命令到 Redis 服务器，而是直接使用客户端的本地缓存。

这也是 Redis Tracking 机制被称为“客户端缓存”的主要原因。

22.1.2 广播模式

Redis Tracking 还提供了多种使用模式，以便用户更好地使用该机制。

广播模式：使用 BCAST 参数开启广播模式，广播模式通常结合 PREFIX 参数使用，PREFIX 参数代表客户端只关注指定前缀的键。

在广播模式下，当变更的键以客户端关注的前缀开头时，Redis 服务器会给所有关注了该前缀的客户端发送失效消息，不管客户端之前是否查询过这些键（所以广播模式下不需要记录客户端查询过的键）。

在非广播模式下，Redis 服务器会记录客户端查询过的所有键，并且在这些键变更时，发送失效消息给查询过这些键的客户端，而不会给没有查询过这些键的客户端发送失效消息。

表 22-2 已经展示了非广播模式的示例，表 22-3 展示了广播模式的使用示例。

表 22-3

client1	client2
> CLIENT TRACKING on BCAST PREFIX cached OK	
	> set cached:1 1 OK
> PING -> invalidate: 'cached:1' PONG	

可以看到，client1 只是关注了 cached 前缀，并没有查询 cached:1，但 client2 变更了 cached:1 的键，服务器也会发送失效消息给 client1。

22.1.3 OPTIN、OPTOUT、NOLOOP

OPTIN 和 OPTOUT 只能用于非广播模式。

OPTIN 模式：使用 OPTIN 模式后，只有在客户端发送 CLIENT CACHING yes 命令后，下一条查询命令的键才被服务器记录，其他查询命令的键不会被记录。

```
> CLIENT TRACKING on OPTIN
```

OPTOUT 模式：OPTOUT 模式与 OPTIN 相反。客户端发送 CLIENT CACHING no 命令后，下一条查询命令的键不会被服务器记录，而其他查询命令的键都会被记录。

```
> CLIENT TRACKING on OPTOUT
```

NOLOOP 模式：在 NOLOOP 模式下，当客户端变更了某个键后，服务器不会给该客户端发送失效消息。NOLOOP 模式可用于非广播模式与广播模式。

```
> CLIENT TRACKING on NOLOOP
OK
> get k1
(nil)
> set k1 1
```

```
OK
> PING
PONG
```

因为 `CLIENT TRACKING` 命令中使用了 NOLOOP 参数，所以当客户端自己修改了键 k1，该客户端并不会收到键 k1 的失效消息（即使客户端查询过键 k1）。

22.1.4 转发模式

为了使 Redis 6 之前的 RESP2 协议支持 Redis Tracking 机制（主要是接收推送消息），Redis 还提供了转发模式，在该模式下服务器将键失效消息发送到专门的频道`__redis__:invalidate`中，只要使用另外一个客户端订阅该频道，订阅频道的客户端就可以收到失效消息。

表 22-4 展示了转发模式的使用示例。

表 22-4

client1	client2	client3
> HELLO "id" (integer) 6 ... > SUBSCRIBE **redis**:invalidate... ...		
	> CLIENT TRACKING on REDIRECT 6 OK > get score "3"	
		> set score 5 OK
"message" "redis:invalidate" 3) 1) "score"		

在表 22-4 中，client2 在 `CLIENT TRACKING` 命令中使用 REDIRECT 选项要求 Redis 服务器转发失效消息到 id 为 6 的客户端 client1 中（HELLO 命令响应中的 id 属性即客户端 id）。

当 client3 变更了 client2 中缓存的键之后，Redis 服务器就推送失效消息到 client1 订阅的频道中。

22.2 Redis Tracking 的实现原理

22.2.1 RESP3 协议

Redis 服务器与客户端保持着长连接，服务器本可以直接推送数据给客户端，但使用 RESP2 协议客户端无法解析服务器主动推送的内容。所以 Redis 6 提供了 RESP3 协议，使客户端可以解析服务器主动推送的内容。

RESP3 协议在 RESP2 的基础上添加了如下类型：

- NULL：格式为“_\r\n”。
- Number 类型：格式为“:<number>\r\n”，如“:123456\r\n”。
- Double 类型：格式为“,<floating-point-number>\r\n”，如“,1.23456\r\n”。
- Boolean 类型：true、false 的格式分别为“#t\r\n”“#f\r\n”。
- Big number 类型：格式为“(<big number>\r\n”，如“(3492345336546464645645645646482502438234 7\r\n”。
- Blob error（多行错误）类型：格式为“!<length>\r\n<bytes>\r\n”，如“!21\r\nSYNTAX invalid syntax\r\n”。
- Verbatim string（带格式的多行字符串）类型：格式为“=<length>\r\n<格式标志>:<字符串内容>\r\n”，<格式标志>固定为 3 字符，如纯文本内容的标志为 txt，markdown 内容的标志为 mkd。当服务器返回 Verbatim string 时，客户端不需要做任何转义或过滤操作，直接展示内容给用户即可。

RESP3 协议还定义了如下集合类型：

- Map 类型：格式为“%<entry num>\r\n<k1>\r\n<v1>\r\n...”，如“%2\r\n+name\r\n+binecy\r\n+age\r\n:32\r\n”。
- Set：与数组类型相同，只是使用“~”作为第一个字符，格式为“~<element num>\r\n<element1>\r\n...<elementN>\r\n”。
- Attribute type：属性类型与 Map 类型完全一样，只是使用“|”作为第一个字符。属性类型用于一些特定的场景。
- Push type：与数组类型相同，只是使用“>”作为第一个字符，格式为“><element-num>\r\n<element1>\r\n...<elementN>\r\n”。

RESP3 协议还有两种流式类型：

（1）Stream Strings（流式字符串）类型：使用分块编码的方法传输不定长的字符串。当事先不知道字符串长度时可使用该类型，格式如下：

```
$?\r\n;<count>\r\n<data>\r\n...;0\r\n
```

开头的“`$?\r\n`”代表这是一个流式字符串，结尾的“`;0\r\n`”标志流式字符串类型结束。例如，在事先不知道字符串长度情况下传输“Hello world”字符串（为了展示更直观，示例中添加了额外的换行）：

```
$?\r\n
;4\r\n
Hell\r\n
;5\r\n
o wor\r\n
;1\r\n
d\r\n
;0\r\n
```

（2）Stream 集合（流式集合）类型：Stream 集合与 Stream Strings 类似，用于事先不知道集合元素数量时发送集合数据。RESP3 协议支持数组，以及 Set 和 Map 类型的流式集合。

流式数组的格式如下：

```
*?\r\n<element1>\r\n...<elementn>\r\n.\r\n
```

开头的“`*?\r\n`”代表这是一个流式数组，结尾的“`.\r\n`”标志流式数组结束。

其他类型的流式集合格式与流式数组基本一致，只是开头标志符不同。

例如，在不知道 Map 元素数量时发送如下 Map 内容（同样添加了额外的换行）：

```
%?\r\n
+a\r\n
:1\r\n
+b\r\n
:2\r\n
.\r\n
```

还有一种特殊的数据类型：

- hello 类型：hello 命令的返回结果，类似 Map 类型，仅在客户端和服务器建立连接的时候发送。

22.2.2 开启 Redis Tracking

提示：本章以下代码如无特殊说明，均位于 tracking.c 中。

client.flags 使用以下标志记录该客户端的 Redis Tracking 相关设置：

- CLIENT_TRACKING：该客户端开启了 Redis Tracking。
- CLIENT_TRACKING_BROKEN_REDIR：在转发模式下发现转发目标客户端无效则添加该标志。
- CLIENT_TRACKING_BCAST：该客户端开启了广播模式。
- CLIENT_TRACKING_NOLOOP：该客户端开启了 NOLOOP 模式。
- CLIENT_TRACKING_OPTIN、CLIENT_TRACKING_OPTOUT：该客户端开启了 OPTIN、OPTOUT 模式。
- CLIENT_TRACKING_CACHING：客户端调用了 `CLIENT CACHING yes/no` 命令，具体含义取决于 OPTIN、OPTOUT 模式。

tracking.c 中定义了 Rax 类型的全局变量 TrackingTable，用于非广播模式下记录了客户端查询过的 Redis 键，TrackingTable 值也是 Rax 变量，该 Rax 键存放了 client id，该 Rax 值为 NULL（这里 Rax 的作用类似于列表，使用 Rax 是为了压缩 client id 以节省内存，使用 client id 而非 client 指针同样是为了节省内存）。

TrackingTable 的结构如图 22-3 所示。

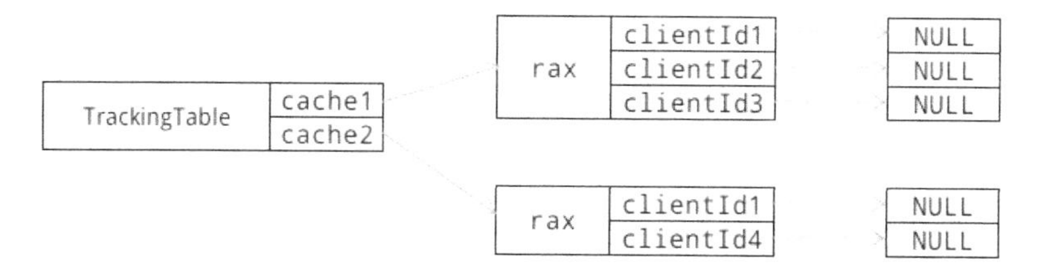

提示：图中只是直观展示Rax键值对关系，并没有画出Rax树结构，请不要混淆

client1、client2、client3查询过键cache1
client1、client4查询过键cache2

图 22-3

另外，tracking.c 中也定义了 Rax 类型的全局变量 PrefixTable，用于广播模式下记录被关注的前缀，值指向 bcastState 变量：

```
typedef struct bcastState {
```

```
    rax *keys;
    rax *clients;
} bcastState;
```

- keys：Rax 类型，键记录当前已变更的 Redis 键，值指向变更 Redis 键的客户端。
- clients：Rax 类型，键记录所有关注该前缀的客户端，值为 NULL。

PrefixTable 的结构如图 22-4 所示。

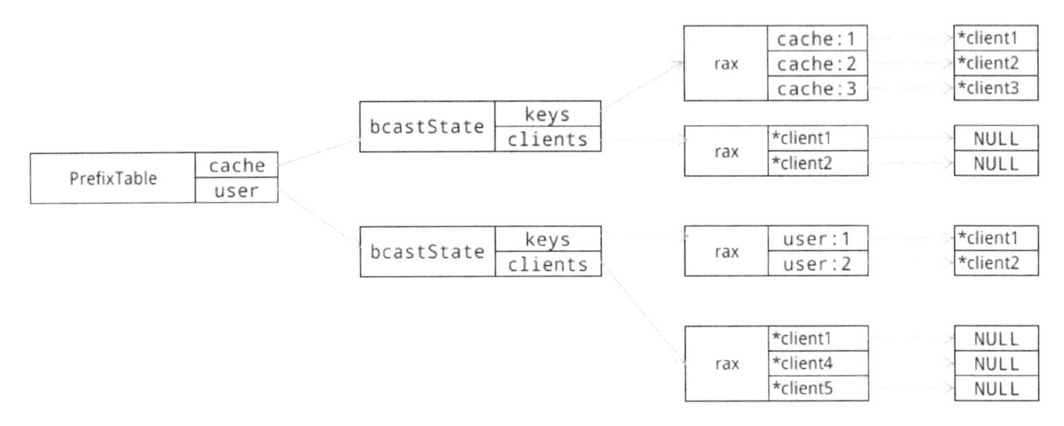

图 22-4

CLIENT 命令由 networking.c/clientCommand 函数处理，如果执行的是子命令 CLIENT TRACKING，并且第 3 个参数是 on，则调用 enableTracking 函数开启 Redis Tracking 机制：

```
void enableTracking(client *c, uint64_t redirect_to, uint64_t options,
robj **prefix, size_t numprefix) {
    if (!(c->flags & CLIENT_TRACKING)) server.tracking_clients++;
    // [1]
    c->flags |= CLIENT_TRACKING;
    c->flags &= ~(CLIENT_TRACKING_BROKEN_REDIR|CLIENT_TRACKING_BCAST|
                  CLIENT_TRACKING_OPTIN|CLIENT_TRACKING_OPTOUT|
                  CLIENT_TRACKING_NOLOOP);
    c->client_tracking_redirection = redirect_to;

    if (TrackingTable == NULL) {
```

```
        TrackingTable = raxNew();
        PrefixTable = raxNew();
        TrackingChannelName = createStringObject("__redis__:invalidate",20);
    }

    // [2]
    if (options & CLIENT_TRACKING_BCAST) {
        c->flags |= CLIENT_TRACKING_BCAST;
        if (numprefix == 0) enableBcastTrackingForPrefix(c,"",0);
        for (size_t j = 0; j < numprefix; j++) {
            sds sdsprefix = prefix[j]->ptr;
            enableBcastTrackingForPrefix(c,sdsprefix,sdslen(sdsprefix));
        }
    }

    // [3]
    c->flags |= options & (CLIENT_TRACKING_OPTIN|CLIENT_TRACKING_OPTOUT|
                          CLIENT_TRACKING_NOLOOP);
}
```

【1】客户端添加 CLIENT_TRACKING 标志，并清除其他 Tracking 相关标志。

如果 TrackingTable 为空，则初始化 TrackingTable、PrefixTable 等结构体。

【2】如果命令开启了广播模式，则将客户端关注的前缀添加到 PrefixTable 中。

注意：如果当前命令中没有设置前缀，则会添加一个空字符串作为前缀，这样任何键变更后，都会发送失效消息给当前客户端，可能会导致性能问题，所以在广播模式下通常使用 PREFIX 参数表示客户端仅关注指定前缀开头的键。

【3】使用命令选项设置当前客户端 Tracking 相关标志。

enableBcastTrackingForPrefix 函数负责添加客户端关注的前缀到 PrefixTable 中：

```
void enableBcastTrackingForPrefix(client *c, char *prefix, size_t plen) {
    // [1]
    bcastState *bs = raxFind(PrefixTable,(unsigned char*)prefix,plen);
    ...
    // [2]
    if (raxTryInsert(bs->clients,(unsigned char*)&c,sizeof(c),NULL,NULL)) {
        ...
```

```
    }
}
```

【1】从 PrefixTable 中查找该前缀对应的 bcastState，如果不存在，则创建 bcastState，并添加到 PrefixTable 中。

【2】将当前客户端添加到 bcastState.clients 中。

22.2.3 非广播模式下记录查询键

server.c/call 函数执行 Redis 命令后，如果执行的是查询命令并且客户端开启了 Redis Tracking 机制，则会记录命令中的键，以便这些键变更时通知客户端：

```
void call(client *c, int flags) {
    ...
    // [1]
    if (c->cmd->flags & CMD_READONLY) {
        client *caller = (c->flags & CLIENT_LUA && server.lua_caller) ?
                            server.lua_caller : c;
        if (caller->flags & CLIENT_TRACKING &&
            !(caller->flags & CLIENT_TRACKING_BCAST))
        {
            trackingRememberKeys(caller);
        }
    }
    ...
}
```

【1】如果执行的命令是只读命令（查询命令），并且客户端开启了 Redis Tracking 机制，Redis Tracking 使用的是非广播模式，则需要记录命令中的键。

注意： 广播模式下不需要记录客户端查询过的键。

trackingRememberKeys 函数负责记录查询命令中的键：

```
void trackingRememberKeys(client *c) {
    // [1]
    uint64_t optin = c->flags & CLIENT_TRACKING_OPTIN;
    uint64_t optout = c->flags & CLIENT_TRACKING_OPTOUT;
```

```
    uint64_t caching_given = c->flags & CLIENT_TRACKING_CACHING;
    if ((optin && !caching_given) || (optout && caching_given)) return;

    getKeysResult result = GETKEYS_RESULT_INIT;
    int numkeys = getKeysFromCommand(c->cmd,c->argv,c->argc,&result);
    ...

    int *keys = result.keys;
    // [2]
    for(int j = 0; j < numkeys; j++) {
        int idx = keys[j];
        sds sdskey = c->argv[idx]->ptr;
        // [3]
        rax *ids = raxFind(TrackingTable,(unsigned char*)sdskey,sdslen(sdskey));
        ...
        if (raxTryInsert(ids,(unsigned char*)&c->id,sizeof(c->id),NULL,NULL))
            TrackingTableTotalItems++;
    }
    getKeysFreeResult(&result);
}
```

【1】在 OPTIN 模式下客户端发送 `CLIENT CACHING yes` 命令后，客户端将打开 CLIENT_TRACKING_CACHING 标志。在 OPTOUT 模式下客户端发送 `CLIENT CACHING no` 命令后，客户端将打开 CLIENT_TRACKING_CACHING 标志。如果 OPTIN 模式下 CLIENT_TRACKING_CACHING 标志未打开或 OPTOUT 模式下 CLIENT_TRACKING_CACHING 标志被打开了，则不需要记录命令键。

【2】遍历命令中所有的键。

【3】从 TrackingTable 中查找该 Redis 键对应的客户端 Rax，如果没有则创建客户端 Rax 再插入 TrackingTable 中。最后将当前客户端 id 插入客户端 Rax 中。

22.2.4 非广播模式下发送失效消息

前面分析 WATCH 机制时说过，每次修改键后，都会调用函数 db.c/signalModifiedKey，标志 Redis 键已经变更。该函数会调用 trackingInvalidateKeyRaw 检查修改的键是否被缓存，如果是，则发送失效消息通知客户端。

```
void trackingInvalidateKeyRaw(client *c, char *key, size_t keylen, int bcast) {
    if (TrackingTable == NULL) return;
    // [1]
    if (bcast && raxSize(PrefixTable) > 0)
        trackingRememberKeyToBroadcast(c,key,keylen);
    // [2]
    rax *ids = raxFind(TrackingTable,(unsigned char*)key,keylen);
    if (ids == raxNotFound) return;

    // [3]
    raxIterator ri;
    raxStart(&ri,ids);
    raxSeek(&ri,"^",NULL,0);
    while(raxNext(&ri)) {
        uint64_t id;
        memcpy(&id,ri.key,sizeof(id));
        client *target = lookupClientByID(id);

        // [4]
        if (target == NULL ||
            !(target->flags & CLIENT_TRACKING)||
            target->flags & CLIENT_TRACKING_BCAST)
        {
            continue;
        }

        // [5]
        if (target->flags & CLIENT_TRACKING_NOLOOP &&
            target == c)
        {
            continue;
        }
        // [6]
        sendTrackingMessage(target,key,keylen,0);
    }
    raxStop(&ri);

    TrackingTableTotalItems -= raxSize(ids);
```

```
    raxFree(ids);
    // [7]
    raxRemove(TrackingTable,(unsigned char*)key,keylen,NULL);
}
```

参数说明：

- bcast：是否需要发送失效消息给广播模式下的客户端。

【1】调用 trackingRememberKeyToBroadcast 函数记录广播模式下待发送失效消息的键。后面由定时任务发送广播模式下的失效消息。

【2】从 TrackingTable 中找到 Redis 键对应的客户端 Rax。该 Rax 存放了所有查询过该 Redis 键的客户端。

【3】遍历上一步得到的客户端 Rax。

【4】如果某个客户端已经断开连接、关闭 Tracking 机制，或者开启了广播模式，则不发送失效消息（这里不给广播模式下的客户端发送失效消息，避免重复发送失效消息）。

【5】客户端开启了 NOLOOP 选项，并且该客户端就是变更 Redis 键的客户端，则不发送失效消息。

【6】给查询过该键的客户端发送失效消息。

【7】从 TrackingTable 中删除该变更键内容。

sendTrackingMessage 函数负责发送失效消息：

```
void sendTrackingMessage(client *c, char *keyname, size_t keylen, int proto) {
    int using_redirection = 0;
    // [1]
    if (c->client_tracking_redirection) {
        client *redir = lookupClientByID(c->client_tracking_redirection);
        if (!redir) {
            c->flags |= CLIENT_TRACKING_BROKEN_REDIR;

            ...
            return;
        }
        c = redir;
        using_redirection = 1;
    }
```

```
    // [2]
    if (c->resp > 2) {
        addReplyPushLen(c,2);
        addReplyBulkCBuffer(c,"invalidate",10);
    } else if (using_redirection && c->flags & CLIENT_PUBSUB) {
        // [3]
        addReplyPubsubMessage(c,TrackingChannelName,NULL);
    } else {
        return;
    }

    // [4]
    if (proto) {
        addReplyProto(c,keyname,keylen);
    } else {
        addReplyArrayLen(c,1);
        addReplyBulkCBuffer(c,keyname,keylen);
    }
}
```

【1】如果客户端开启转发模式，则查找转发客户端，将 c 指针指向转发客户端。如果转发客户端已不存在（如连接断开），则打开客户端 CLIENT_TRACKING_BROKEN_REDIR 标志，并返回错误信息，退出函数。

【2】如果使用的是 RESP3 协议，则写入 RESP3 协议格式的失效标志到客户端回复缓冲区。

【3】如果使用的是 RESP2 协议，并且转发客户端处于 Pub/Sub 上下文中（转发客户端正调用 SUBSCRIBE 命令等待消息），则写入频道消息格式的失效标志到客户端回复缓冲区。

【4】前面 2、3 步只是写入对应 RESP 协议的失效标志（如 RESP3 的失效标志`>2\r\n$10\r\ninvalidate`），这里写入失效键数组到客户端回复缓冲区。

22.2.5 广播模式下发送失效消息

前面说了，广播模式下不需要记录用户查询过的键，当某个 Redis 键变更后，trackingInvalidateKeyRaw 函数调用 trackingRememberKeyToBroadcast 函数记录广播模式下待发送失效消息的键：

```
void trackingRememberKeyToBroadcast(client *c, char *keyname, size_t keylen) {
    raxIterator ri;
```

```
    raxStart(&ri,PrefixTable);
    raxSeek(&ri,"^",NULL,0);
    // [1]
    while(raxNext(&ri)) {
        // [2]
        if (ri.key_len > keylen) continue;
        if (ri.key_len != 0 && memcmp(ri.key,keyname,ri.key_len) != 0)
            continue;
        bcastState *bs = ri.data;
        raxTryInsert(bs->keys,(unsigned char*)keyname,keylen,c,NULL);
    }
    raxStop(&ri);
}
```

【1】遍历 PrefixTable。

【2】检查变更的 Redis 键是否以某个客户端关注的前缀开头。如果是，则添加该键到对应的 bcastState 中。

trackingRememberKeyToBroadcast 函数只记录以关注前缀开头的 Redis 键，并没有发送失效信息。经过该步骤后，PrefixTable 的 bcastState.keys 中保存了待发送失效消息的键。

在广播模式下，服务器不会在键变更时立即发送失效消息，而是在 beforeSleep 函数中触发 trackingBroadcastInvalidationMessages 函数定时发送失效消息：

```
void trackingBroadcastInvalidationMessages(void) {
    ...
    raxStart(&ri,PrefixTable);
    raxSeek(&ri,"^",NULL,0);

    // [1]
    while(raxNext(&ri)) {
        bcastState *bs = ri.data;
        // [2]
        if (raxSize(bs->keys)) {
            sds proto = trackingBuildBroadcastReply(NULL,bs->keys);

            // [3]
            raxStart(&ri2,bs->clients);
            raxSeek(&ri2,"^",NULL,0);
```

```
            while(raxNext(&ri2)) {
                client *c;
                memcpy(&c,ri2.key,sizeof(c));
                if (c->flags & CLIENT_TRACKING_NOLOOP) {
                    sds adhoc = trackingBuildBroadcastReply(c,bs->keys);
                    if (adhoc) {
                        sendTrackingMessage(c,adhoc,sdslen(adhoc),1);
                        sdsfree(adhoc);
                    }
                } else {
                    sendTrackingMessage(c,proto,sdslen(proto),1);
                }
            }
            raxStop(&ri2);

            sdsfree(proto);
        }
        // [4]
        raxFree(bs->keys);
        bs->keys = raxNew();
    }
    raxStop(&ri);
}
```

【1】遍历 PrefixTable。

【2】如果某个 bcastState.keys 中存在已变更的键，则需要发送失效消息。

【3】遍历该 bcastState.clients 所有客户端，广播发送失效消息。

trackingBuildBroadcastReply 函数使用 bcastState.keys 中的键生成 RESP 协议的失效键数组，第一个参数为客户端，如果变更 Redis 键的客户端是第一个参数指定的客户端（前面说了，bcastState.keys 是 Rax 类型，Rax 值指向变更 Redis 键的客户端），则这些键不会添加到失效键数组中。如果接收失效消息的目标客户端开启了 NOLOOP 选项，则 trackingBuildBroadcastReply 函数的第一个参数需设置为目标客户端，过滤该客户端变更的 Redis 键。

【4】重置 bcastState.keys。

22.2.6 清除记录键

在非广播模式下，如果某些键在查询后长期不变更，则这些键会一直保存在 TrackingTable

中（这些键称为记录键），导致 TrackingTable 的内容不断增加，最后占用大量内存空间。所以 Redis 提供了主动清除记录键的机制，防止 TrackingTable 占用过多内存。

在广播模式下，PrefixTable 的 bcastState.keys 的内容是在键变更时添加的，在 beforeSleep 函数中定时清除，不需要额外的清理操作。

前面分析 Redis 命令的执行过程时说过，processCommand 函数执行 Redis 命令之前，会调用 trackingLimitUsedSlots 函数检查 TrackingTable 中记录键的数量。如果 TrackingTable 中记录键的数量超出 server.tracking_table_max_keys，则需要清除记录键。另外，在 serverCron 中也会定时调用 trackingLimitUsedSlots 函数清除 TrackingTable 中的记录键。

```
void trackingLimitUsedSlots(void) {
    // [1]
    static unsigned int timeout_counter = 0;
    if (TrackingTable == NULL) return;
    if (server.tracking_table_max_keys == 0) return;

    // [2]
    size_t max_keys = server.tracking_table_max_keys;
    if (raxSize(TrackingTable) <= max_keys) {
        timeout_counter = 0;
        return;
    }

    // [3]
    int effort = 100 * (timeout_counter+1);

    // [4]
    raxIterator ri;
    raxStart(&ri,TrackingTable);
    while(effort > 0) {
        effort--;
        raxSeek(&ri,"^",NULL,0);
        raxRandomWalk(&ri,0);
        if (raxEOF(&ri)) break;
        trackingInvalidateKeyRaw(NULL,(char*)ri.key,ri.key_len,0);
        if (raxSize(TrackingTable) <= max_keys) {
            timeout_counter = 0;
            raxStop(&ri);
            return;
```

```
        }
    }

    raxStop(&ri);
    // [5]
    timeout_counter++;
}
```

【1】如果 server.tracking_table_max_keys 为 0，则不主动清除记录键。该配置默认为 1000000。

【2】如果 TrackingTable 键的数量小于或等于 server.tracking_table_max_keys 配置，则不需要执行清除操作，只需要重置 timeout_counter 计数。

timeout_counter 是一个静态全局变量，用于计算每轮清除键的数量。

【3】使用 timeout_counter 计算清除键的数量 effort，作为本轮清除键的数量。

【4】开始执行本轮清除操作，调用 raxRandomWalk 函数获取随机的记录键，调用 trackingInvalidateKeyRaw 函数（前面已分析）删除记录键并发送失效消息。如果本轮清除操作未执行完成，TrackingTable 键的数量就已经小于或等于 server.tracking_table_max_keys 配置，那么重置 timeout_counter 并退出函数。另外，这里调用 trackingInvalidateKeyRaw 函数时的 bcast 参数为 0，代表不需要发送失效消息给广播模式下的客户端，因为这些被主动清除的键并没有变更。

【5】如果本轮清除操作执行结束，TrackingTable 键的数量仍大于 server.tracking_table_max_keys 配置，则 timeout_counter 计数加一。可以看到，如果某轮清除操作执行结束，TrackingTable 键的数量仍未达到要求，则下一轮清除的键的数量会增加。这样每轮清除的键的数量会不断增加，直到 TrackingTable 键的数量达到要求才重置计数器。

总结：

- Redis Tracking 机制会在 Redis 键变更时发送失效消息给客户端，客户端可以根据失效消息清除本地缓存。
- 在非广播模式下，Redis 服务器会记录所有客户端查询过的键，并在这些键变更时发送失效消息。
- 在广播模式下，当变更的键以客户端关注的前缀开头时，Redis 服务器会发送失效消息给所有关注了该前缀的客户端。
- Redis 服务器会主动清除非广播模式下记录的键，并发送这些键的失效消息给非广播模式下的客户端，避免这些键占用过多内存。

第23章 Lua脚本

Lua 是一个简洁、轻量的脚本语言，提供了简单易用的 API，可以轻易嵌入应用程序，从而为应用程序提供灵活的扩展和定制功能。

Redis 2.6 开始支持 Lua 脚本。在 Redis 中使用 Lua 脚本有以下好处：

（1）保证多个命令的原子操作。通过 Lua 脚本，客户端可以原子执行多个命令，保证这些命令的执行过程中不会执行脚本以外的其他命令。

（2）自定义逻辑。使用 Lua 脚本可以自定义逻辑，并且其他客户端也可以重复使用该脚本的逻辑。

（3）减少网络开销。客户端将多个命令通过脚本的形式一次发送给服务器，可以减少网络开销。

本章分析 Redis 中 Lua 脚本的使用及实现原理。

23.1 Lua脚本的应用示例

在 Redis 中通过 EVAL、EVALSHA、SCRIPT 等命令使用 Lua 脚本。

23.1.1 使用 EVAL 命令

通过 EVAL 命令执行一个 Lua 脚本，该命令的定义如下：

```
EVAL script numkeys key [key ...] arg [arg ...]
```

- script：Lua 脚本内容，Lua 的语法非常简单，如果读者未接触过 Lua 脚本，那么建议阅读本章前先自行学习 Lua 相关语法。
- numkeys 声明 key 参数数量，key 参数后面为 arg 参数。key 与 arg 数组的下标从 1 开始（Lua 脚本中数组的下标默认从 1 开始）。注意 key 与 arg 参数的区别：key 参数会作为 Redis 命令的键，而 arg 参数不会，Redis 命令的键用于 Cluster 计算槽位、ACL 键权限检查等场景。

SCRIPT LOAD 命令可以加载一个 Lua 脚本，并返回该脚本的 SHA1 校检值：

```
SCRIPT LOAD script
```

EVALSHA 命令可以使用 SHA1 校检值执行脚本：

```
EVALSHA sha1 numkeys key [key ...] arg [arg ...]
```

EVAL 命令要求客户端每次都发送完整的 Lua 脚本内容，这样不断重复发送脚本内容会浪费网络带宽资源。EVALSHA 命令的作用和 EVAL 命令一样，都可以执行脚本，但它只需要传递脚本 SHA1 校验值参数，避免客户端每次都发送 Lua 脚本内容，从而节省了网络带宽资源。

23.1.2 redis.call 函数

在 Lua 脚本中，可以使用 redis.call()和 redis.pcall()这两个函数执行 Redis 命令：

```
> EVAL "local n=redis.call('GET',KEYS[1]);n=n*2;redis.call('SET',KEYS[1],n);return
n;" 1 key
(integer) 2
```

redis.call()和 redis.pcall()的唯一区别在于它们对错误的处理逻辑不同。如果 redis.call()函数执行命令时发生错误，则触发 Lua 脚本错误，导致脚本停止执行，并将错误返回给客户端。如果 redis.pcall()函数执行命令时发生错误，则将错误作为命令返回值，脚本继续执行。

```
> sadd admin binecy
(integer) 1
> eval "return redis.call('get', 'admin');" 0
(error) ERR Error running script (call to f_8819c9f6c2d6ca513d9c46304bc649b07386ddcf): @user_script:1:
```

```
WRONGTYPE Operation against a key holding the wrong kind of value
> eval "return redis.pcall('get', 'admin');" 0
(error) WRONGTYPE Operation against a key holding the wrong kind of value
```

23.1.3 类型转换

当在 Lua 脚本中通过 redis.call()和 redis.pcall()函数执行 Redis 命令时，命令的返回值会被转换成 Lua 数据结构返回给 Lua 脚本。同样，Lua 脚本的最终返回值会被转化为 Redis 值，并以 RESP 协议格式返回给客户端。

Lua 脚本与 Redis 之间的数据类型转换遵循以下原则：如果将一个 Redis 值转换成 Lua 值，之后再将该 Lua 值转换回 Redis 值，那么最后得到的 Redis 值应该和最初的 Redis 值一样，即 Lua 类型和 Redis 类型之间存在一一对应的转换关系。这里涉及如下 Lua 数据类型：nil、boolean、number、table。Lua 脚本中的 table 类型比较特殊，既可以存储键值对，也可以存储数组（可以理解为键值对的键就是数组索引）。

Redis 类型与 Lua 类型的对应关系如下：

- Redis 整数回复↔Lua number。
- Redis 单行回复↔Lua string。
- Redis 多行回复↔Lua table（array）。
- Redis 状态回复↔带 ok 属性的 Lua table。
- Redis 错误回复↔带 field 属性的 Lua table。
- Redis Nil 回复↔带 field 属性的 Lua table。
- Redis 空回复↔Lua boolean false
- Redis 空数组回复↔空的 Lua table。

还有一个 Lua 到 Redis 的单向转换规则：Lua boolean true->Redis 整数回复，值为 1。

下面的命令展示了 Redis 类型与 Lua 类型的对应关系：

```
> eval "local t = redis.call('SCARD','set1'); return type(t);" 0
"number"——（Lua number）
> eval "local n = redis.call('SET','key1','val1');  return type(n)" 0
"table"——（带 ok 属性的 Lua table）
> eval "local n = redis.pcall('HGETALL','key1');  return type(n)" 0
"table"——（带 field 属性的 Lua table）
> eval "local n = redis.call('GET','key1');  return type(n)" 0
```

```
"string"—— (Lua string)
> eval "local n = redis.call('HGETALL','hash1');  return type(n)" 0
"table"—— (Lua table)
```

上例的 Redis 中存在键 key1、hash1，如果这两个键不存在，则最后两个命令的执行结果如下：

```
> eval "local n = redis.call('GET','key1');  return type(n)" 0
"boolean"—— (Lua boolean false)
> eval "local n = redis.call('HGETALL','hash1');  return type(n)" 0
"table"—— (空的 Lua table)
```

这里展示的是 RESP2 模式下的转换规则，在 RESP3 模式有更丰富的转换规则，更多信息请参阅官方文档。

23.1.4 使用 Lua 实现数据类型

下面通过 Lua 脚本实现一个带时间戳的集合类型，读者可以从中直观体会 Lua 脚本的使用方式：

```
local times=redis.call('TIME')

if ARGS[1] == 'add' then
   return redis.call('ZADD', KEYS[2], times[1], ARGS[2])
elseif ARGS[1] == 'load' then
   local fromTime = times[1] - tonumber(ARGS[2])
   return redis.call('ZRANGEBYSCORE', KEYS[2], fromTime,  "+inf");
elseif ARGS[1] == 'del' then
   local toTime = times[1] - tonumber(ARGS[2])
   return redis.call('ZREMRANGEBYSCORE', KEYS[2],  "-inf", toTime);
else
   return KEYS[1]
end
```

该 Lua 脚本定义了 3 个操作：

- add：添加元素到集合中。
- load：获取给定时间范围内的集合元素。
- del：淘汰给定时间范围外的集合元素。

使用 redis-cli 加载 Lua 脚本：

```
$ redis-cli SCRIPT LOAD "$(cat timeset.lua)"
"51eab773b3eee82d4170fb9163803094331c9bb6"
```

使用 SHA1 校检值执行 Lua 脚本：

```
> EVALSHA 51eab773b3eee82d4170fb9163803094331c9bb6 1 timeset add a
(integer) 1
> EVALSHA 51eab773b3eee82d4170fb9163803094331c9bb6 1 timeset add b
(integer) 1
> EVALSHA 51eab773b3eee82d4170fb9163803094331c9bb6 1 timeset add c
(integer) 1
> EVALSHA 51eab773b3eee82d4170fb9163803094331c9bb6 1 timeset load 60
1) "c"
> EVALSHA 51eab773b3eee82d4170fb9163803094331c9bb6 1 timeset del 60
(integer) 2
```

23.1.5 脚本超时

Redis 限制了 Lua 脚本执行的最长时间，如果 Lua 脚本执行时间超过该限制，那么 Redis 将进入 Lua 脚本超时状态。在该状态下，Redis 只处理 SCRIPT KILL 和 SHUTDOWN NOSAVE 两个命令，对于其他命令请求会返回 BUSY 错误。假如超时 Lua 脚本未执行过写操作，则 SCRIPT KILL 命令可以终止该脚本，将 Redis 转化为正常状态。假如超时 Lua 脚本已经执行了写操作，那么只能使用 SHUTDOWN NOSAVE 命令停止服务器并阻止当前数据集写入磁盘，这样可以防止不完整（half-written）的数据被写入数据库。Redis 官方也指出不要在 Lua 脚本中编写过于复杂的逻辑。

下面是一个脚本超时的简单示例，如表 23-1 所示。

表 23-1

client1	client2
> eval "local a=0; while(1) do a=a+1 end; return a;" 0	
	> get key (error) BUSY Redis is busy running a script. You can only call SCRIPT KILL or SHUTDOWN NOSAVE. (1.83s) > SCRIPT KILL OK

续表

client1	client2
(error) ERR Error running script (call to f_bc8c5612ce9b38da497bd19e7ece979c0dc6b37e): @user_script:1: Script killed by user with SCRIPT KILL... (7.88s)	
	> get key (nil)

可以看到，client1 客户端执行脚本超时后，client2 执行 Redis 命令会返回 BUSY 错误，这时 client2 客户端发送 SCRIPT KILL 命令终止脚本。

另外，Redis 还支持用户调试 Lua 脚本，本书不介绍该部分内容，感兴趣的读者可自行了解。

23.2 Lua 脚本的实现原理

下面分析 Redis 中 Lua 脚本的实现原理。

23.2.1 Lua 与 C 语言交互

Lua 提供了标准的 C 语言编写的虚拟机程序，操作系统安装该 Lua 虚拟机后，就可以编译、运行 Lua 脚本：

```
$ lua
> print("Hello World!")
Hello World!
```

Lua 也提供了 Lua 基本库，C 语言使用这些库可以构建 Lua 虚拟机环境，并在 C 语言环境中编译、执行 Lua 脚本。另外，C 语言与 Lua 脚本函数可以相互调用，它们通过 Lua 虚拟栈实现交互。C 语言将 Lua 函数的相关信息（函数名、参数等）压入 Lua 虚拟栈后，就可以调度 Lua 虚拟机执行虚拟栈中的函数，并将返回值压入虚拟栈。

下面通过一个简单示例展示如何在 C 语言中调用 Lua 函数：

```
#include <stdio.h>
#include <string.h>
#include "lua.h"
#include "lualib.h"
```

```
#include "luaxlib.h"

int luaadd(lua_State *L, int x, int y);

int main(int argc, char *argv[])
{
    // [1]
    lua_State *L = lua_open();
    luaL_openlibs(L);

    // [2]
    char *code = "function add(x,y) return x+y end";
    luaL_loadbuffer(L, code, strlen(code), NULL);
    lua_pcall(L, 0, 0, 0);

    int sum = luaadd(L, 99, 10);
    printf("The sum is %d\n", sum);
    lua_close(L);
    return 0;
}

int luaadd(lua_State *L, int x, int y)
{
    int sum;
    // [3]
    lua_getglobal(L, "add");
    lua_pushnumber(L, x);
    lua_pushnumber(L, y);
    // [4]
    lua_call(L, 2, 1);
    // [5]
    sum = (int)lua_tonumber(L, -1);
    lua_pop(L, 1);
    return sum;
}
```

【1】调用 lua_open 函数创建 Lua 状态机，调用 luaL_openlibs 函数加载所有 Lua 标准库。

【2】调用 luaL_loadbuffer 函数加载 Lua 脚本到 Lua 状态机中，再调用 `lua_pcall(L, 0, 0, 0)`函数预处理加载的脚本，将其编译为函数。这里在 Lua 状态机中创建了一个 add 函数。

【3】依次将以下内容添加到 Lua 虚拟栈中。

- 函数名：add。
- 函数参数：x、y。

【4】调用 lua_call 函数，该函数会调度 Lua 虚拟机，从 Lua 虚拟栈中取出函数名及参数，执行函数并将返回值压入虚拟栈。这里执行 Lua 脚本中的 add 函数。

【5】从 Lua 虚拟栈中取出函数返回值。

可以使用以下命令编译该示例程序。

```
gcc add.c -llua -lm
```

编译前需安装 Lua 虚拟机程序，笔者使用的是 Lua 5.1.5。

23.2.2 Redis 中的 Lua

上面的例子展示了 C 语言如何调用 Lua 函数，Redis 正是通过该方式支持 Lua 脚本的。下面分析 Redis 中 Lua 脚本的实现。

提示：本章代码如无特殊说明，均在 scripting.c 中。

server.lua_scripts 字典负责缓存 Lua 脚本，键为 Lua 脚本的 SHA1 校验值，值为 Lua 脚本内容。使用该缓存，Redis 可以避免每次都重新编译 Lua 脚本。

1. 初始化 Lua 脚本的执行环境

scriptingInit 函数（由 initServer 函数触发）负责初始化 Lua 脚本环境：

```
void scriptingInit(int setup) {
    // [1]
    lua_State *lua = lua_open();

    ...
    luaLoadLibraries(lua);
    luaRemoveUnsupportedFunctions(lua);

    server.lua_scripts = dictCreate(&shaScriptObjectDictType,NULL);
```

```
    server.lua_scripts_mem = 0;

    // [2]
    lua_newtable(lua);

    lua_pushstring(lua,"call");
    lua_pushcfunction(lua,luaRedisCallCommand);
    lua_settable(lua,-3);

    ...
    lua_setglobal(lua,"redis");

    // [3]
    ...

    // [4]
    if (server.lua_client == NULL) {
        server.lua_client = createClient(NULL);
        server.lua_client->flags |= CLIENT_LUA;
    }

    scriptingEnableGlobalsProtection(lua);

    server.lua = lua;
}
```

【1】执行以下操作：

（1）调用 lua_open 函数打开 Lua 状态机。

（2）调用 luaLoadLibraries 函数加载 Redis 中使用的 Lua 库，Redis 使用了 table、string、math、debug、cjson、struct、cmsgpack、bit 等 Lua 库。

（3）调用 luaRemoveUnsupportedFunctions 函数移除不安全的 Lua 函数。

（4）初始化 server.lua_scripts 属性。

【2】在 Lua 状态机中创建一个 Redis 全局函数表，并注册 call、pcall、log 等 Redis 函数到该函数表中。这里调用 lua_pushcfunction 函数将 C 语言函数指针注册到函数表中，这样在 Lua 脚本中就可以调用 C 语言函数。

【3】执行以下操作：

（1）使用 Redis 定义的随机函数替换 Lua 原随机函数 math.random、math.randomseed，原 Lua 随机函数有副作用，不能在 Redis 中使用。

（2）创建辅助函数 compare_func、errh_func。

【4】创建伪客户端 server.lua_client，用于在 Lua 脚本中执行 Redis 命令。

2. 持久化与复制

在继续阅读源码之前，先了解 Lua 脚本持久化与复制机制。

（1）在分析 RDB 持久化过程时说过，rdbSaveRio 函数保存 RDB 数据时，会将 server.lua_scripts 保存到 RDB 文件中。

（2）Lua 脚本的 AOF 持久化、从节点复制有两种实现方式：

- **直接传播脚本内容**

通过 EVALSHA 或 EVAL 命令传播脚本内容。由于主从节点 Lua 脚本可能不一致（如主节点通过 SCRIPT LOAD 命令加载脚本后从节点才上线），从而导致主节点执行 EVALSHA 命令成功，从节点执行失败，最终主从数据不一致的问题。为此，主节点使用 server.repl_scriptcache_dict 字典记录已经复制给全部从服务器的脚本（当出现新的从节点时，需要清空该字典），其中键为脚本 SHA1 校验值，而值为 NULL。主节点执行 EVALSHA 命令后，如果在 server.repl_scriptcache_dict 中可以找到该脚本 SHA1 校验值，则传播 EVALSHA 命令，如果找不到，则需要将 EVALSHA 转换成相等的 EVAL 命令后再传播，并将该脚本 SHA1 校验值添加到 repl_scriptcache_dict 字典中。

还有一个问题，如果 Lua 脚本执行了随机写操作（随机写操作会写入不确定的值，如当前时间戳、随机数），那么这些脚本每次执行的结果都不同，这些脚本从 AOF 文件中加载后重新执行或复制给从节点后重新执行的结果都不同，最终导致数据不一致性。为此 Redis 提供了第二种方式——传播脚本效果。

- **传播脚本效果**

使用该机制，服务器并不传播脚本内容，而是传播脚本中的写命令。这样既可以节省脚本重复执行的时间，也可以避免随机写入导致数据不一致。

```
> eval "local now = redis.call('time')[1]; redis.call('SET','started',now);" 0
```

执行上述脚本，记录到 AOF 文件中和发送到从节点的内容如下（为了展示更直观，添加了额外的换行）：

```
*1\r\n
$5\r\nMULTI\r\n
```

```
*3\r\n
$3\r\nSET\r\n
$7\r\nstarted\r\n
$10\r\n1620519147\r\n
*1\r\n
$4\r\nEXEC\r\n
```

可以看到，Redis 传播了 SET 命令，并且时间戳被替换为具体的值。Redis 会使用 MULTI/EXEC 包裹一个脚本的写命令，保证该脚本写命令的原子性。

Redis 3.2 开始支持“传播脚本效果”机制，并在 Redis 5 后成为默认脚本传播机制。

3. EVAL 命令的实现

evalGenericCommand 函数负责执行 EVAL、EVALSHA 命令：

```
void evalGenericCommand(client *c, int evalsha) {
    ...
    // [1]
    funcname[0] = 'f';
    funcname[1] = '_';
    if (!evalsha) {
        sha1hex(funcname+2,c->argv[1]->ptr,sdslen(c->argv[1]->ptr));
    } else {
        ...
    }
    lua_getglobal(lua, "__redis__err__handler");

    // [2]
    lua_getglobal(lua, funcname);
    if (lua_isnil(lua,-1)) {
        lua_pop(lua,1);
        if (evalsha) {
            lua_pop(lua,1);
            addReply(c, shared.noscripterr);
            return;
        }
        if (luaCreateFunction(c,lua,c->argv[1]) == NULL) {
            lua_pop(lua,1);
```

```
            return;
        }
        lua_getglobal(lua, funcname);
        serverAssert(!lua_isnil(lua,-1));
    }

    // [3]
    luaSetGlobalArray(lua,"KEYS",c->argv+3,numkeys);
    luaSetGlobalArray(lua,"ARGV",c->argv+3+numkeys,c->argc-3-numkeys);

    // [4]
    ...
    if (server.lua_time_limit > 0 && ldb.active == 0) {
        lua_sethook(lua,luaMaskCountHook,LUA_MASKCOUNT,100000);
        delhook = 1;
    } else if (ldb.active) {
        lua_sethook(server.lua,luaLdbLineHook,LUA_MASKLINE|LUA_MASKCOUNT,100000);
        delhook = 1;
    }
    prepareLuaClient();

    // [5]
    err = lua_pcall(lua,0,1,-2);
    resetLuaClient();


    ...
    // [6]
    if (server.lua_replicate_commands) {
        preventCommandPropagation(c);
        if (server.lua_multi_emitted) {
            execCommandPropagateExec(c);
        }
    }

    // [7]
    if (evalsha && !server.lua_replicate_commands) {
```

```
        if (!replicationScriptCacheExists(c->argv[1]->ptr)) {
            ...
        }
    }
}
```

【1】生成 Lua 脚本对应的函数名。

Redis 会将 Lua 脚本转换为一个 Lua 函数，函数名为 `f_<Lua 脚本 SHA1 校验值>`，函数体为 Lua 脚本内容。

【2】调用 lua_getglobal 函数检查 Lua 状态机中是否存在该函数。如果不存在，则执行如下逻辑：

（1）如果执行的是 EVALSHA 命令，则直接返回错误。

（2）如果执行的是 EVAL 命令，调用 luaCreateFunction 函数将该脚本注册到 Lua 状态机中。

【3】将 key、arg 参数注册到 Lua 状态机中，以便 Lua 脚本函数使用。

【4】完成 Lua 脚本执行前的准备操作：

（1）如果配置了 server.lua_time_limit，并且没有开启调试模式，则注册脚本超时回调函数 luaMaskCountHook。Redis 通过该回调函数检查脚本执行时间，从而限制脚本最长执行时间。

（2）如果开启了调试模式，则注册回调函数 luaLdbLineHook。

lua_sethook 函数负责给脚本设置钩子方法，第 3 个参数指定在哪些场景下会触发回调函数：

- LUA_MASKLINE：在 Lua 解释器每执行一行指令后都调用钩子函数。
- LUA_MASKCOUNT： 在 Lua 解释器每执行 count（lua_sethook 函数的第 4 个参数）条指令后调用钩子函数。

【5】调用 Lua 脚本函数，即执行 Lua 脚本。

【6】如果开启了“传播脚本效果”机制，并且 Lua 脚本中执行了 Redis 写命令（`redis.call()` 和 `redis.pcall()`函数执行 Redis 写命令时会传播 MULTI 命令），则传播 EXEC 命令。

【7】如果执行的是 EVALSHA 命令，并且未开启了“传播脚本效果”机制，则检查 server.repl_scriptcache_dict 中是否存在该脚本，如果存在，则传播 EVALSHA 命令，如果不存在，则将脚本转换为 EVAL 命令后再传播，并将该脚本 SHA1 校验值添加到 repl_scriptcache_dict 字典中。

luaCreateFunction 函数负责将 Lua 脚本注册为 Lua 函数，`SCRIPT LOAD` 子命令也是由该函数处理的：

```
sds luaCreateFunction(client *c, lua_State *lua, robj *body) {
    char funcname[43];
    dictEntry *de;

    // [1]
    funcname[0] = 'f';
    funcname[1] = '_';
    sha1hex(funcname+2,body->ptr,sdslen(body->ptr));

    sds sha = sdsnewlen(funcname+2,40);
    ...
    sds funcdef = sdsempty();
    funcdef = sdscat(funcdef,"function ");
    funcdef = sdscatlen(funcdef,funcname,42);
    funcdef = sdscatlen(funcdef,"() ",3);
    funcdef = sdscatlen(funcdef,body->ptr,sdslen(body->ptr));
    funcdef = sdscatlen(funcdef,"\nend",4);
    // [2]
    if (luaL_loadbuffer(lua,funcdef,sdslen(funcdef),"@user_script")) {
        ....
        return NULL;
    }
    sdsfree(funcdef);
    if (lua_pcall(lua,0,0,0)) {
        ...
        return NULL;
    }

    // [3]
    int retval = dictAdd(server.lua_scripts,sha,body);
    ...
    return sha;
}
```

【1】生成函数名 f_<Lua 脚本 SHA1 校验值>，并将 Lua 脚本作为函数体，拼接成完整的 Lua 函数字符串。

【2】调用 luaL_loadbuffer 函数加载 Lua 函数字符串，并调用 lua_pcall 函数将该字符串内

容转化为Lua函数。

【3】将SHA1校验值、脚本内容添加到server.lua_scripts中。

4. redis.call函数的实现

在Lua脚本中使用redis.call或redis.pcall执行Redis命令，调用的都是luaRedisGeneric-Command函数：

```
int luaRedisGenericCommand(lua_State *lua, int raise_error) {
    ...
    client *c = server.lua_client;
    ...

    // [1]
    for (j = 0; j < argc; j++) {
        char *obj_s;
        size_t obj_len;
        char dbuf[64];

        if (lua_type(lua,j+1) == LUA_TNUMBER) {
            lua_Number num = lua_tonumber(lua,j+1);

            obj_len = snprintf(dbuf,sizeof(dbuf),"%.17g",(double)num);
            obj_s = dbuf;
        } else {
            obj_s = (char*)lua_tolstring(lua,j+1,&obj_len);
            if (obj_s == NULL) break;
        }

        ...
            argv[j] = createStringObject(obj_s, obj_len);
    }

    ...
    // [2]
    cmd = lookupCommand(argv[0]->ptr);
    ...

    // [3]
```

```
    if (server.lua_replicate_commands &&
        !server.lua_multi_emitted &&
        !(server.lua_caller->flags & CLIENT_MULTI) &&
        server.lua_write_dirty &&
        server.lua_repl != PROPAGATE_NONE)
    {
        execCommandPropagateMulti(server.lua_caller);
        server.lua_multi_emitted = 1;
        c->flags |= CLIENT_MULTI;
    }

    ...
    // [4]
    call(c,call_flags);


    // [5]
    if (listLength(c->reply) == 0 && c->bufpos < PROTO_REPLY_CHUNK_BYTES) {
        c->buf[c->bufpos] = '\0';
        reply = c->buf;
        c->bufpos = 0;
    } else {
        ...
    }
    if (raise_error && reply[0] != '-') raise_error = 0;
    redisProtocolToLuaType(lua,reply);

    ...
    // [6]
    if (raise_error) {
        return luaRaiseError(lua);
    }

    return 1;
}
```

参数说明：

- `raise_error`：是否将 Redis 命令执行错误转化为 Lua 脚本错误。当脚本执行的是 `redis.pcall` 函数时，该参数为 `0`；当脚本执行的是 `redis.call` 函数时，该参数为 `1`。

【1】将 Lua 类型参数转换为 C 语言类型参数。

【2】查找对应的命令，并执行以下检查：

（1）该命令是否允许 Lua 脚本调用，如果不允许，则返回脚本错误。

（2）检查 ACL 权限控制，如果没有权限，则返回脚本错误。

（3）如果执行的是写命令，并且该脚本之前执行了返回不确定数（如当前时间戳等）的命令，则必须开启“传播脚本效果”机制，否则不允许执行写命令并返回脚本错误。

（4）如果当前内存已满，并且该命令需要申请新的内存空间，则不允许执行该命令并返回脚本错误。

（5）如果运行在 Cluster 模式下，则计算命令的键是否由当前节点存储，如果不是则返回脚本错误。当客户端执行 EVAL 或 EVALSHA 命令时，Redis 服务器会要求客户端重定位到 EVAL、EVALSHA 命令的键的存储节点，即当前节点是 EVAL、EVALSHA 命令的键的存储节点。所以，EVAL、EVALSHA 命令中的 Lua 脚本通过 `redis.call()`和 `redis.pcall()`执行 Redis 命令时，这些 Redis 命令的键的存储节点也必须是当前节点。

【3】如果开启了“传播脚本效果”机制，待执行的命令是写命令并且还没有传播 MULTI 命令，则在这里传播 MULTI 命令。

【4】执行 Redis 命令。这里使用的客户端是伪客户端 server.lua_client。

【5】将 Redis 命令的执行结果转换为 Lua 类型，并压入 Lua 虚拟栈中。redisProtocolToLuaType 函数会将 Redis 命令返回结果类型，转化为对应的 Lua 类型。

【6】如果 luaRaiseError 参数为 1（执行的是 `redis.call()`函数），并且 Redis 命令返回错误，则触发 Lua 脚本错误。

总结：

（1）Lua 脚本可以实现自定义逻辑，并实现原子执行多个命令。

（2）Redis 利用 Lua 基本库，调度 Lua 虚拟机编译、执行 Lua 脚本。

（3）Redis 会将 Lua 脚本转化为一个 Lua 函数并注册到 Lua 虚拟机中。

（4）Redis 默认使用“传播脚本效果”机制，即在 AOF 文件中或从节点复制过程中传播 Lua 脚本的写命令。

第 24 章 Redis Module

Redis 4 引入了 Module（模块）功能，用户可以编写 Redis Module 快速实现新的 Redis 命令、扩展 Redis 功能。使用 Redis Module 可以实现 Lua 脚本的所有功能，而且 Redis Module 的性能更高，功能更强大。

本章分析 Redis Module 的应用与实现。

24.1 Module 的应用示例

24.1.1 使用 Module 实现数据类型

为了直观展示 Redis Module 的使用方式，下面使用 Redis Module 实现一个带时间的集合数据类型。

编写 timeset.c，内容如下：

```
#include "redismodule.h"
#include <stdlib.h>
#include <time.h>

int TIMESET_DEL(RedisModuleCtx *ctx, RedisModuleString **argv, int argc) {
    if (argc != 3) return RedisModule_WrongArity(ctx);
    long long ll;
```

```
    if (RedisModule_StringToLongLong(argv[2], &ll)) {
        return RedisModule_ReplyWithError(ctx,"ERR invalid count");
    }

    time_t now;
    time(&now);
    int toTime = time(&now) - ll;
    RedisModuleCallReply *reply = RedisModule_Call(ctx, "ZREMRANGEBYSCORE","scl",
argv[1],"-inf", toTime);
    RedisModule_ReplyWithCallReply(ctx, reply);
    RedisModule_FreeCallReply(reply);
    return REDISMODULE_OK;
}

int TIMESET_LOAD(RedisModuleCtx *ctx, RedisModuleString **argv, int argc) {

    if (argc != 3) return RedisModule_WrongArity(ctx);
    long long ll;
    if (RedisModule_StringToLongLong(argv[2], &ll)) {
        return RedisModule_ReplyWithError(ctx,"ERR invalid count");
    }

    time_t now;
    time(&now);
    int fromTime = time(&now) - ll;
    RedisModuleCallReply *reply = RedisModule_Call(ctx, "ZRANGEBYSCORE","slc",argv[1],
fromTime, "+inf");
    RedisModule_ReplyWithCallReply(ctx, reply);
    RedisModule_FreeCallReply(reply);
    return REDISMODULE_OK;
}

int TIMESET_ADD(RedisModuleCtx *ctx, RedisModuleString **argv, int argc) {
    if (argc != 3) return RedisModule_WrongArity(ctx);

    time_t now;
    time(&now);
    RedisModuleCallReply *reply = RedisModule_Call(ctx, "ZADD","!sls",argv[1],now,
```

```
argv[2]);
    RedisModule_ReplyWithCallReply(ctx, reply);
    RedisModule_FreeCallReply(reply);
    return REDISMODULE_OK;
}

int RedisModule_OnLoad(RedisModuleCtx *ctx, RedisModuleString **argv, int argc) {
    if (RedisModule_Init(ctx, "tset", 1, REDISMODULE_APIVER_1) ==
        REDISMODULE_ERR) {
        return REDISMODULE_ERR;
    }
    if (RedisModule_CreateCommand(ctx, "tset.add",
        TIMESET_ADD, "", 1, 1, 0) == REDISMODULE_ERR) {
        return REDISMODULE_ERR;
    }

    if (RedisModule_CreateCommand(ctx, "tset.load",
        TIMESET_LOAD, "readonly",0,0,0) == REDISMODULE_ERR) {
        return REDISMODULE_ERR;
    }

    if (RedisModule_CreateCommand(ctx, "tset.del",
        TIMESET_DEL, "readonly",0,0,0) == REDISMODULE_ERR) {
        return REDISMODULE_ERR;
    }
    return REDISMODULE_OK;
}
```

该模块一共创建了 3 个命令：tset.add、tset.load、tset.del。在分析例子代码之前，我们先编译该模块，将其加载到 Redis 中，并使用该模块中创建的命令。

（1）使用以下命令将该代码编译为动态库。

```
gcc -shared -fPIC -o timeset.so timeset.c
```

（2）使用 MODULE LOAD 子命令加载模块。

```
> MODULE LOAD timeset.so
OK
```

也可以在 Redis 配置文件中指定模块，Redis 启动时便会加载指定的模块：

```
loadmodule /path/to/timeset.so
```

（3）使用模块中创建的命令。

```
> tset.add timeset a
(integer) 1
> tset.add timeset b
(integer) 1
> tset.add timeset c
(integer) 1
> tset.load timeset 60
1) "b"
2) "c"
> tset.del timeset 0
(integer) 3
```

24.1.2 Module API

下面分析上面例子中的代码，主要介绍例子中使用的 Module API。redismodule.h 是 Redis 提供的头文件，提供了众多的 API 函数，用户使用这些 API 可以实现很多强大的功能。

（1）Redis 加载 Module 模块时会调用 RedisModule_OnLoad 函数，用户可以通过编写该函数实现一个模块功能。该函数的 RedisModuleCtx 参数是 Redis Module 的上下文，存储了当前的 Module 信息。

（2）RedisModule_Init 函数负责注册一个模块，第 2 个参数是模块名，第 3、4 个参数是模块版本和 API 版本。上面例子中注册了一个 test 模块。

（3）RedisModule_CreateCommand 负责为模块创建一个 Redis 命令（下面将 Module 中创建的命令称为 Module 命令）。第 2、3 个参数指定命令名和命令执行函数（用户执行 Module 命令时 Redis 将调用对应的命令执行函数）。第 4 个参数是命令标志，以空格分隔。该命令对应 sflags 标志，在 ACL 章节已经介绍过该标志，这里不再赘述。最后 3 个参数给出第一个键、最后一个键位置及键的索引间隔，用于定位命令的键。在 Cluster 章节中也介绍过这 3 个参数。

（4）以下是 Module 开发中常用的 API。

- RedisModule_WrongArity：检查 argv 参数数量，每个 argv 参数都是 RedisModuleString 类型。

- RedisModule_StringToLongLong：将 RedisModuleString 类型的参数转化为 long long 类型。类似函数有 RedisModule_StringToDouble、RedisModule_StringToStreamID 等。另外，通过以下函数可以创建 RedisModuleString 实例：RedisModule_CreateString、RedisModule_CreateStringFromLongLong 等。
- RedisModule_ReplyWithCallReply：将 RedisModuleCallReply（RedisModule_Call 函数返回结果）返回给客户端。类似的函数有 RedisModule_ReplyWithSimpleString、RedisModule_ReplyWithArray 等。
- RedisModule_FreeCallReply：释放 RedisModuleCallReply 等响应对象。

（5）RedisModule_Call 是 Redis Module 提供的调用 Redis 命令的高层 API，第 2 个参数给出了命令名。第 3 个参数比较特殊，它指定了后续参数的类型，函数后续参数依次作为命令调用参数：

- c：以 Null 结尾的 C 语言字符串.
- b：字符串缓冲区，使用两个参数表示 C 字符串指针和字符串长度。
- s：RedisModuleString 类型。
- l：long long integer。
- v：RedisModuleString 数组。
- !：指定该命令需传播到 AOF 和从节点。
- A：与“!”标志一起使用，要求关闭 AOF 传播，该命令仅传播给从节点。
- R：与“!”标志一起使用，要求关闭从节点传播，该命令仅传播给 AOF 文件。

例如：

```
RedisModule_Call(ctx, "ZREMRANGEBYSCORE","scl",argv[1],"-inf", toTime);
```

参数“scl”指明了后续用于执行 ZREMRANGEBYSCORE 命令的 3 个参数类型：RedisModuleString、C 字符串、long long 类型。

（6）除了 RedisModule_Call 函数，Redis 还提供了低层 API 来访问数据，速度更快。

- RedisModule_OpenKey：打开一个键的引用，返回 RedisModuleKey 指针，可用于在其他 API 中操作该键。
- RedisModule_DeleteKey：删除键。
- RedisModule_SetExpire：设置过期时间。

几种常用类型的操作函数如下：

- RedisModule_StringSet：设置字符串类型键的值。

- RedisModule_ListPop/RedisModule_ListPush：获取、添加列表类型键的元素。
- RedisModule_ZsetFirstInScoreRange/RedisModule_ZsetAdd：遍历、添加有序集合类型键的元素。
- RedisModule_HashGet/RedisModule_HashSet：获取、添加散列类型键的元素。
- RedisModule_StreamIteratorStart/RedisModule_StreamAdd：遍历、添加 Stream 消息。

暂未发现操作无序集合类型键的低层函数。

（7）Redis Module 还提供了很多强大的 API，包括但不限于以下内容：

- 内存分配：RedisModule_AutoMemory、RedisModule_Alloc、RedisModule_Free 等。
- 主从复制、RDB/AOF 持久化：RedisModule_Replicate、RedisModule_SaveUnsigned/RedisModule_LoadUnsigned、RedisModule_EmitAOF。
- Module 数据类型：RedisModule_CreateDataType、RedisModule_ModuleTypeSetValue。
- 客户端阻塞：RedisModule_BlockClient、RedisModule_BlockClientOnKeys。
- Cluster：RedisModule_SendClusterMessage、RedisModule_GetClusterNodesList。
- 线程安全：RedisModule_GetThreadSafeContext、RedisModule_ThreadSafeContextTryLock。
- 进程管理：RedisModule_Fork、RedisModule_ExitFromChild。
- Module Filter：RedisModule_RegisterCommandFilter、RedisModule_UnregisterCommandFilter。

Redis Module 提供的 API 非常全面，这里不一一列举，感兴趣的读者可自行阅读官方文档。

Redis 源码中也提供了 Module 示例（src/modules），如 hellotype.c、helloblock.c，读者可以从这些实例中进一步学习 Redis Module。

24.1.3 Module 的特性

Redis Module 还提供了一些有意思的特性。

1. 内存自动管理

通常使用 C 语言编写程序时，开发人员需要手动管理内存。Redis Module 提供了内存自动管理机制，可以调用以下函数开启该机制：

```
RedisModule_AutoMemory(ctx);
```

开启内存自动管理机制后，Module 中有以下特点：

- 不需要关闭打开的键。
- 不需要释放响应对象。
- 不需要释放 RedisModuleString 对象。

2. 持久化与复制

Module 本身是不作为数据保存的，module load 命令也不会保存或传播。

- RDB 机制：如果 Module 中使用的是 Redis 原生数据类型，那么使用 RDB 机制正常保存即可，下面会详细分析使用 RDB 机制如何保存 Module 自定义的数据类型。
- AOF 机制和从节点复制机制：有两种传播方式。

（1）使用 RedisModule_Call 时，使用“!”标志要求 Redis 传播 Redis 原生命令。

```
RedisModule_Call(ctx, "ZADD","!sls",argv[1],now, argv[2])
```

第 3 个参数中的“!”标志要求 Redis 传播当前 ZADD 命令。

执行如下命令后：

```
tset.add timeset a
```

传播内容如下（为了展示更直观，添加了额外的换行）：

```
*1\r\n
$5\r\nMULTI\r\n
*4\r\n
$4\r\nZADD\r\n
$7\r\ntimeset\r\n
$10\r\n1621150754\r\n
$1\r\na\r\n
*1\r\n
$4\r\nEXEC\r\n
```

对于一个 Module 命令中调用的所有 Redis 原生命令，Redis 会使用 MULTI/EXEC 命令将其包裹起来，保证一个 Module 命令的原子性。

（2）直接传播 Module 命令，如果调用低层 API 操作 Redis 数据，则可以调用持久化 API——RedisModule_ReplicateVerbatim 要求 Redis 传播 Module 命令。

下面使用低层 API 重写上例中的 TIMESET_ADD 函数：

```
int TIMESET_ADD(RedisModuleCtx *ctx, RedisModuleString **argv, int argc) {
    if (argc != 3) return RedisModule_WrongArity(ctx);

    time_t now;
    time(&now);
    RedisModuleKey *key = RedisModule_OpenKey(ctx, argv[1], REDISMODULE_WRITE);
    int res = RedisModule_ZsetAdd(key, now, argv[2], 0);
    RedisModule_ReplyWithLongLong(ctx, res);
    RedisModule_CloseKey(key);

    RedisModule_ReplicateVerbatim(ctx);
    return REDISMODULE_OK;
}
```

最后调用 RedisModule_ReplicateVerbatim 函数传播该 Module 命令。

执行如下命令后：

```
tset.add timeset a
```

传播内容如下（添加了额外的换行）：

```
*3\r\n
$8\r\ntset.add\r\n
$7\r\ntimeset\r\n
$1\r\na\r\n
```

注意： 该命令会写入不确定数（当前时间戳），这里只是做展示，实际开发中应该避免这种情况。

3. 自定义类型

使用 Redis Module 可以实现自定义数据类型，这些自定义类型的数据也支持持久化和复制。

Module 自定义类型常使用以下 API：

- RedisModule_CreateDataType 函数负责创建一个数据类型。
- RedisModule_ModuleTypeSetValue 函数负责给自定义类型设置值。
- RedisModule_ModuleTypeGetValue 函数负责获取自定义类型的值。

Redis 源码中提供了自定义数据类型的简单示例 modules/hellotype.c，读者可以自行阅读，这里不展开介绍。

24.2 Module 的实现原理

24.2.1 C 语言动态库

Redis 使用 C 语言动态库实现了 Module 功能。下面简单介绍一下 C 语言动态库。

UNIX 系统下通常使用 gcc 编译器编译 C 语言代码，其代码编译过程如图 24-1 所示。

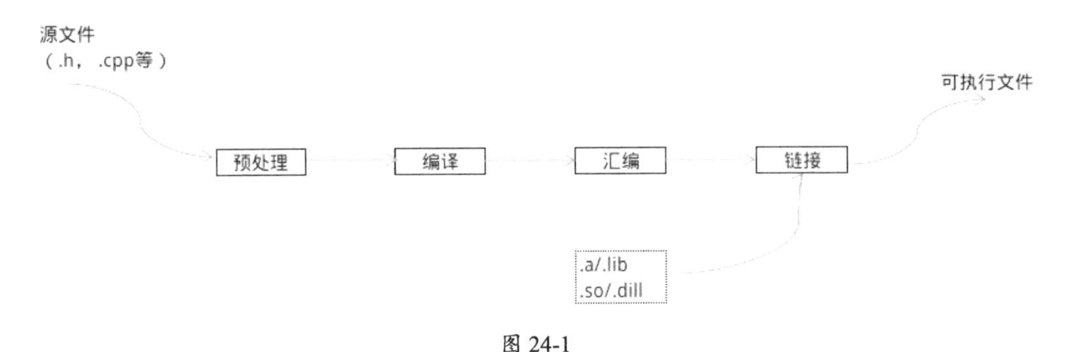

图 24-1

- 预处理（preprocessing）：将所有的#include 头文件及宏定义替换成其真正的内容，预处理的结果仍然是文本格式。
- 编译（compilation）：将经过预处理之后的程序转换成特定汇编代码（assembly code），编译的结果也是文本格式。
- 汇编（assemble）：将上一步的汇编代码转换成机器码（machine code），汇编产生的文件叫作目标文件，是二进制格式。gcc 编译器生成的目标文件通常以.o 结尾，称为可重定位目标文件。
- 链接（linking）：将多个目标文件及所需的库文件（.so 文件等）链接成最终的可执行文件（executable file）。库文件是一组目标文件的包，由一些最常用的代码编译为目标文件后打包而成，库文件提供了各种库函数给开发人员使用。

链接有静态链接和动态链接两种方式：

- 静态链接：链接阶段将汇编生成的目标文件与引用的库文件一起打包到可执行文件中。
- 动态链接：链接阶段仅在可执行文件中加入引用的库函数的描述信息（通常是一些重定位信息），不需要将库文件打包到可执行文件中。当可执行文件加载或运行时再链接到具体的库函数。

与之对应，库文件也可以分为两种：静态库（.a、.lib 后缀文件，用于静态链接）和动态库

（.so、.dll 后缀文件，用于动态链接）。

使用动态库（动态链接）有以下好处：

（1）可以实现进程之间的资源共享（因此动态库也称为共享库），如图 24-2 所示。

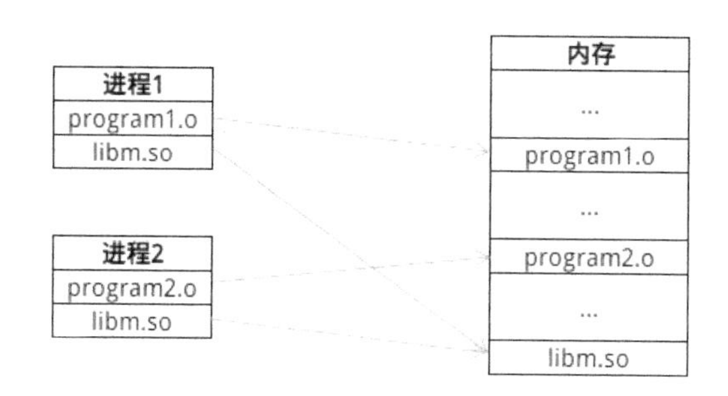

图 24-2

不同的应用进程如果调用相同的动态库，那么在内存中只需要有一份该动态库的实例即可，避免了浪费内存空间（动态库正是通过内存映射 mmap 实现的，动态库的一个内存实例可以被映射到多个进程中）。

（2）可以将库函数的链接载入操作推迟到程序运行的时期，甚至可以将该操作交给程序代码控制（Redis 正是通过这种方式加载模块的）。

动态库在程序运行时才被载入，也避免了每次修改静态库都需要重新更新、部署、发布程序的麻烦，用户只需要更新动态库即可，实现了增量更新。

下面通过一个实例展示静态链接与动态链接的区别。

编写 sqrt.c，该程序可以计算一个数的平方根：

```
#include<stdio.h>
#include<math.h>
int main(int argc,char *argv[])
{
    printf("%lf\n",sqrt(atoi(argv[1])));
    return 0;
}
```

由于引用了头文件 math.h 定义的函数，所以编译时必须链接 C 语言标准数学库 libm.a 或 libm.so。下面编译该示例程序。

（1）生成目标文件 sqrt.o。

```
$ gcc -c  -o sqrt.o sqrt.c
```

（2）使用以下命令执行静态链接。

```
$ gcc -static -o statc_sqrt.out sqrt.o -lm
```

-static 选项要求 gcc 编译器使用静态链接，-lm 参数表明程序要求链接 libm.a 这个静态库。

使用以下命令执行动态链接：

```
$ gcc -o sqrt.out sqrt.o -lm
```

gcc 编译器默认使用的是动态链接，这时-lm 参数表明程序要求链接 libm.so 这个动态库。对应生成文件的大小如下：

```
-rwxrwxr-x 1 binecy binecy 8.2K 5月   2 21:14 sqrt.out*
-rwxrwxr-x 1 binecy binecy 825K 5月   2 21:12 statc_sqrt.out*
```

可以看到使用静态链接生成的可执行文件要大得多，因为 libm.a 这个库已经被打包到可执行文件中。

回顾前面的例子，我们使用 gcc 编译器将 timeset.c 打包为动态库，按步骤可分为以下 2 个命令：

```
$ gcc -c -fPIC -o timeset.o timeset.c        —— 生成目标文件
$ gcc -shared -o timeset.so timeset.o        —— 生成动态库
```

- -fPIC：该参数作用于编译阶段，要求编译器产生与位置无关的代码（Position-Independent Code），这样生成的代码中只有相对地址，没有绝对地址，这些代码被加载器加载到内存的任意位置都可以正确执行。这正是动态库所要求的。
- -shared：该参数要求编译器使用指定目标文件生成动态库。

24.2.2 定义

提示：本章代码如无特殊说明，均在 redismodule.h、module.c 中。

RedisModule 结构体负责存储每个模块信息：

```
struct RedisModule {
    ...
    char *name;
    int ver;
    int apiver;
    ...
};
```

- name：模块名称。
- ver、apiver：模块版本、调用的 API 版本。
- filters：注册在该模块中的拦截器。

RedisModuleCtx 结构体负责存储模块的上下文信息：

```
struct RedisModuleCtx {
    void *getapifuncptr;
    struct RedisModule *module;
    client *client;
    struct RedisModuleBlockedClient *blocked_client;
    struct AutoMemEntry *amqueue;
    ...
};
```

- getapifuncptr：获取 Module API 的函数。
- module：当前正执行命令的模块。
- client：当前正执行命令的客户端。
- amqueue：等待释放内存的对象。
- flags：当前上下文的标志，包含但不限于以下标志。
    - REDISMODULE_CTX_AUTO_MEMORY：当前 Module 命令是否开启了内存自动管理机制。
    - REDISMODULE_CTX_BLOCKED_TIMEOUT：当前客户端是否阻塞等待。
    - REDISMODULE_CTX_MULTI_EMITTED：当前 Module 命令是否（通过高层 API）调用 Redis 原生命令，并传播了 MULTI 命令。
- postponed_arrays：当需要回复数组给客户端时，使用该数组作为缓冲区。

- pa_head：用于划分小内存块的内存池。

module.c 定义了字典类型的全局变量 modules，负责存储所有模块，键为模块名，值指向 RedisModule 变量。

24.2.3 初始化 Module 的执行环境

Redis 启动时，会调用 moduleInitModulesSystem 函数初始化 Module 模块执行环境：

```
void moduleInitModulesSystem(void) {
    // [1]
    moduleUnblockedClients = listCreate();
    server.loadmodule_queue = listCreate();
    modules = dictCreate(&modulesDictType,NULL);
    ...
    // [2]
    moduleRegisterCoreAPI();
    ...
}
```

【1】初始化 modules 等变量。

【2】moduleRegisterCoreAPI 函数负责注册 Module API。

```
void moduleRegisterCoreAPI(void) {
    server.moduleapi = dictCreate(&moduleAPIDictType,NULL);
    server.sharedapi = dictCreate(&moduleAPIDictType,NULL);
    REGISTER_API(Alloc);
    REGISTER_API(Calloc);
    REGISTER_API(Realloc);
    ...
}
```

REGISTER_API 是一个宏，内容如下：

```
#define REGISTER_API(name) moduleRegisterApi("RedisModule_" #name, (void *)(unsigned
long)RM_ ## name)
```

REGISTER_API 使用 Module API 名称，执行函数指针作为参数调用 moduleRegisterApi 函数，moduleRegisterApi 函数的内容如下：

```
int moduleRegisterApi(const char *funcname, void *funcptr) {
    return dictAdd(server.moduleapi, (char*)funcname, funcptr);
}
```

moduleRegisterApi 函数将 Module API 名称 RedisModule_{name}，执行函数指针*RM_{name}添加到 server.moduleapi 字典中。

server.moduleapi 字典如图 24-3 所示。

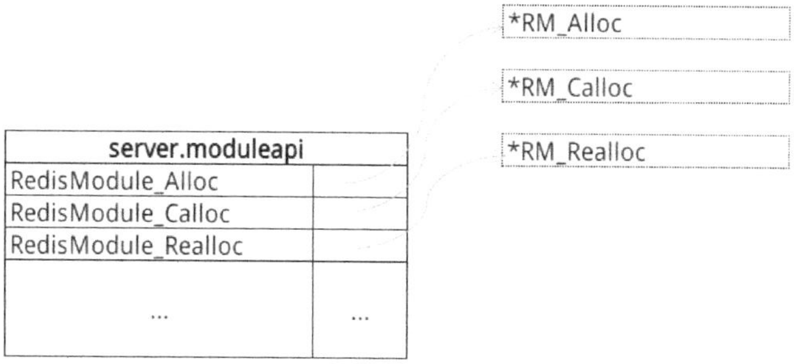

server.moduleapi	
RedisModule_Alloc	
RedisModule_Calloc	
RedisModule_Realloc	
...	...

*RM_Alloc

*RM_Calloc

*RM_Realloc

图 24-3

上面已经将 Module API 名称及对应的执行函数放到 server.moduleapi 字典中，那么，modules/redismodule.h 中提供的 API 是如何调用真正的执行函数的呢？看一下 redismodule.h/RedisModule_Init 函数（在 RedisModule_OnLoad 函数中首先需要调用该函数初始化模块）：

```
static int RedisModule_Init(RedisModuleCtx *ctx, const char *name, int ver, int apiver) {
    // [1]
    void *getapifuncptr = ((void**)ctx)[0];
    RedisModule_GetApi = (int (*)(const char *, void *)) (unsigned long)getapifuncptr;
    // [2]
    REDISMODULE_GET_API(Alloc);
    REDISMODULE_GET_API(Calloc);
    REDISMODULE_GET_API(Free);
    REDISMODULE_GET_API(Realloc);
    ...
}
```

【1】设置 RedisModule_GetApi 函数，指向 ctx 的第一个属性，ctx 的第一个属性固定指向 RM_GetApi 函数，即 RedisModule_GetApi 函数指向 RM_GetApi 函数。

【2】REDISMODULE_GET_API 是一个宏，内容如下：

```
#define REDISMODULE_GET_API(name) RedisModule_GetApi("RedisModule_" #name, ((void **)&RedisModule_ ## name))
```

RedisModule_GetApi 函数指向 RM_GetApi 函数：

```
int RM_GetApi(const char *funcname, void **targetPtrPtr) {
    dictEntry *he = dictFind(server.moduleapi, funcname);
    if (!he) return REDISMODULE_ERR;
    *targetPtrPtr = dictGetVal(he);
    return REDISMODULE_OK;
}
```

RM_GetApi 函数从 server.moduleapi 字典中找到执行函数指针，并将 API 函数指针指向执行函数（将 `RedisModule_{name}`的函数指针指向 `RM_{name}`函数）。

API 函数指针与执行函数的关系如图 24-4 所示。

图 24-4

这样，当我们在模块中调用 redismodule.h/RedisModule_Alloc 时，就调用了 module.c/RM_Alloc，其他 API 同理。

24.2.4 加载 Module

moduleLoad 函数负责处理 `MODULE LOAD` 子命令，加载一个模块：

```
int moduleLoad(const char *path, void **module_argv, int module_argc) {
    ...
    int (*onload)(void *, void **, int);
    void *handle;
    // [1]
    RedisModuleCtx ctx = REDISMODULE_CTX_INIT;
    ctx.client = moduleFreeContextReusedClient;
    selectDb(ctx.client, 0);
```

```
    ...

    // [2]
    handle = dlopen(path,RTLD_NOW|RTLD_LOCAL);
    if (handle == NULL) {
        return C_ERR;
    }
    // [3]
    onload = (int (*)(void *, void **, int))(unsigned long)
dlsym(handle,"RedisModule_OnLoad");
    ...
    if (onload((void*)&ctx,module_argv,module_argc) == REDISMODULE_ERR) {
        ...
        return C_ERR;
    }

    // [4]
    dictAdd(modules,ctx.module->name,ctx.module);
    ctx.module->blocked_clients = 0;
    ctx.module->handle = handle;

    // [5]
    moduleFireServerEvent(REDISMODULE_EVENT_MODULE_CHANGE,
                          REDISMODULE_SUBEVENT_MODULE_LOADED,
                          ctx.module);

    moduleFreeContext(&ctx);
    return C_OK;
}
```

【1】初始化一个 RedisModuleCtx 结构体，作为新 Module 的上下文。

REDISMODULE_CTX_INIT 是一个宏定义，内容如下：

```
#define REDISMODULE_CTX_INIT {(void*)(unsigned long)&RM_GetApi, NULL, NULL, NULL, NULL,
0, 0, 0, NULL, 0, NULL, NULL, NULL, NULL, {0}}
```

【2】调用 dlopen 函数打开指定动态库。

【3】调用 dlsym 函数获取 RedisModule_OnLoad 函数指针，并调用 RedisModule_OnLoad 函数。

C 语言提供了 dlopen、dlsym 两个函数，用于打开动态库和获取动态库函数指针。前面说了，RedisModule_OnLoad 函数由用户编写，负责创建一个模块。

【4】将该模块添加到 modules 字典中。

【5】触发类型为 REDISMODULE_EVENT_MODULE_CHANGE 的 Module 事件。

Redis 会在执行某些特定操作时触发 Module 事件，并执行这些 Module 事件监听器回调函数。通过 RedisModule_SubscribeToServerEvent（API）可以注册一个 Module 事件监听器，对这些事件进行处理。

常见的 Module 事件类型如下：

- REDISMODULE_EVENT_PERSISTENCE：在生成 RDB 文件前后触发。
- REDISMODULE_EVENT_FLUSHDB：清空数据库时触发。
- REDISMODULE_EVENT_LOADING：加载持久化文件时触发。
- REDISMODULE_EVENT_CLIENT_CHANGE：新客户端连接或者客户端断开时触发。
- REDISMODULE_EVENT_SHUTDOWN：服务停止时触发。
- REDISMODULE_EVENT_MODULE_CHANGE：Module 模块变更时触发。

24.2.5 创建 Module 命令

Redis Module 提供了很多 API，下面分析一些关键的 API 的实现原理。

首先看一下 RedisModule_CreateCommand 如何创建一个 Redis 命令。该 API 会调用 RM_CreateCommand 函数：

```
int RM_CreateCommand(RedisModuleCtx *ctx, const char *name, RedisModuleCmdFunc cmdfunc,
const char *strflags, int firstkey, int lastkey, int keystep) {
    // [1]
    int64_t flags = strflags ? commandFlagsFromString((char*)strflags) : 0;
    ...

    struct redisCommand *rediscmd;
    RedisModuleCommandProxy *cp;
    sds cmdname = sdsnew(name);
```

```
    ...
    // [2]
    cp = zmalloc(sizeof(*cp));
    cp->module = ctx->module;
    cp->func = cmdfunc;
    // [3]
    cp->rediscmd = zmalloc(sizeof(*rediscmd));
    cp->rediscmd->name = cmdname;
    cp->rediscmd->proc = RedisModuleCommandDispatcher;
    cp->rediscmd->arity = -1;
    cp->rediscmd->flags = flags | CMD_MODULE;
    cp->rediscmd->getkeys_proc = (redisGetKeysProc*)(unsigned long)cp;
    ...
    // [4]
    dictAdd(server.commands,sdsdup(cmdname),cp->rediscmd);
    dictAdd(server.orig_commands,sdsdup(cmdname),cp->rediscmd);
    cp->rediscmd->id = ACLGetCommandID(cmdname); /* ID used for ACL. */
    return REDISMODULE_OK;
}
```

【1】将 strflags 参数转化为 flags 变量（flags 变量会被赋值给 redisCommand.flags 属性）。

【2】初始化一个 RedisModuleCommandProxy 结构体（cp 变量），该结构体可以理解为命令的上下文，存储了命令的模块、执行函数等信息。

【3】初始化一个命令结构体 redisCommand（cp.rediscmd 属性）。

注意 redisCommand.proc 指向了 RedisModuleCommandDispatcher 函数，该函数负责调用命令执行函数，并且执行一些额外的准备和善后操作。redisCommand.getkeys_proc 并没有指向函数，只是指向了结构体 RedisModuleCommandProxy。前面分析 Cluster 机制说过，rediscmd.getkeys_proc 指向一个负责获取命令键的函数。但这里做了特殊处理，使用 redisCommand.getkeys_proc 保存结构体 RedisModuleCommandProxy。

【4】将 rediscmd 添加到命令字典 server.commands 中，从此，该命令就可以被客户端直接调用了。

RM_CreateCommand 函数为 Module 命令创建了一个 redisCommand，redisCommand.proc 指向 RedisModuleCommandDispatcher 函数，那么在 call 函数执行 Module 命令时，会调用 RedisModuleCommandDispatcher 函数执行 Module 命令的逻辑：

```
void RedisModuleCommandDispatcher(client *c) {
```

```
    // [1]
    RedisModuleCommandProxy *cp = (void*)(unsigned long)c->cmd->getkeys_proc;
    RedisModuleCtx ctx = REDISMODULE_CTX_INIT;

    ctx.flags |= REDISMODULE_CTX_MODULE_COMMAND_CALL;
    ctx.module = cp->module;
    ctx.client = c;
    // [2]
    cp->func(&ctx,(void**)c->argv,c->argc);
    // [3]
    moduleFreeContext(&ctx);

    ...
}
```

【1】从 rediscmd.getkeys_proc 中获取结构体 RedisModuleCommandProxy。

【2】调用 Module 命令的执行函数，执行 Module 命令真正的逻辑。

【3】如果开启了内存自动管理机制，则需要释放内存空间。

24.2.6 内存自动管理

Redis Module 提供了内存自动管理功能，RedisModule_AutoMemory（API）调用 RM_AutoMemory 函数打开 RedisModuleCtx 中的 REDISMODULE_CTX_AUTO_MEMORY 标志，开启该功能。

RedisModuleCommandDispatcher 函数在执行完 Module 命令后，调用 moduleFreeContext 函数释放内存：

```
void moduleFreeContext(RedisModuleCtx *ctx) {
    // [1]
    moduleHandlePropagationAfterCommandCallback(ctx);
    // [2]
    autoMemoryCollect(ctx);
    // [3]
    poolAllocRelease(ctx);
    // [4]
    if (ctx->postponed_arrays) {
        zfree(ctx->postponed_arrays);
```

```
        ctx->postponed_arrays_count = 0;

    }
    if (ctx->flags & REDISMODULE_CTX_THREAD_SAFE) freeClient(ctx->client);
}
```

【1】如果在该 Module 命令中使用高层 API（RedisModule_Call）执行了 Redis 原生命令，则在这里传播 EXEC 命令。

【2】调用 autoMemoryCollect 函数释放 ctx.amqueue 中的对象。当在 Module 中调用 RedisModule_CreateString、RedisModule_CreateDict 等 API 时，会将创建的对象存放在 ctx.amqueue 中。

【3】调用 poolAllocRelease 函数释放 ctx.pa_head 中的对象。当在 Module 中调用 RedisModule_PoolAlloc（API）从内存池中划分内存块时，Redis 会从 ctx.pa_head 中划分内存。

【4】释放 ctx.postponed_arrays 中的对象。当 Module 返回数组给客户端时，数组内容暂存在 ctx.postponed_arrays 中。

只有在 Module 上下文中打开了 REDISMODULE_CTX_AUTO_MEMORY 标志，第 2、3 步骤才会释放内存对象。

注意，即使开启了内存自动管理机制，在 Module 中通过 malloc 函数或 RedisModule_Alloc、RedisModule_Calloc、RedisModule_Realloc 等 API 申请的内存块仍然要调用 free 函数、RedisModule_Free（API）释放内存。

24.2.7　调用 Redis 命令

RedisModule_Call 对应 RM_Call 函数，该函数负责执行 Redis 原生命令：

```
RedisModuleCallReply *RM_Call(RedisModuleCtx *ctx, const char *cmdname,
const char *fmt, ...) {
    ...
    // [1]
    c = createClient(NULL);
    c->user = NULL;
    // [2]
    argv = moduleCreateArgvFromUserFormat(cmdname,fmt,&argc,&flags,ap);
    replicate = flags & REDISMODULE_ARGV_REPLICATE;
    va_end(ap);
```

```
c->flags |= CLIENT_MODULE;
c->db = ctx->client->db;
c->argv = argv;
c->argc = argc;
...

// [3]
moduleCallCommandFilters(c);

// [4]
cmd = lookupCommand(c->argv[0]->ptr);
if (!cmd) {
    errno = ENOENT;
    goto cleanup;
}
c->cmd = c->lastcmd = cmd;

...

// [5]
if (server.cluster_enabled && !(ctx->client->flags & CLIENT_MASTER)) {
    int error_code;
    c->flags &= ~(CLIENT_READONLY|CLIENT_ASKING);
    c->flags |= ctx->client->flags & (CLIENT_READONLY|CLIENT_ASKING);
    if (getNodeByQuery(c,c->cmd,c->argv,c->argc,NULL,&error_code) !=
                      server.cluster->myself)
    {
        ...
        goto cleanup;
    }
}

// [6]
if (replicate) moduleReplicateMultiIfNeeded(ctx);

// [7]
int call_flags = CMD_CALL_SLOWLOG | CMD_CALL_STATS | CMD_CALL_NOWRAP;
```

```
    ...
    call(c,call_flags);

    // [8]
    sds proto = sdsnewlen(c->buf,c->bufpos);
    ...
    reply = moduleCreateCallReplyFromProto(ctx,proto);
    autoMemoryAdd(ctx,REDISMODULE_AM_REPLY,reply);
...
}
```

【1】创建一个伪客户端，用于执行 Redis 原生命令。

【2】解析命令参数。

前面说了，fmt 参数指定了命令参数的类型。这里根据 fmt 参数将（fmt 参数）后面的参数转化为 Redis 命令执行参数。如果 fmt 参数包含了“!”“A”“R”标志，则打开对应的传播标志。

【3】触发 Module Filter 的回调函数。

Module Filter 类似命令拦截器，Redis 每次执行命令（包括 processCommand 函数、Lua 脚本中执行的 Redis 命令）之前，都会触发所有的 Module Filter 回调函数。通过 Module Filter 可以对命令添加额外逻辑，如添加额外的参数检查、日志等。使用 RedisModule_RegisterCommandFilter（API）可以添加 Module Filter。

【4】查找 Redis 原生命令。

【5】如果 Redis 运行在 Cluster 模式下，则键的存储节点必须是当前节点。在调用 Module 命令时，Redis 会要求客户端重定向到 Module 命令的键的存储节点再执行命令。执行到这里，说明当前节点就是 Module 命令的键的存储节点。所以，当在 Module 命令中调用 Redis 原生命令时，原生命令的键的存储节点也必须是当前节点。

【6】如果执行的命令需要传播，并且还没有添加 MULTI 命令，则添加 MULTI 命令。RedisModuleCtx 存在 REDISMODULE_CTX_MULTI_EMITTED 标志，代表已添加 MULTI 命令。

【7】执行 Redis 原生命令。

【8】获取 Redis 原生命令执行结果，将其转化为 RedisModuleCallReply 对象并作为函数返回值。

24.2.8 自定义数据类型

server.h 定义了 RedisModuleType，负责存储 Module 自定义数据类型的相关信息：

```
typedef struct RedisModuleType {
    uint64_t id;
    struct RedisModule *module;
    moduleTypeLoadFunc rdb_load;
    moduleTypeSaveFunc rdb_save;
    moduleTypeRewriteFunc aof_rewrite;
    moduleTypeMemUsageFunc mem_usage;
    moduleTypeDigestFunc digest;
    moduleTypeFreeFunc free;
    ...
} moduleType;
```

- id：moduleid，用于 RDB 保存数据时作为数据类型标志。
- name：类型名称，必须为 9 个字符，并且保证唯一。name 可使用字符 A～Z、a～z、0～9，以及“-”“_”两个字符。
- rdb_load、rdb_save：负责从 RDB 文件中加载数据，以及将数据保存到 RDB 文件的回调函数。
- aof_rewrite：负责将数据重写为命令的回调函数。
- free：负责释放值对象内存的回调函数。
- aux_save、aux_load：前面的 RDB 章节说过了，Redis 在保存 RDB 数据时，会调用 aux_save 函数将 Module 自定义类型的辅助字段写入 RDB 文件。而在加载 RDB 数据时，也会调用 aux_load 函数解析这些辅助字段。

RM_CreateDataType 函数负责创建一个 moduleType，并添加到 RedisModule.types 中，代码较简单，不展示。

RM_ModuleTypeSetValue 函数负责为 Module 自定义类型的键设置值对象：

```
int RM_ModuleTypeSetValue(RedisModuleKey *key, moduleType *mt, void *value) {
    if (!(key->mode & REDISMODULE_WRITE) || key->iter) return REDISMODULE_ERR;
    RM_DeleteKey(key);
    // [1]
    robj *o = createModuleObject(mt,value);
    // [2]
    genericSetKey(key->ctx->client,key->db,key->key,o,0,0);
    decrRefCount(o);
    key->value = o;
```

```
    return REDISMODULE_OK;
}
```

【1】创建对应的 redisObject。

【2】将 redisObject 对象添加到 Redis 数据库中。

createModuleObject 函数为值对象创建 redisObject：

```
robj *createModuleObject(moduleType *mt, void *value) {
    moduleValue *mv = zmalloc(sizeof(*mv));
    mv->type = mt;
    mv->value = value;
    return createObject(OBJ_MODULE,mv);
}
```

可以看到，redisObject.type 固定为 OBJ_MODULE。redisObject.ptr 并没有直接指向值对象，而是指向 moduleValue 变量，moduleValue 中不仅包含了值对象，还包含 moduleType 变量。

```
typedef struct moduleValue {
    moduleType *type;
    void *value;
} moduleValue;
```

下面分析 Module 自定义数据类型如何保存到 RDB 文件中。

回顾一下 RDB 中保存键值对的格式（不考虑过期时间等属性）：

```
<标志字节> <键> <值>
```

Module 自定义类型数据的标志字节为 RDB_TYPE_MODULE_2，并且 Redis 在保存 Module 类型数据时，会将 moduleid 作为值的前缀一起保存（moduleid 用于加载数据时获取 Module 类型）：

```
[RDB_TYPE_MODULE_2][...key][moduleid...val]
```

所以，在 rdbSaveObject 函数中，对于 OBJ_MODULE 类型的键值对，执行以下操作：

（1）保存标志字节 RDB_TYPE_MODULE_2、键内容。

（2）保存 moduleid。

（3）从 moduleValue 变量中获取 moduleType，再调用 `moduleType.rdb_save` 函数保存值内容。

当 rdbLoadObject 函数解析 RDB 数据时，对于标志字节为 RDB_TYPE_MODULE_2 的值内容，会先读取 moduleid，并使用 moduleid 获取对应的 moduleType，再调用 `moduleType.rdbload` 函数加载数据。

最后说明一下 moduleid 属性，该属性有 64 位，格式如下：

```
6|6|6|6|6|6|6|6|6|10
```

前面每 6 个 bit 位存储 name 中的一个字符，一共 9 个字符。后面 10 个 bit 位存储 Module 类型版本。用户可以对 Module 数据类型进行升级，所以 moeuldid 中也保存了 Module 类型版本，方便 Module 处理旧版本的数据。另外，如果解析 RDB 时出现异常，比如找不到对应的 moduleType 类型，那么 Redis 可以将 moeuldid 转化为 name，并给用户返回有效的提示信息。

Redis 官方也提供了很多 Module，这些 Module 可以实现很多强大的功能，如布隆过滤器、全文检索、JSON 格式等，这部分内容可以在官方文档中查看。

总结：

- Redis Module 可以扩展 Redis 功能，实现新的命令。
- Redis 使用 C 语言动态库实现 Module 功能，用户编写的 Module 也需要编译为动态库再加载到 Redis 中。
- Redis Module 提供了丰富的 API，可以实现很多强大的功能。